分析化学

赤岩英夫
柘植　新
角田欣一
原口紘炁　著

丸善出版

序

　科学の急速な進歩は専門分野を限りなく細分化させると同時に，それらを互いに渾然一体とさせ，境界を不明確にしているともいえる．分析化学とて例外ではない．この半世紀に分析化学に押し寄せた分析対象の超微量化・機器化の波は，分析化学をして化学の世界のみにとどまらせず，分析科学という新語をつくらせるまでに至った．

　このような状況で，分析化学教育のみが旧態依然としていてよいはずがない．といって，機器設計のために，物理学，エレクトロニクスを本格的に取り入れ，バイオセンサーの解説のために生物学へ深く踏みこんだりしていたら，化学系の教育は分析化学で明け暮れてしまうだろう．

　一方，最近企業の分析業務の指導的立場にある人々から，最近の分析従事者に wet chemistry を理解できるものが少なくなったとの嘆きを側聞することが多い．機器化・自動化の恩恵により，ブラックボックスから自然に数値がでてくるような現場にいると，分析の目的には化学反応など知る必要がないとの錯覚に陥るのだろう．しかしこうなっては，でてきたデータの評価もおぼつかないのは自明であろう．

　われわれは，分析化学の大きな目的の一つは化学反応の選択性を利用したすぐれた分離法の確立であり，それによって機器分析の感度改善も達成されるとの考えから，分析化学教育には現在でもなお wet chemistry が必要不可欠であると信じている．

　このような立場から，本書では分析化学に用いられる基礎原理のできるだけ平易な解説から始めて，古典的分析法の章では方法論よりもそこに用いられている化学平衡を学ぶことを眼目にした．そして，分離と濃縮の章を特に設けて，

分析対象の超微量化への対応，古典的な分析法と機器分析法の橋渡しをもくろんだのである．6章，7章で化学分析の実際に必須な試料調製や分析値の取扱いについて学び，そして8章で最近の機器分析の進歩に遅れることのないように，また同時に代表的な機器分析法の原理，特徴および用途などが具体的に理解できるように記述したつもりである．

本書の構成は上記のように大きく2分し，難易度にも差がある．したがって5章までを低学年（2年次）の2単位，6章以降をアドバンスコースとして高学年の2～3単位で構成するのが適当であろうと考えている．執筆にあたっては著者の専門分野にしたがって下記のように分担し，原稿を交換査読して，意見を述べ合い改善を期した．

　　　　　1章　赤岩　　　　　6章　柘植
　　　　　2章　赤岩　　　　　7章　柘植
　　　　　3章　赤岩，角田　　8章　原口，角田，柘植
　　　　　4章　赤岩，角田　　9章　柘植
　　　　　5章　赤岩，柘植

現在 IUPAC（国際純正及び応用化学会議）では，SI 単位系の使用を薦めているが，わが国の学会誌の状況，専門分野での慣用などを考慮して $M(=\text{mol dm}^{-3})$，$\mu l\,(=10^{-3}\text{cm}^3)$ などはそのまま用いた．

なお校正に当たっては群馬大学工学部相沢省一博士の多大なご協力を得た．また，丸善㈱出版事業部斉藤康彦氏の督促がなければ本書の完成はおぼつかなかったであろう．記して謝意を表する．

平成3年8月

　　　　　　　　　　　　　　　　　　　赤　岩　英　夫・柘　植　　　新
　　　　　　　　　　　　　　　　　　　角　田　欣　一・原　口　紘　炁

目　次

1　序　論 ……………………………………………………… *1*
　　分析化学の発展 …………………………………………… *2*

2　分析化学の基礎 …………………………………………… *5*

　2・1　水 ……………………………………………………… *5*
　　　双極子能率（*6*）　誘電率（*7*）　水　和（*8*）
　2・2　強電解質と弱電解質 ………………………………… *9*
　2・3　酸−塩基の概念 ……………………………………… *9*
　　　Brønsted と Lowry の説（*10*）　Lewis の説（*11*）
　2・4　ルイス酸−塩基の硬さ，軟かさと定性分析 ……… *12*
　　　陽イオンの系統的定性分析（*12*）　酸−塩基の硬さ，軟かさ（*13*）
　2・5　電解質溶液中での反応速度 ………………………… *15*
　2・6　電解質溶液中での化学平衡 ………………………… *17*
　2・7　化学平衡に及ぼす電解質濃度の影響 ……………… *22*
　　　イオン強度（*23*）　活量と活量係数（*24*）

3 分析に用いられる化学平衡 ……27

3・1 酸-塩基平衡 ……27
酸-塩基反応と加水分解 (28)　緩衝溶液 (33)

3・2 沈殿平衡 ……34
溶解度積 (35)　共通イオン効果 (36)　電解質効果 (37)　溶解度に影響する因子と沈殿分離への応用 (37)

3・3 酸化還元平衡 ……38

3・4 錯形成平衡 ……43
配位数と立体構造 (44)　配位子 (46)　錯体の安定度定数 (46)　キレート効果 (48)　pHの効果 (48)

4 古典的定量分析法 ……51

4・1 容量分析 ……54
酸-塩基 (中和) 滴定 (56)　酸化還元滴定 (58)　錯滴定 (60)　沈殿滴定 (67)

4・2 重量分析 ……70
重量分析の操作 (70)　まとめ (76)

5 分離と濃縮 ……77

5・1 序論 ……77
5・2 蒸留・蒸発による分離 ……78
5・3 沈殿による分離と濃縮 ……78
5・4 抽出による分離と濃縮 ……79
分離に用いられる抽出系 (80)
5・5 イオン交換法 ……83

　　　　イオン交換樹脂の種類と性質（83）　イオン交換反応（85）　イオン
　　　　交換分離の実際（86）　金属の錯陰イオンを用いる陰イオン交換分離（87）
　　　　イオン交換分離の応用（89）

　5・6　膜　　分　　離 ·· 90
　　　　透析法（90）　電気透析法（91）

　5・7　クロマトグラフィー ··· 91
　　　　ガスクロマトグラフィー（91）　液体クロマトグラフィー（92）

　5・8　電気化学的分離 ··· 92
　　　　水銀陰極電解法（93）　定電位電解法（94）

　5・9　固体試料中の可溶微量成分の分離 ··· 96
　　　　再沈殿法（96）　固－液抽出分離（96）

　5・10　プリコンセントレーション（予備濃縮） ································· 98
　　　　蒸発によるプリコンセントレーション（98）　沈殿（共沈）による濃縮
　　　　（98）　抽出による濃縮（99）　イオン交換による濃縮（99）

6　試料採取および調製 ·· *101*

　6・1　試　料　採　取 ·· 102
　　　　大量の固体試料からの分析試料の採取（102）　粒子状物質や気体（蒸
　　　　気）試料の採取（103）　液体試料の採取（104）

　6・2　試　料　の　粉　砕 ··· 104

　6・3　分析試料中の水分の取扱い ·· 105

　6・4　試料溶液の調製 ·· 106
　　　　試料の水への溶解性（107）　試料が水に難溶で酸に溶ける場合（107）
　　　　試料が水にも酸にも難溶である場合（107）　有機物試料の分解（109）
　　　　有機物試料の非分解的な溶解（112）

vi 目　次

7　分析値の取扱い ……………………………………………… *113*

7・1　誤差の種類 ………………………………………………… *113*
7・2　正確さと精度 ……………………………………………… *114*
7・3　測定値の表示 ……………………………………………… *115*
7・4　正確さと精度の表示 ……………………………………… *116*
7・5　誤差の伝播 ………………………………………………… *117*
7・6　かけ離れた測定値の棄却 ………………………………… *117*
7・7　最小二乗法 ………………………………………………… *118*

8　機　器　分　析 ………………………………………………… *121*

8・1　機器分析概論 ……………………………………………… *121*
　　　機器分析法の分類（*122*）　感度と検出限界（*123*）　正確さ，精度，選択性（*125*）　機器分析法を利用する場合の注意（*126*）

8・2　電磁波および電子線を利用した分析法 ………………… *126*
　　　電磁波の性質と単位の関係（*129*）　電磁波を利用する種々の分光分析法（*129*）

8・3　原子スペクトル分析法 …………………………………… *131*
　　　原　理（*131*）　炎光分析法（*132*）　ICP 発光分析法（*136*）　その他の発光分析法（*141*）　原子吸光分析法（*142*）　原子蛍光分析法（*147*）

8・4　磁気共鳴を利用した分子スペクトル法 ………………… *147*
　　　物質の磁性（*148*）　核磁気共鳴（*150*）　電子スピン共鳴（*161*）

8・5　光を利用した分子スペクトル分析法 …………………… *167*
　　　分子のエネルギー状態（*167*）　分光光度分析法（*168*）　蛍光分析法とりん光分析法（*185*）　赤外吸収分光法（*189*）　ラマン分光法（*194*）

8・6　X 線分析法と電子分光法 ………………………………… *197*
　　　X 線と電子線の性質（*197*）　X 線回折分析法（*200*）　蛍光 X 線分析法（*202*）　X 線光電子分光法（*204*）　オージェ電子分光法（*204*）

8・7　電気化学分析法 ……………………………………………………… *205*
　　　　ファラデーの法則とネルンストの式（*205*）　電気化学分析法の分類（*206*）
　　　　電位差分析法（*208*）　電量分析法（*212*）　ボルタンメトリー（*214*）
　8・8　流体を利用する分析法 …………………………………………… *218*
　　　　クロマトグラフィー（*218*）　フローインジェクション分析法（*240*）
　　　　電気泳動法（*241*）
　8・9　その他の分析法 …………………………………………………… *242*
　　　　質量分析法（*242*）　熱分析法（*253*）　放射能利用分析法（*258*）

9　分析化学の新しい発展 ……………………………………………… ***263***

　9・1　分析化学の発展小史 ……………………………………………… *263*
　9・2　分析化学の諸課題 ………………………………………………… *264*
　9・3　複合化・知能化・自動化が進む分析化学 ……………………… *268*

索　　引 ……………………………………………………………………… *271*

参考書

分析化学一般：
1. 分析化学便覧（改訂4版），日本分析化学会編，丸善（1991）．
2. 分析化学実験ハンドブック，日本分析化学会編，丸善（1987）．
3. 第4版実験化学講座，第15巻分析，日本化学会編，丸善（1991）．
4. 化学便覧－基礎編－（改訂3版），日本化学会編，丸善（1984）．
5. 分析化学データブック（改訂4版），日本分析化学会編，丸善（1994）．
6. 実験化学ガイドブック，日本化学会編，丸善（1984）．

基礎理論，古典分析法：
1. 酸と塩基（改訂版），田中元治著，裳華房（1981）．
2. 溶液反応の化学，大瀧仁志，田中元治，舟橋重信著，学会出版センター（1977）．
3. イオン平衡－分析化学における－，H. Freiser & Q. Fernando（藤永太一郎，関戸栄一共訳），化学同人（1967）．
4. 定性分析化学（I），（II），G. Charlot（曽根興三，田中元治共訳），共立出版（1973）．
5. 分析化学演習，長島弘三編著，裳華房（1981）．
6. 分析化学実験，赤岩英夫編，丸善（1996）．

分離，濃縮法，試料調製法：
1. 抽出分離分析法，赤岩英夫著，講談社（1972）．
2. 分析化学大系，試料調整，日本分析化学会編，丸善（1978）．
3. 無機分離化学，山辺武郎著，技報堂出版（1971）．

機器分析法：
1. 最新原子吸光分析 I，II，III，不破敬一郎他編，広川書店（1990）．
2. ICP発光分析の基礎と応用，原口紘炁著，講談社（1986）．
3. 吸光光度法－無機編－，大西 寛，束原 巌著，共立出版（1983）．
4. 蛍光測定－生物科学への応用－，木下一彦，御橋広真編，学会出版センター（1983）．

5．赤外法による材料分析－基礎と応用－，錦田晃一，岩本令吉著，講談社（1986）．
6．ラマン分光法－基礎と生化学への応用－，P. R. Carey 著（伊藤紘一，尾崎幸洋共訳），共立出版（1984）．
7．核磁気共鳴分光法，山崎　昶著，共立出版（1984）．
8．電子スピン共鳴入門，桑田敬治，伊藤公一共著，南江堂（1980）．
9．電気分析法，鈴木繁喬，吉森孝良著，共立出版（1987）．
10．X線分析法，大野勝美，川瀬　晃，中村利廣著，共立出版（1987）．
11．表面分析の基礎と応用，山科俊郎，福田　伸著，東京大学出版会（1991）．
12．ガスクロマトグラフィー，荒木　峻，東京化学同人（1981）．
13．高分子の熱分解ガスクロマトグラフィー，武内次夫，柘植　新著，化学同人（1977）．
14．高速液体クロマトグラフ法，石井大道他著，共立出版（1987）．
15．マススペクトロメトリー，松田　久編，朝倉書店（1983）．
16．熱分析，神戸博太郎編，講談社（1975）．
17．放射化分析法・PIXE分析法，橋本芳一，大蔵恒彦著，共立出版（1986）．

1 序論

　古典的分類に従えば，分析化学は，無機化学，有機化学，物理化学と並んで化学を支える4本の柱の1つである．そして化学の歴史をひもとくと，これら各分野の発展は化学分析の進歩とともにあることがわかる．

　試料中の目的元素あるいは化学種を識別し（定性分析），その相対量，あるいは絶対量を定める（定量分析）のが化学分析であるが，その方法論を探究するのが分析化学である．

　科学は人間の欲望にひきずられて発展していく一面をもっている．目的こそ達成できなかったが，何とかして金をつくろうとした錬金術者たちの努力が，化合物，あるいは薬品に対する人間の知識を大幅に拡げたことは認めねばなるまい．しかし，18世紀のLavoisierによる化学天秤の発明がなかったら，化学の近代科学化は著しく遅れたに違いない．化学天秤の使用が化学に定量的概念を与え，化学量論に基礎をおいた近代化学の発展を促すことになったのである．物理化学の法則も無機・有機化合物の正確な構造も，化学量論のうえにたつ定量化学分析を駆使して得られた結果である．

　20世紀に入ると核化学の発展に代表されるように，科学の進歩の速度が急に大きくなった．分析化学とて例外ではない．最近の分析化学の2大特徴は，対象の微量化と，物理的技術の導入――機器分析の発展であろう．機器分析は化学反応をほとんど利用せずに，主として物質の物理的性質を用いて目的物の定量を行うことから物理分析とよばれることもある．そして最近の分析化学の進歩は機器分析なしには語れない段階にきている．しかし機器分析とて万能では

ない．化学的知識なしに機器の操作のみに習熟しても，前処理，測定データの解釈などに大きな困難を感ずることになろう．化学分析・物理分析を平行して学んでこそ，究極の目的を達成できるのである．

分析化学の発展

a．分析対象の微量化：地殻中の元素の相対存在度に関する注意を喚起したのは，Clarke と Washington である．彼らは5 000個余りの火成岩の分析値をもとに，これらの平均値を地下 16 km までの岩石圏の平均組成とみなし，これに海水，大気の値をあわせて地球表層部の平均化学組成を算出し，元素の推定存在度を重量％で表わした（クラーク数）．現在の地殻の概念からみると地下 16 km の意味は薄れてきたが，平均火成岩中の元素の相対存在量と考えれば有用な数である．ところで地殻の主成分は SiO_2 であるから，ケイ素や酸素の地殻中での存在量は Clarke と Washington が最初に火成岩の平均組成を発表（1924）して以来，ほとんど変わらないが，微量元素になると時代につれてだんだん大きくなってきたものがある．ゲルマニウムを例にあげよう．この元素は Mendeleev が元素の周期表を最初に考えたとき，ケイ素の下にあたる元素が発見されていなかったので，エカケイ素という名を仮につけて空欄にしておいたことで有名である．したがって 19 世紀後半から今世紀初めにかけて，この元素はまさに希元素であり，最初に出された推定値（Vogt, 1898）は $n \times 10^{-12}$％ というものであったが，年代とともに 10^{-10}％（Clarke & Washington, 1922），1.5×10^{-4}％（Mason, 1966）というように増加してきた．地表でゲルマニウムが生産されるわけではない．これは1つにはこの元素の半導体としての性質を利用する工業的用途が開けたことにもよるが，用途の開発に伴って分析法が進歩してきたことも見逃すことはできない．

最近は環境問題とも関連して，化学分析が取り扱わなければならない対象がますます微量化してきた．ppm, ppb, はては ppt という単位が科学書ではなく新聞などにも現れるのだから容易ではない．ppm（百万分の1）とは百万都市から特定の1人を探し出す作業であり，ppb（十億分の1）とは世界人口から特定

の数人を選び出すことになる．ppt（1兆分の1）となるとたとえる言葉も知らない．一口に ppm 分析といってもいかに困難なものかが想像できよう．Noddack が 1934 年にいいだした"元素普存の法則"が分析法の進歩によって仮説から真の法則になってきたのである．この法則，つまり"すべての元素はすべての試料中に存在する"を理解していれば，どんな場所，どんな試料から，いかに珍しい元素が検出されたとしても驚くことはない．現在，分析法の感度はこの法則を証明するレベルにまで達しているのである．もっとも，分析法の優劣を決める条件は感度だけではない．つぎにそれらの条件について考えてみよう．

b．分析法の備えるべき条件：以下に 4 つの条件をあげるが，これらすべてを満足させることはなかなか難しい．しばしばこれらの条件はたがいに矛盾するのである．

(i) 感度 (sensitivity)　どの程度微量な対象まで定量可能かという目安である．古典的な分析法である容量分析，重量分析は化学天秤の感度 (10^{-4}g) がネックになって低感度であり，機器分析法は一般に高感度である．超高感度分析法である中性子放射化分析の感度は，場合によっては重量分析や容量分析の 10^6 倍にまで達する．

(ii) 選択性 (selectivity)　ある元素を実際に定量しようとする場合，試料中には様々な元素が共存している．理想的には多元素共存下で目的元素のみを選択的に選び出して定量することができるに越したことはない．あらゆる化学的知識を駆使し，反応を特定元素に対して選択的にすることが分析化学の大きな目的の 1 つである．しかし一般に前述の感度と選択性の両方を満足させる分析法は少ない．これが分析化学者を研究に駆り立てるエネルギーでもある．

(iii) 精度 (precision)　分析操作を何度か繰り返して得られた分析値のばらつきの度合いを示したのが精度であり，感度と精度は両立しないのが一般である．感度の低い古典的分析法の精度は一般によい．学生実験で行う滴定の数値から容量分析の精度がよいことを実感するであろう．一方，前述の超高感度分析法である放射化分析の精度は悪く，分析結果に 10 ％程度の誤差を見込むのが一般である．

(iv) 正確さ (accuracy)　一口にいえば真の値からどの程度離れているかを

示す度合いである．10回の分析値がすべて有効数字3桁まで同じであるということは非常に精度がよいとはいえるが，その分析値が真の値を示すものかどうかは全然わからない．不適当な指示薬を用いた場合の滴定結果がこれにあたる．分析は一般に未知含量について行うものだから，分析値の正確さを定めることが最も難しい．現在アメリカのNIST（National Institute of Standards and Technology），わが国の国立環境研究所，地質調査所などから，成分の保証値の付いた多くの標準物質（standard reference material）が出されている．これらのうちからできるだけ対象試料に近い標準物質を用いて，分析法の正確さをあらかじめ確かめておくのが一番安全であるが，次善の策としては，試料に既知量の目的元素を添加して分析し添加量を差し引いて真値を知る，添加実験を行ったり，同一試料を異なった分析法で分析して定量値を比較することにより間接的に正確さを確かめたりすることが多い．

2 分析化学の基礎

分析化学を学ぶにあたって理解しておかなければならない基本的な概念がいくつかある．これらは主として電解質溶液の性質に関するものであるが，はじめに，われわれが最もしばしば接する水の性質について考えよう．

2・1 水

水がイオンを溶かすための最良の溶媒であることは周知であるが，化学反応に用いられる種々の溶媒の中で，水は特殊な溶媒といわれる．その特殊性はど

表 2・1 水および水と同程度の分子量をもつ他の液体の物理的性質

	NH_3	H_2O	HF
分子量	17	18	20
融　点/℃	-78	0	-83
沸　点/℃	-33	100	20
誘電率(0℃)	19.6	88.0	83.6

こからくるのだろうか．表2・1からもわかるように同程度の分子量をもつ他の分子に比較して，水は異常な高沸点，高融点をもっているし，液体から固体になると体積が膨張する．これらの特殊な性質は水分子の双極子能率の大きさと多元的な水素結合形成能，さらに集合体としての水の異常に大きな誘電率から理解できるのである．

2・1・1　双極子能率 (dipole moment)

単分子の水は図2・1のような構造をもっており，正電荷の中心と負電荷の中

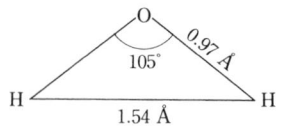

図 2・1　水分子の構造

心が別れて存在している(電気双極子)．陽子の数も電子の数も多い酸素を中心として考えてみると，水素と共有している電子対は電気陰性度の大きい酸素の方に引きつけられ，さらに結合に関与していない非共有電子対が，分子としての負の中心を水素原子から引き離す役割をしている．また，酸素の原子核には正電荷をもつ8個の陽子が存在するが，正の中心は水素原子の陽子によって，より水素の側へ引きつけられている結果，正負両極が偏在して電気的双極子となるのである．この分極の度合いを表わすのが双極子能率 $m = dq$ (q：電荷，d：$+$, $-$の電荷間の距離) であり，単位はデバイ，$D = 3.3356 \times 10^{-30}$ Cm を用いる．

このように電荷の局在化は分子の構造に由来するものであるから，完全に対称な分子(例えば，四塩化炭素，ベンゼンなど)では双極子能率はゼロであり，このような分子を無極性分子という．

図2・2に一連の水素化物の沸点を示した．気体が冷却されたり，圧力を加え

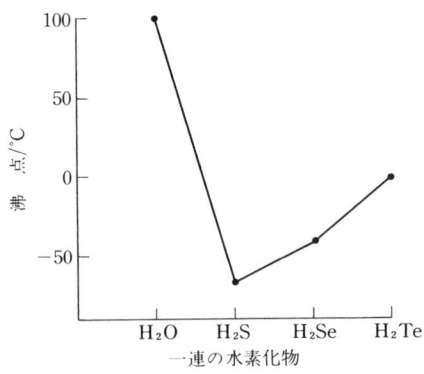

図 2・2　一連の水素化物の沸点

られたとき，分子間の距離が近くなり，電子構造のゆがみによって分子間力が働く．水以外の水素化物の沸点が，分子量の増加とともに上昇するのは，水素の相手原子の電子数の増加によって説明できるが，ここでも水だけが例外となる．双極子-双極子の引力から説明しようとしても，表2・2からわかるように，双極子能率だけについていえば，水のそれは異常なほど大きいとはいえない．

表 2・2 双極子能率と誘電率*

	化学式	双極子能率D	誘電率(298K)
水	H_2O	1.85	78.54
エタノール	C_2H_5OH	1.70	24.3
ジエチルエーテル	$C_2H_5OC_2H_5$	1.15	4.33
アセトン	CH_3COCH_3	2.8	20.7
四塩化炭素	CCl_4	0	2.24
クロロホルム	$CHCl_3$	1.15	4.90
ベンゼン	C_6H_6	0	2.28
シクロヘキサン	C_6H_{12}	0	2.10

* 慣用的用法．正しくは比誘電率（真空の誘電率に対する物質の誘電率の比）

水の沸点の異常性を理解するためには，単分子としての性質である双極子能率よりも，つぎに述べる集合体としての物性を示す誘電率を考慮しなければならない．

2・1・2 誘電率 (dielectric constant)

q_1, q_2の電荷をもった2個の粒子が粒子の大きさに比して十分大きい距離dだけ離れている場合，粒子間に働く力Fは

$$F = \frac{q_1 q_2}{4\pi\varepsilon_r\varepsilon_0 d^2} \begin{pmatrix} \varepsilon_0 \text{は真空の誘電率,} \\ \varepsilon_r \text{は比誘電率} \end{pmatrix}$$

で表わされる．εは媒体に特有な定数で，真空中で1である．つまり表2・2から，2つの粒子を同じ距離だけ引き離す力は水中で真空中の1/80，アルコール中で1/24ということになり，集合体としての性質である誘電率は水について異常に大きいことがわかる．このことは，水分子が集合体をつくったとき，分子間に何らかの協同作業が行われていることを示唆している．

液体の水よりも氷の体積が大きい理由は，氷が整然とした結晶構造をもっており，1つの水分子がつねに4つの水分子に取り囲まれて間隙の多い形になる

ためである．そして水分子の集合体の中で水分子相互を一定構造に保っている力を**水素結合**（hydrogen bond）とよんでいる．水素結合はH-O共有結合の1/10以下の力であるが，分子間力や双極子-双極子の力よりは強く，方向性をもつことが特徴である．すなわち水中のO-H……Oは直線であり，これが氷の結晶構造に結びつくのである．氷が液体の水になっても水素結合はほとんど切れずに残っており，さらに温度を上げて100°C近くになってもまだ完全にはきれないために，水の沸点が異常に高くなるのである．

分析実験で沈殿を沪過するにあたって溶液を温めると比較的沪過しやすくなることも，温度を上げることによって水素結合がある程度切れて直感的にはさらさらしてくることで説明できる．また水がイオンに対して最良の溶媒であることも，これまでに述べた双極子能率や，多元的な水素結合形成能そして誘電率の大きさを考えあわせることによって理解されよう．

2・1・3　水　和（hydration）

イオンは電荷をもっているし，水分子は前述のように大きな双極子能率をもっているので，両者の間に静電引力が働き，水の集合体としての構造を乱して水分子がイオンのまわりに集まる．この現象を**水和**というが，当然，電荷が大きく，イオン半径が小さいイオンほど水分子間の水素結合に打ち勝って水分子を自分のまわりに集めやすいことになる．陽イオンでは静電引力に加えて水分子が配位子として働き（水分子中の酸素上にある非共有電子対を陽イオンに与えて配位結合をつくる），水和はさらに強固になる．陰イオンの場合は水分子の中の水素原子がイオンの方へ近づくので，イオンとの間に水素結合ができて水和を強固にするともいわれている．

イオン結合をしている塩が水に溶けるということは，定性的にはイオンと水分子の間の引力が，塩の結晶を形成している力や溶媒としての水の水素結合，双極子どうしの引力に打ち勝つだけ大きいということであり，水和の強さは定量的には水和熱で表わされ，その大きさはおおよそイオンの電荷の2乗に比例して大きくなる．つまりイオンのサイズが等しいと仮定すれば，M^{2+}の水和熱はM^+のそれの4倍，M^{3+}では9倍というぐあいである．またNa^+とAg^+を比較すると，分極の度合いの大きいAg^+の方が大きな水和熱をもっている．

水が塩に対して最良の溶媒であり，イオンが水溶液中で安定に存在するのは水が高い誘電率をもっているため，イオン-イオン間の引力を弱めることができ，さらに水溶液中で水和イオンを形成してエネルギーを放出し，これが安定化することで説明できる．高誘電率と水和の両効果が，水を良溶媒としているのであって，片方だけでは普遍的な溶媒にはなりえないのである．

2・2 強電解質と弱電解質

これから取り扱っていく大部分の溶液は電解質水溶液なので，化合物が水に溶かされたときの解離の度合いによって強電解質か弱電解質かを分類しておくと便利である．硝酸，硫酸，過塩素酸などの無機酸や，アルカリ，アルカリ土類金属の水酸化物，いくつかの重金属水酸化物，塩類が強電解質の範疇に入り，炭酸，ホウ酸，リン酸，硫化水素，亜硫酸などの無機酸，多くの有機酸，有機塩基などは弱電解質ということになる．これらの慣用的分類は，あくまでも水溶液中での解離の度合いによるものであり，H_2SO_4 はほぼ完全に解離するから強電解質であるが，これが解離してできた HSO_4^- はほんのわずかしか解離しない弱電解質ということになる．電解質の中でも，とくに酸-塩基の強弱が分析化学を学ぶうえで非常に大切なので，2・3で述べよう．

2・3 酸-塩基の概念

リトマス試験紙を赤くし，水に溶けると酸っぱい味がし，塩基と出会って塩をつくるのが酸であり，一方塩基は水に溶けると，苦い味がし，皮膚をおかし，リトマス紙を青変させ，酸と反応して塩をつくる．これが昔から酸，塩基に与えられた分類のしかたであったが，19世紀の末に Arrhenius が新しい定義，すなわち —— 水に溶けたとき，H^+ と陰イオンに解離する物質が酸，OH^- と陽イオンに解離する物質が塩基 —— を発表してから一躍，酸-塩基の化学が定量的になったのである．今日多用されている酸-塩基の考え方を概観しよう．

アレニウス説の限界は，水溶液中での解離しか考えておらず，また解離にあ

たっての溶媒の役割を全く考慮していないことであった．実際，アレニウス説では非水溶媒での解離を説明することはできない．

2・3・1　BrønstedとLowryの説

1923年にデンマークのBrønstedとイギリスのLowryがそれぞれ独立に酸-塩基についての新しい考え方を提唱した．いわゆるプロトン説といわれるもので，プロトンを他に与える物質は酸，プロトンを他から受け取る物質は塩基と定義した．つまり酸-塩基反応をプロトンの授受で説明したのである．

この定義によれば，ある酸がプロトンを失ったときはいつでもそれに相当する塩基が生成することになる．

$$酸 \rightleftharpoons 塩基 + H^+$$

このような過程で生成した塩基を，この酸の共役塩基 (conjugate base) とよび，また前式の酸はこの塩基の共役酸 (conjugate acid) ということになる．2人によって独立に提唱されたのではあるが，現在ではLowryの方がいささか影が薄くなり，この定義による酸，塩基をブレンステッド酸，ブレンステッド塩基などと呼ぶこともある．

前述のようにこの酸-塩基の考え方の特徴は，酸，塩基の解離を説明するのに"溶媒"の役割を明らかにしていることである．

例えば，塩化水素HClを水に溶かしたとき，酸-塩基反応が起こり，溶媒の水が塩基（プロトン受容体，proton acceptor）として働く．

$$HCl + H_2O \rightleftharpoons H_3O^+ + Cl^-$$
$$酸(1) \quad 塩基(1) \quad\quad 酸(2) \quad 塩基(2)$$

上式ではCl^-はHClの共役塩基であり，ヒドロニウムイオンH_3O^+は水の共役酸ということになる．

一方，アンモニアのような塩基が水に溶かされたとき，前例とは逆に溶媒である水は酸として働くことになる(水の両性)．

$$NH_3 + H_2O \rightleftharpoons NH_4^+ + OH^-$$
$$塩基(1) \quad 酸(1) \quad\quad 酸(2) \quad 塩基(2)$$

NH_4^+がアンモニアの共役酸であり，OH^-が水の共役塩基であることはいうまでもない．このようにして考えると，溶媒としての水の解離が酸-塩基反応である

ということになる．そして次式により水の両性は明らかである．水だけでなく，

$$H_2O + H_2O \rightleftharpoons H_3O^+ + OH^-$$
酸(1)　　塩基(1)　　酸(2)　　塩基(2)

ある物質を溶媒に溶かす場合の反応を，上例のように考えることができる場合が多い．液体アンモニアも水の場合と同様に，溶媒としてある物質を溶かすと

$$NH_3 + NH_3 \rightleftharpoons NH_4^+ + NH_2^-$$
酸(1)　　塩基(1)　　酸(2)　　塩基(2)

きは，酸としても塩基としても働くことがわかる．

　水以外の溶媒に塩化水素を溶かした場合を考えてみよう．比較のために溶媒は氷酢酸としよう．

$$HCl + H_2O \rightleftharpoons H_3O^+ + Cl^-$$
$$HCl + CH_3COOH \rightleftharpoons CH_3COOH_2^+ + Cl^-$$
酸(1)　　塩基(1)　　　　酸(2)　　　　塩基(2)

上の2つの式のように，全く同じ形の酸-塩基反応の式が書けるが，これら2つの溶解反応の進行度合い，つまり溶媒の違いによるHClの解離の度合いは2種類の溶媒の塩基としての強さに依存することになる．

　水はHClをほとんど解離させる強い塩基であるが，氷酢酸は塩基として水よりはるかに弱いので，この溶媒の中ではHClは完全には解離しない．つまり，水中では強酸であったHClも氷酢酸溶媒中ではもはや弱酸でしかないということになる．逆に水中ではHClもHClO$_4$もともにほぼ完全に解離しており，お互いの強弱は見分けがつかない．酸と塩基の水が反応した結果，水溶液中で存在する一番強い酸はヒドロニウムイオン H$_3$O$^+$ ということになる（水の水平化効果）．このためHClもHClO$_4$も同じ強酸ということである．その強弱は水のかわりにより弱い塩基を溶媒にすると明らかになる．

2・3・2　Lewisの説

　Brønsted, Lowryの酸-塩基説が提出されたのと同じ年，1923年にアメリカのLewisが別な見方から酸-塩基を定義した．Brønsted, Lowryがプロトン移動に目をつけたのに対し，Lewisは電子対の授受により，酸-塩基反応を説明し

たので，彼の説は Lewis の電子説ともいわれる．つまり，他の物質から電子対を受け取るものが酸で，電子対を与えることのできる物質が塩基であり，電子対授受の結果，共有結合が生成するのが酸-塩基の中和にあたり，できた配位化合物が塩ということになる．

ブレンステッド説とルイス説の関係を考えてみると，ブレンステッド塩基は非共有電子対をもっていて，プロトンと共有結合を生成するのだからルイス塩

$$H^+ + :NH_3 \rightleftharpoons \begin{bmatrix} H \\ H:\underset{..}{\overset{..}{N}}:H \\ H \end{bmatrix}^+$$

基でもあるのだが，酸の定義がルイス説の方がより広い．非共有電子対をもつ塩基と錯形成を行うほとんどの金属は酸であるし（水和イオンの形成を考えるとわかりやすい），水素原子を有しないという点でブレンステッド説では取扱いに困る酸無水物もルイス流で解釈すれば立派な酸である．

$$FeCl_3 + 6 :OH_2 \rightleftharpoons [Fe(:OH_2)_6]^{3+} + 3\ Cl^-$$

$$SO_3 + :OH_2 \rightleftharpoons \begin{matrix} :\underset{..}{\overset{..}{O}}: \\ :\underset{..}{\overset{..}{O}}:S:\underset{..}{\overset{..}{O}}:H \\ :\underset{..}{\overset{..}{O}}: \\ H \end{matrix}$$

2・4　ルイス酸-塩基の硬さ，軟かさと定性分析

2・4・1　陽イオンの系統的定性分析

高等学校の化学の教科書にも出てくる，また大学へ入って最初の化学実験で経験する，硫化水素をおもな分属試薬とする古典的定性分析系は，錬金術以来の長い間の経験的知識の集大成ともいえるものである．

表2・3に概観した陽イオンの定性分析系は，陽イオンの酸素および硫黄に対する親和性をもとにした分属法である．すなわちアルミニウム，アルカリ土類金属などは水酸化物，炭酸塩をつくりやすいかわりに硫化物をつくりにくく，

表 2・3 陽イオンの分属と分属試薬

属	分属試薬	条件	所属元素	備考
1	HCl	酸性	Hg_2^{2+}, Ag^+, Pb^{2+}	H_2S でも沈殿
2	H_2S	微酸性	Cu^{2+}, …	
3	NH_3, (OH^-)	塩基性	Fe^{3+}, Al^{3+}, …	
4	H_2S	塩基性	Zn^{2+}, Mn^{2+}, …	
5	$(NH_4)_2CO_3$, (CO_3^{2-})	塩基性	Ca^{2+}, Ba^{2+}, Sr^{2+}	
6			Mg^{2+}, アルカリ金属	

銀，水銀などの酸性でも硫化物をつくりやすい陽イオンは，炭酸塩，水酸化物をつくりにくい．すなわち前者の親和性の特徴はO＞Sであり，後者のそれはO＜Sということになる．

金属元素の酸素および硫黄への親和性による分類は，Goldschmidtの元素の地球化学的分類における親石元素(lithophile elements)，親銅元素(chalcophile elements)にも対応する．親石元素とはSiO_2相つまり地殻中で豊富なアルミニウムおよびアルカリ，アルカリ土類金属群であり，定性分析系の第3，5，6属に主として対応し，親銅元素とは地球の中では硫化物相に濃縮される元素群で，現在環境問題で注目を集めている元素群とオーバーラップし，地表近くにおける存在度は低い．当然，定性分析系の硫化水素を分属試薬とする属(第1，2，4属)と主として対応する．

陽イオンの定性分析系は，このように陽イオンの酸素と硫黄に対する親和力の差をもとにして，2つのグループをさらに細分化してできあがっている．つまり第1属および第2属はともに難溶性の硫化物をつくるグループであるが，その中でもとくに難溶性の塩化物をつくるAg，Hg，Pbを第1属として分属し，同じ親銅元素群でもそれらの硫化物が酸性からは沈殿しないZn，Mnなどを第4属として分属し，それらの間に難溶性水酸化物沈殿をつくるグループを第3属としてはさんだものである．

2・4・2 酸-塩基の硬さ，軟かさ

定性分析系における分属試薬OH^-とCO_3^{2-}は酸素を配位原子とするルイス塩基(配位子)であり，S^{2-}は硫黄を配位原子とする配位子である．そして陽イオンである金属イオンはルイス酸であるから，定性分析系はとりもなおさず，ル

イス酸を，相手になるルイス塩基によって分属したことになる．酸素と硫黄についてだけでなく，もう少し細かくみると，一連のハロゲン化物イオンに対する反応性を考えても，ルイス酸である金属イオンは大きく2つに分けられることに気づく．親石元素として分類され，また酸素との親和性のより強いアルミニウムやアルカリ土類金属はフッ化物イオンと安定な化合物をつくるが，親銅元素，ことに水銀や銀はフッ化物イオンとほとんど反応しない．そしてヨウ化物イオンに対する反応性といえば，フッ化物イオンの場合と全く逆である．1958年に Ahrland, Chatt, Davis は金属を大きく2つに分け，配位子であるハロゲン化物イオンとの親和力が F>Cl>Br>I の順序になるものをクラス a，逆に F<Cl<Br<I のようなものをクラス b と分類した．配位原子として酸素と硫黄を考えると，クラス a は O>S，クラス b は O<S という親和性の順序になる．

Ahrland らの分類したクラス a，クラス b の分属が Pearson の分類による硬い酸，軟かい酸に相当する．Pearson はルイス酸，塩基を硬い(hard)，軟かい(soft)という直観的な言葉で分類したが，硬い酸と硬い塩基，軟かい酸と軟かい塩基が反応しやすいということを知っているだけで，種々の反応の進行度合いを予測するうえで非常に便利である．その特徴を表2・4にまとめておく．

表 2・4 硬い酸，塩基と軟かい酸，塩基

硬い塩基	分極しにくく，電気陰性度大	例：$OH^-, F^-, Cl^-, SO_4^{2-}, NH_3, CH_3COO^-$
軟かい塩基	分極しやすく，電気陰性度小	例：$I^-, CO, CN^-, S^{2-}, R_2S, R_3P, R^-$
硬い酸	体積小さく，高い正電荷をもつ	例：$H^+, Mg^{2+}, Al^{3+}, Cr^{3+}, Si^{4+}$
軟かい酸	体積大きく，低い正電荷をもつ	例：$Ag^+, Cu^+, Pt^{2+}, Hg^+$

この表から，硬い，軟かいという感覚が理解できるであろう．つまり小さく，コンパクトにかたまって表面電荷密度が大きい金属が"硬い"酸であり，外部電場の影響を受けて電子のかたよりを生じやすく（分極しやすく），結合電子を引きつける力（電気陰性度）に乏しい，何となくぶよぶよしたような配位子が"軟かい"塩基ということである．

2・5　電解質溶液中での反応速度

　以後本書で取り扱う化学反応の多くが電解質溶液中で起こるものであるので，その基本である反応速度と化学平衡について概説する．

　H_3O^+とCH_3COO^-という2つの反対電荷をもつイオンどうしの反応を例にあげると，溶媒の中で運動しているこれら正負のイオンが衝突したとき，何も起こらずに離れていく場合と，

$$H_3O^+ + CH_3COO^- \rightleftharpoons CH_3COOH + H_2O \qquad (2・1)$$

ヒドロニウムイオンからプロトンが移動して酢酸分子が生成する場合の2通りが考えられる．この矢印の方向の反応速度は両イオン濃度が減少する速度あるいは酸分子の増加する速度で表わされる．ここで，イオンの濃度が変化すると正負のイオンどうしの衝突の頻度に影響を与えるので，衝突の頻度つまり酸分子の生成速度は両イオン濃度の積に比例することになる．

$$\text{酸分子生成速度} = k_+[H_3O^+][CH_3COO^-] \qquad (2・2)$$

比例定数k_+は両イオンが単位濃度のときの速度に相当し，速度定数とよぶ．

　速度に影響を与える因子は濃度以外にも温度，溶媒の特性などがあるけれども，これらは式（2・2）ではk_+の中に含まれてしまっている．

　ここで溶媒として水を考えた場合，この例のようなプロトン移動反応の速度は異常に大きい．下のように1～2分子の水が水素結合を介してプロトン移動を媒介するからである．

　逆にプロトン移動が関与していないようなイオンどうしの反応はこれに比べて遅い．その理由は，それぞれのイオンが水和しており，結合するために水分子を離す必要があるからである．

　ここで水が反応系に含まれる場合の速度について考えてみよう．式（2・1）

の逆反応，つまり水溶液中での酢酸の解離がこの例である．

$$CH_3COOH + H_2O \longrightarrow CH_3COO^- + H_3O^+ \tag{2・3}$$

$$解離速度 = k_-[CH_3COOH][H_2O] \tag{2・4}$$

われわれが取り扱うのは一般に希薄溶液（例えば0.1 M，この濃度での酢酸の解離度は2%以下）であるから，酢酸の解離によって消費される水は水分子の全濃度にほとんど影響しない．つまり水の濃度を定数と考えてもよいことになる．したがって式（2・4）は

$$解離速度 = k'[CH_3COOH] \tag{2・5}$$

$$(k' = k_-[H_2O])$$

式（2・3）はプロトンの水和を省略してイオン反応を書けば，直接求められる式（2・6）なので，これ以降はいちいちヒドロニウムイオンを用いずH^+として

$$CH_3COOH \longrightarrow H^+ + CH_3COO^- \tag{2・6}$$

速度および平衡を考えていくことにする．

酢酸の解離反応の速度定数k'は8×10^5とかなり大きいが，逆反応（プロトンと酢酸イオンが酢酸分子を生成する反応）の速度定数はさらに大きく，4.5×10^{10}である．解離の方が遅いのは主として酢酸のO-H結合が切れにくいことによる．

ここで述べたようなプロトン移動反応は一般に速いが，反応速度の小さい反応も少なくない．反応を進行させるのに有効なのは一定限度以上のエネルギーをもつ粒子の衝突だけであると考えると，遅い反応では反応する粒子の衝突の中で有効なものが少ないということになる．反応を進行させるために粒子がもつべきエネルギーを活性化エネルギーとよんでいる．活性化エネルギーはある場合には溶媒和の殻を破ってイオンどうしを接触させるために用いられようし，また反応にあずかる化学種の中の結合をゆるめて原子あるいはイオンを他へ移動させやすくするために使われる場合もあろう．

遅い反応の例としては多くの電子移動反応をあげることができる．例えば過塩素酸溶液中で2価のスズによる3価の鉄の還元反応は非常に遅いが，これは2つの正電荷のイオン間の反発が原因である．2価の鉄と3価の鉄の間の電荷

移動も鉄の放射性同位元素（*Fe）を用いて調べられている．

$$\text{Fe}^{2+} + {}^*\text{Fe}^{3+} \longrightarrow \text{Fe}^{3+} + {}^*\text{Fe}^{2+} \tag{2・7}$$

この反応も過塩素酸中では遅いが塩化物イオンが存在すると速くなる．この原因としては $\text{Fe}^{2+}\cdots\cdots\text{Cl}^-\cdots\cdots\text{Fe}^{3+}$ のように，陰イオンを間においた橋かけが行われ，Fe^{2+} と Fe^{3+} が近づくことにより電子移動が行われやすくなると考えられている．しかし，溶液中の反応の多くは非常に複雑なのが一般的である．

反応速度は通常温度を上げることによって大きくなる．10°Cの温度上昇によって反応速度が2倍あるいは3倍になることは珍しくない．これは熱を加えることにより，活性化エネルギーに相当するエネルギーをもった粒子の数が増加するためである．

反応速度はまた触媒の存在によって変えられることもすでに高等学校で学んだことであろう．

一例をあげると，$\text{Fe}_2(\text{SO}_4)_3$ 中の Fe(III) は水素ガスのみによっては，Fe^{2+} まで還元されることはほとんどないが，白金黒を触媒として用いると，これが水素ガスをその表面に吸着することによって還元反応に必要な活性化エネルギーを減らして反応の進行を速める．

2・6　電解質溶液中での化学平衡

われわれが取り扱う反応のほとんどは可逆反応である．つまり条件によって正逆どちらかの方向へ進行するかが決まる．そしてある条件下で正反応と逆反応の速度が等しくなり，見かけ上反応系に変化がないようにみえる点で，その反応は化学平衡にあるという．塩化水素を水に溶かした塩酸は一般に強酸として分類されるが，強酸だからといって100％イオンに解離しているものではなく分子状の HCl が存在していることは，濃塩酸のびんを開けたときに鼻をつく刺激臭（HCl 分子の特性）があることでもわかるであろう．市販の濃塩酸（約 12 M の水溶液）を希釈して，例えば6 M 程度にすると，ほとんど刺激臭は消失する．これは水を加えたことによって（条件の変化），下式の平衡の位置が

$$\text{HCl} + \text{H}_2\text{O} \rightleftharpoons \text{H}_3\text{O}^+ + \text{Cl}^- \tag{2・8}$$

生成系側へずれ，イオン化が促進されて分子状 HCl が減少したのである．だからといって分子状 HCl がすべて消失することはなく，さらに溶液を希釈しても電離度が100％に限りなく近づくだけで，決して100％にはならない．したがって"完全"解離，"完全"分離といった言葉は厳密にいえば用いるべきではない．上例で希釈によって平衡が右にずれて，分析的手段で HCl 分子を検出できなくなったような場合，HCl は"定量的"に解離した，と表現するのが望ましい．

同様に非常に溶けにくい沈殿，例えば $BaSO_4$ の場合も，どのような条件下でも溶液中に Ba^{2+} と SO_4^{2-} は存在するはずであることは，$Ba^{2+} + SO_4^{2-} \rightleftharpoons BaSO_4$ の沈殿平衡をみればわかることであり，硫酸バリウムは"難"溶性沈殿ではあっても，"不"溶性沈殿ではない．溶液中の Ba^{2+}，SO_4^{2-} 両イオンが分析的に検出できない量になったとき，沈殿は"定量的"であるという．そして平衡移動を利用して反応を取り巻く条件を工夫し，平衡を望ましい方向に移動させ，目的反応を定量的（"完全に"ではない）にするのが分析化学の大きな目的でもある．したがって，ある分析反応を取り扱う場合，つねに平衡移動の法則を頭におくことが肝要である．陽イオンの系統分析で用いられている操作の目的を一つずつ考えてみるとよい．平衡移動の法則を利用して，定量的分離に導こうとしている例が非常に多いことに気づくであろう．一例をあげると，第2属で銅，カドミウムなどを硫化物沈殿として他から分離するさいの条件指定は，0.3M塩酸酸性であるが，これは硫化水素の解離平衡 $H_2S \rightleftharpoons HS^- + H^+$，$HS^- \rightleftharpoons S^{2-} + H^+$ の系に H^+ を加えることによって，平衡を逆方向に移動させ，結果として S^{2-} の濃度を減少させて，わずかな量の S^{2-} とでも硫化物沈殿をつくるグループだけを沈殿分離しようとするものである．

化学平衡を定量的に記述するためには平衡定数が用いられる．前述のように平衡が達成された点では正反応と逆反応の速度が等しいので，反応速度の項にでてきた速度定数と平衡定数を関係づけてみると反応を理解する助けになる．実際には，化学反応は多くの素反応から成り立っており，それぞれの素反応について反応速度を考えなければならないので，ここに例示したように簡単に速度定数と平衡定数を関係づけることは難しい．しかし平衡においては個々の素

反応の段階で正，逆両方向の速さはつり合っており，全体として正しい存在量の比を保っているのであるから，ここで述べるような考え方もできよう．

今，水溶液中での酢酸の解離平衡を例にとってみよう．

$$CH_3COOH \rightleftharpoons CH_3COO^- + H^+ \qquad (2 \cdot 9)$$

酢酸の解離反応の速度は $k'[CH_3COOH]$ で，また酸分子生成速度は $k[H^+][CH_3COO^-]$ で表わされることは前項で学んだ．そこで平衡条件すなわち正，逆両方向の反応速度が等しいとき，

$$k'[CH_3COOH] = k[H^+][CH_3COO^-] \qquad (2 \cdot 10)$$

より，

$$\frac{[H^+][CH_3COO^-]}{[CH_3COOH]} = \frac{k'}{k} = K_a \qquad (2 \cdot 11)$$

が得られる．式（2・11）は高校の教科書でおなじみの，酢酸の解離に対して質量作用の法則を適用した結果であり，この場合の平衡定数 K_a は酢酸の"解離定数"とよばれる．

そして前項にあげたそれぞれの速度定数 $k = 4.5 \times 10^{10}$，$k' = 8.0 \times 10^5$ を上式に代入すると $K_a = 1.8 \times 10^{-5}$ が得られ，これは定数表などに記載されている酢酸の解離定数の値*とほぼ一致している．

反応速度が，温度，圧力，成分濃度に依存することは明らかであるので，化学平衡もこれらの因子によって左右される．一般の分析反応は室温，常圧下で行うことが多いので，上記3つのうちで反応物質の濃度が平衡に大きな影響を及ぼすことになる．本項で平衡定数の表示に，反応に関与する物質の濃度を用いているが，温度，圧力条件一定でも，一定の平衡定数が得られるのは希薄溶液の場合に限られる．分析化学で用いられる反応は，一般に希薄溶液中で行われることが多いので，濃度表示の平衡定数を用いても大きな誤りを犯すことはない．電解質濃度が化学平衡に及ぼす影響については次節でやや定量的に考察することにしよう．

---

* 酢酸の酸解離指数（25°C）：4.756（"Tables of Physical & Chemical Constants", 13 Ed.,p.169, Longmans(1966)）
　酢酸の酸解離定数：1.75×10^{-5}

表 2・5 分析化学でよく用いられる化学平衡と平衡定数（モル濃度表示）

化学平衡の型	平衡定数の名称	例	平衡定数の表示
水の解離	水のイオン積 K_w	$H_2O \rightleftharpoons H^+ + OH^-$	$K_w = [H^+][OH^-]$
沈殿生成平衡	溶解度積 K_{so}	$AgCl \rightleftharpoons Ag^+ + Cl^-$	$K_{so} = [Ag^+][Cl^-]$
弱酸・弱塩基の解離	解離定数 K_d, K_a, K_b	$HCN \rightleftharpoons H^+ + CN^-$	$K_d = \dfrac{[H^+][CN^-]}{[HCN]}$
塩の加水分解	加水分解定数 K_h	$CN^- + H_2O \rightleftharpoons$ $HCN + OH^-$	$K_h = \dfrac{[HCN][OH^-]}{[CN^-]}$
錯体の生成	生成定数 K	$Ni^{2+} + 4CN^- \rightleftharpoons Ni(CN)_4^{2-}$	$K = \dfrac{[Ni(CN)_4^{2-}]}{[Ni^{2+}][CN^-]^4}$
酸化還元平衡	K	$MnO_4^- + 5Fe^{2+} + 8H^+ \rightleftharpoons$ $Mn^{2+} + 5Fe^{3+} + 4H_2O$	$K = \dfrac{[Mn^{2+}][Fe^{3+}]^5}{[MnO_4^-][Fe^{2+}]^5[H^+]^8}$

　表2・5に分析化学でしばしば用いられる化学平衡と，平衡定数の表示法をまとめて示す．この表で K_w の表示中に水の濃度の項がないのは，水の電離度が小さいために水の濃度が一定とみなせるためであり，また酸化還元反応の場合のように，生成系あるいは反応系に水が含まれる場合でも，希薄溶液で水の濃度は変わらないとみなせるので，平衡定数の式からは省略されている．水の濃度が平衡定数の中に含まれていると考えた方がよかろう．

　また沈殿平衡については，平衡表示は飽和溶液，つまり過剰の固相が水溶液と接触している場合にのみあてはまる．平衡の位置は固相中の反応物質の濃度により左右されることになるが，この濃度は固相の量にかかわらず一定であるため（純物質A一定量に含まれる"Aの濃度"を考えてみるとよい），平衡定数の中に含まれることになり，したがってちょうど水のイオン積の場合と同じ形の溶解度積が定数として得られるのである．

　表ではもっとも簡単な平衡のみを示したが，段階的な解離をする弱電解質は解離定数も各段階について表わされる．例えば炭酸は解離して炭酸水素イオンと炭酸イオンの双方を生じる．

$$H_2CO_3 \rightleftharpoons H^+ + HCO_3^- \qquad K_1 = \frac{[H^+][HCO_3^-]}{[H_2CO_3]}$$

$$HCO_3^- \rightleftharpoons H^+ + CO_3^{2-} \qquad K_2 = \frac{[H^+][CO_3^{2-}]}{[HCO_3^-]}$$

このような2段階解離の場合, 一般に $K_1 \gg K_2$ である. 同様に3段階解離をするリン酸 (H_3PO_4) は $K_1 \gg K_2 \gg K_3$ の関係が成り立つ.

　平衡定数は平衡時の反応物質と生成物質の濃度比で表わされるので, その値を知ることによって反応の進行度合いを予測することができることは自明である. 例えば無水酢酸を水に溶かしたとき, その解離の程度が非常に小さいことは, 酢酸の解離定数 $K_a = 1.8 \times 10^{-5}$ より予知することができるし, 逆に, 酢酸ナトリウムと塩酸を混合したとき, 酢酸の解離の逆反応

$$H^+ + CH_3COO^- \longrightarrow CH_3COOH$$

が進行することは, 酢酸の生成定数 $K = 1/K_a = 5.6 \times 10^4$ の値から推測することができる.

　すべての化学平衡について定数が求められているわけではないが, すでに求められている定数を組み合わせて目的反応の平衡定数を計算し, 反応を予測することができる. 例えば炭酸イオンと炭酸水素イオンの平衡反応

$$CO_3^{2-} + H_2O \rightleftarrows HCO_3^- + OH^-$$

は弱電解質である水と炭酸水素イオンが水素イオンをとりあう競争反応であるが, この反応の平衡定数 $K = [HCO_3^-][OH^-]/[CO_3^{2-}]$ は

$$H_2O \rightleftarrows H^+ + OH^- \qquad K_w = 1.0 \times 10^{-14}$$
$$HCO_3^- \rightleftarrows H^+ + CO_3^{2-} \qquad K_{HCO_3} = 4.7 \times 10^{-11}$$

から求めることができる. なぜならば, 炭酸イオンと炭酸水素イオンの平衡は上記2式の差で得られるから, 平衡定数は K_w と K_{HCO_3} の比として求められる. つまり $K_w/K_{HCO_3} = 2.1 \times 10^{-4}$ となり, 右向きの炭酸水素イオンを生成する反応はごくわずかしか起こらないことがわかる.

　このように平衡定数の定量的取り扱いで反応の方向を予測することは, 分析反応を組み立てていくうえで有用であり, 詳細は後章のそれぞれの分析反応のところで述べるが, このようなアプローチ, すなわち濃度表示の平衡定数を用いた予測にも, 一般的にいっていくつかの問題がある.

　まず, 必要な定数が全て求められているわけではないし, 求められていたとしても測定条件が実際に問題としている反応を行う場合と全く同一である場合の方がむしろ少ない. そのうえ, 測定値の正確さに十分注意を払わないと, と

んでもない結果を予測することにもなる．古い教科書などに載っている定数のうちには最近の方法で測定された定数とオーダーが2つも異なっている場合もある．これまでに測定された定数を集積，整理し，評価するという仕事は大変苦労の多いものであり，現在IUPAC(International Union of Pure and Applied Chemistry)で安定度定数，溶解度などについて作業が行われているが，完成するのに10年以上かかることが見込まれているほどである．

さらに，これまでの議論では溶液中のイオン間に働く力を無視してきた．希薄溶液中で塩類が共存すると，平衡定数から予測したものより弱電解質の解離が促進され，また沈殿の溶解度が増す現象は溶液中のイオン-イオン間に働く力が平衡に影響を与えるために起こるのである．この現象は分析反応を考えるうえで非常に重要であるので，次節で概観しよう．

2・7　化学平衡に及ぼす電解質濃度の影響

すでに述べたように，モル濃度で表示した平衡定数は厳密にいえば後述する活量係数 γ が1とみなせる電解質濃度が非常に小さい希薄溶液中でのみ適用できるものであり，電解質濃度が増すに従って平衡定数の値が大きく変わってくる．

図2・3に共存する塩化ナトリウムの濃度を変えたときの酢酸の見かけの解離定数の変化を示した．この場合，濃度の単位はMである．図から明らかなように，酢酸の解離定数は純水の場合が最も小さく，NaClの濃度が増すにつれて大きくなっていく．このような現象は塩化ナトリウム以外の電解質を共存させても同様にみられるし，解離平衡のみでなく他の形の平衡定数についても全く同じ現象が観察されている．沈殿平衡を例にとっても，硫酸バリウムの溶解度は硝酸カリウムのような塩を共存させると純水中での値よりも大きくなる．したがって，モル濃度で表わした溶解度積(表2・5に示した沈殿平衡の平衡定数に相当)についても同様である．さらに沈殿平衡についていえば，同量の硝酸カリウム存在下で，塩化銀よりも硫酸バリウムの方が，溶解度の増加の割合が大きい．

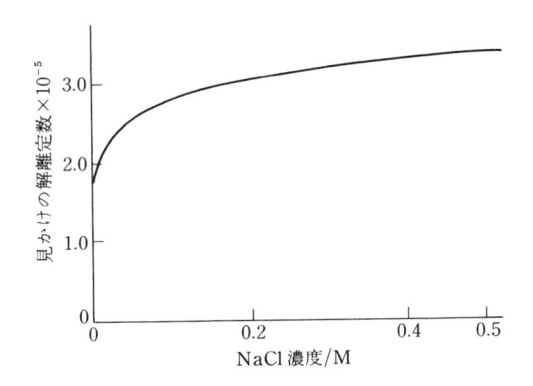

図 2・3 塩化ナトリウム水溶液中での酢酸の見かけの解離定数 (298K)

2・7・1 イオン強度

電解質が化学平衡に及ぼす影響を調べた多くの実験事実を注意深く検討すると, 全ての場合に共通した電解質効果の本質を見出すことができる.

第 1 に電解質効果は平衡に関与する化学種の電荷に依存し (塩化銀と硫酸バリウムの溶解度に及ぼす影響参照), 第 2 に電解質の種類にほとんど関係がないことである. この 2 点をふまえて電解質効果を定量的に表現するために導入されたのが式 (2・12) で定義する "イオン強度" (ionic strength) とよばれるパラメーターである.

$$\mu = 1/2 (m_1 Z_1^2 + m_2 Z_2^2 + \cdots\cdots) \tag{2・12}$$

ここで, μ: イオン強度, m_1, m_2……: 溶液中に存在するイオンのモル濃度, Z_1, Z_2……: イオンの電荷, である.

イオン強度算出例: KNO_3 について 0.05 M, Na_2SO_4 について 0.1 M である溶液のイオン強度 μ

$$m_{K^+} = m_{NO_3^-} = 0.05,$$

$$m_{Na^+} = 0.2,$$

$$m_{SO_4^{2-}} = 0.1,$$

$$Z_{K^+} = Z_{NO_3^-} = Z_{Na^+} = 1,$$

を式（2・12）に代入して得られる．

$$Z_{SO_4^{2-}} = 2$$

$$\mu = 1/2\,(0.05 \times 1^2 + 0.05 \times 1^2 + 0.2 \times 1^2 + 0.1 \times 2^2)$$
$$= 0.35$$

イオン強度の定義から明らかなように1価のイオンだけからなっている溶液，例えば $NaCl$ と KNO_3 のイオン強度は単純に，構成する塩のモル濃度の和である．しかし，電荷が2以上のイオンを含む溶液のイオン強度はモル濃度の和よりも大きくなる．

イオン強度は大変重要なパラメーターで，これを一定にしておきさえすれば，存在する塩の種類に関係なく，電解質効果は一定であるということになる．したがって最初にあげた酢酸の解離定数はイオン強度さえ一定にしておけば，共存する塩が $NaCl$ 以外の塩（例えば KNO_3, $AlCl_3$……）でも一定となる．

このあと述べるように真の平衡定数は活量で表わさなくてはならないし，活量を求めることは困難な場合が多いので，イオン強度を一定にして平衡定数（条件平衡定数）を実験的に求め，いろいろな研究に用いることが多い．分析化学や無機化学の論文をみると，"0.1 M の $NaClO_4$ を加えてイオン強度を一定にし"といった記述がしばしばあることに気づくであろう．これは上のような理由によるものであり，また過塩素酸塩は溶液中に存在する他の化学種と錯体をつくったりする相互作用の少ないものとして多用されている．

2・7・2　活量と活量係数

図2・3でみた $NaCl$ 濃度の増加に伴う酢酸の見かけの解離定数の増大は，解離平衡に関与する CH_3COO^- と H_3O^+ の周囲に，反対の電荷をもったイオンが集まり，再結合を妨げた結果として理解できる．つまり，酢酸分子の生成反応の方向を考えれば，反応系の化学種（CH_3COO^- と H_3O^+）の有効濃度が減少したということである．このように考えれば，酢酸の解離定数だけでなくイオンの種類にかかわらず，沈殿平衡の溶解度積についてもイオン強度が大きな影響を及ぼしていることがわかる．一般にごく希薄な溶液ではモル濃度がこのまま有効濃度になるが，溶液中の電解質の量が増すに従って，有効濃度は減少していく．このようなイオン強度の濃度へ及ぼす影響を定量的に表わすために用いら

れる濃度パラメーターが"活量"（activity）であり，次式で定義される．

$$a_A = [A]\gamma_A \quad (2・13)$$

ここで［ ］で示された化学種Aのモル濃度に，イオン強度に左右される係数である"活量係数"（activity coefficient）γを乗じて得られたのが"活量"である．当然のことながら活量にはイオン強度の影響が組み込まれているので，濃度のかわりに活量を用いて平衡定数を表わせば，その定数はイオン強度に依存しない真の定数となる．酢酸の真の解離定数は次式で表わされる．

$$K_d = \frac{a_{H_3O^+} \cdot a_{CH_3COO^-}}{a_{CH_3COOH}} = \frac{[H_3O^+][CH_3COO^-]}{[CH_3COOH]} \times \frac{\gamma_{H_3O^+} \cdot \gamma_{CH_3COO}}{\gamma_{CH_3COOH}}$$
$$(2・14)$$

このようにあるイオンの活量係数は平衡に及ぼす有効度を表わすものであり，イオン強度が0に近づくにつれてγは1に限りなく近づくことになる．そしてそれほど濃くない溶液では，活量係数は電解質の種類に関係なく，イオン強度のみに依存するが，少し細かくみると図2・4に示すように一定イオン強度では，

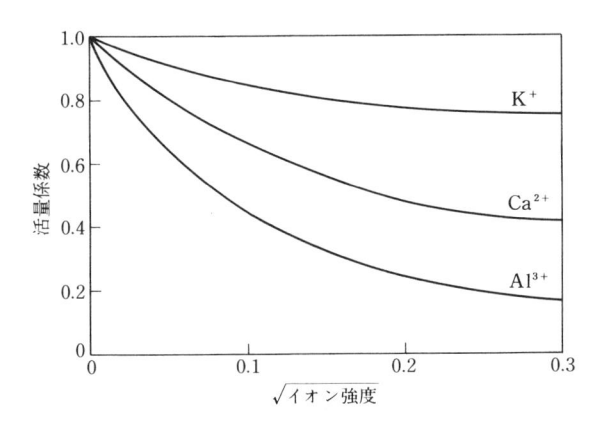

図 2・4 活量係数とイオン強度の関係

あるイオンの活量係数は，そのイオンの電荷が大きいほど，1から離れた値になる．同じ電荷をもつイオンについては，一定のイオン強度で活量係数はほぼ等しいが，わずかな差があるとすれば，水和イオンの有効サイズによるものである．1923年にDebyeとHückelは活量係数を計算するための，いわゆるDebye

-Hückel の式を提出した．

$$-\log \gamma_A = \frac{0.5085\, Z_A{}^2 \mu^{1/2}}{1 + 0.3281 \alpha_A \mu^{1/2}} \qquad (2 \cdot 15)$$

ここで，定数は298 Kの水溶液中で1：1電解質についてのものでありγ_Aは化学種Aの活量係数，Z_AはAのもつ電荷，μは溶液のイオン強度，α_Aは水和イオンの有効直径（単位Å）である．α_Aはすでに与えられている量なので式(2・15)を用いれば活量係数が計算できるが，この式はイオン強度が0.1以下の電解質溶液にしか適用できないことを記憶されたい．イオン強度の非常に大きな溶液については，これまでのような説明があてはまらない場合がある．つまり多価の陽イオンを含む電解質溶液では，活量係数は濃度の増加とともに減少し，極小値を通った後増大し始める．このような高濃度電解質による活量係数の増加に明快な説明を加えることは難しいが，多価の陽イオンは水和しやすいので，水和によって水分子の数が減るのだともいわれている．

しかし，分析化学で取り扱う反応では，このような濃厚な電解質が関与することは少ない．イオン強度が0.01以下での電解質溶液や，1価の電解質を含むような溶液の場合は，活量のかわりに濃度を用いて平衡計算を行っても，ほとんど誤差はないし，10％程度の誤差を見込めば$\mu = 0.1 \sim 0.01$程度の溶液でも濃度を用いておよその結果を得ることができる．活量を用いなければ必要データが少なくてすみ，簡単なので，モル濃度で平衡計算を行う場合が多い．しかしこの場合はあくまでも近似計算であることを忘れてはならない．

3

分析に用いられる化学平衡

　前章の表 2・5 で分析に用いられる化学平衡を数例あげたが，これらは大まかに分類すれば，酸-塩基平衡，沈殿平衡，酸化還元平衡，錯形成平衡の 4 つになる．容量分析ではこれら 4 つの平衡を利用した滴定法が用いられているし，重量分析は沈殿平衡に基盤をおいている．さらに分離分析まで含めて，分析条件の設定，分析操作は全て上記 4 つの平衡を基礎にして，組み立てられているといっても過言ではない．そこでこの章ではこれらの平衡について簡単な解説を試みる．前章の最後でも述べたように，平衡の記述には活量を用いなければならないが，分析化学で一般に用いられているような希薄濃度の溶液中の反応ではモル濃度を用いても大きな誤差を生じないので，本章では簡単のために全てモル濃度を用いて平衡を記述することにする．

3・1 酸-塩基平衡

　水溶液は水の解離によってつねに水素イオン（厳密には水和した水素イオンすなわちヒドロニウムイオン H_3O^+）と水酸化物イオンを含んでいる．

$$H_2O \rightleftharpoons H^+ + OH^- \qquad (3・1)$$

　この水溶液に溶質を溶かすと H^+ と OH^- の濃度が変化する．したがって水溶液中での化学反応を追究することは，水素イオン濃度あるいは水酸化物イオン濃度に変化をもたらす因子を追究することでもある．

　水はごくわずかしか解離せず，式（3・1）は大きく反応系（左辺）に片寄っ

ているので，質量作用の法則を適用するにあたって，[H_2O]は一定と考えて差し支えない．このようにして得られた定数 K_w (水のイオン積) ＝ [H^+] [OH^-] は 25°C で $1.0 \times 10^{-14} M^2$ の値をもつが，水の解離は吸熱反応なので，この値は温度の上昇とともに増加する．100°C では約 $5 \times 10^{-13} M^2$ となることが知られている．純水中，あるいは H^+ や OH^- と反応しないような溶質しか含まない溶液では式（3・1）から [H^+] ＝ [OH^-] ＝ $1.0 \times 10^{-7} M$ (25°C) であり，このような水溶液を中性であるという．そして [H^+] ＞ [OH^-] のような水溶液を酸性，[H^+] ＜ [OH^-] のものを塩基性とよんでいる．水のイオン積の関係から，水溶液の性質を示すのに [H^+] を用いても [OH^-] を用いても同じことであるので，通常，水素イオン濃度 [H^+] を水の液性の指標にしている．1 M の強酸溶液の水素イオン濃度は 1 すなわち $10^0 M$ であり，水のイオン積から 1 M の強塩基溶液の水素イオン濃度は $10^{-14}/$ [OH^-] ＝ $10^{-14} M$ である．したがって水溶液の液性は，分析化学で一般に用いられる程度の溶液では $10^0 \sim 10^{-14} M$ の範囲で変化し（1 M よりも濃い酸塩基の場合は 10^0 よりも大きい値から 10^{-14} よりも小さい値まで変わることは自明である），液性の指標としては不便なので，次式で定義する p-関数を用いるのが一般である．

$$-\log K_w = -\log [H^+][OH^-] = -\log [H^+] - \log [OH^-]$$
$$pK_w = pH + pOH = 14 \qquad (3・2)$$

この関係のうちで，頻繁に用いられるのが pH* ＝ 水素イオン濃度の逆数の対数であり，これを用いれば $10^0 \sim 10^{-14}$ までの変化も 0〜14 までの変化に収まり，水溶液の液性の指標として非常に便利である．ちなみに酸解離定数 K_a，塩基解離定数 K_b なども同様の理由で pK_a，pK_b を用いることが多い．

3・1・1 酸-塩基反応と加水分解

分析化学で取り扱う酸-塩基反応には，1） 強酸と強塩基，2） 弱酸と強塩基，3） 弱塩基と強酸，4） 弱酸と弱塩基の 4 つの組合せがある．このうち，1）の組合せでは酸も塩基も水溶液中でほぼ完全に解離しているので，中和反応は定量的に進行し，双方が当量反応した点（当量点）では，この水溶液の液

---

* 厳密には pH ＝ $-\log a_{H^+}$ (a_{H^+} : 水素イオンの活量) と定義

性 —— 水素イオン濃度あるいは pH —— は水のイオン化によって生じる水素イオンによって決まる．つまり，25°C で $[H^+] = 10^{-7}M$，pH = 7 である．しかし 2），3）のように片方が弱い酸あるいは塩基の中和反応はそれほど簡単ではない．当量点付近で中和の逆反応である加水分解が起こり，中和反応の完結を妨げるからである．これに反して強酸-強塩基の組合せでは当量点付近での加水分解を考える必要がない．なぜであろうか．ブレンステッドの酸-塩基理論を思い出してみよう．強酸である過塩素酸の解離平衡は次式で表わされる．

$$HClO_4 + H_2O \rightleftharpoons H_3O^+ + ClO_4^-$$

この解離平衡は生成系に大きく片寄っている．つまり $HClO_4$ は強酸であるが，それの共役塩基である ClO_4^- は非常に弱い塩基であり，これが溶媒の H_2O（酸）と酸-塩基反応（加水分解）を起こす度合いは非常に少ない．これに反して，次式で示される酢酸のような弱酸が解離して生ずる共役塩基の酢酸イオン CH_3COO^- は強い塩基であり，

$$CH_3COOH + H_2O \rightleftharpoons H_3O^+ + CH_3COO^-$$

溶媒である H_2O を酸とみたて，酸-塩基反応（加水分解）を起こすのである．

$$CH_3COO^- + H_2O \rightleftharpoons CH_3COOH + OH^-$$

したがって酢酸を水酸化ナトリウムで中和したとき生ずる塩 CH_3COONa は定量的に解離して CH_3COO^-，Na^+ を生ずるが，このうち強塩基 NaOH の共役酸である Na^+ は弱酸で加水分解を起こさず，CH_3COO^- のみが加水分解して OH^- を出す結果，この組合わせでの当量点のpHは中性の 7 よりも塩基性側にずれることになる．アンモニアと塩酸で代表される 3）の場合も全く同様に考えて，HCl の共役塩基 Cl^- は弱い塩基で水と反応せず，NH_3 の共役酸である NH_4^+ は強い酸で加水分解して H^+ を出す結果，当量点の pH は中性ではなく酸性側へずれる結果になる．

$$NH_4^+ + H_2O \rightleftharpoons NH_3 + H_3O^+$$

一般に弱酸 HA の共役塩基 A^- の加水分解平衡は次式で表わされる．

$$A^- + H_2O \rightleftharpoons HA + OH^- \qquad (3 \cdot 3)$$

そしてこの平衡の平衡定数から，

$$K = \frac{[\mathrm{HA}][\mathrm{OH}^-]}{[\mathrm{A}^-][\mathrm{H_2O}]} \qquad (3\cdot 4)$$

$[\mathrm{H_2O}]$ を一定とおいて

$$K \cdot [\mathrm{H_2O}] = K_\mathrm{h} = \frac{[\mathrm{HA}][\mathrm{OH}^-]}{[\mathrm{A}^-]} \qquad (3\cdot 5)$$

が得られる．K_h を加水解離定数とよんでいる．ここで $K_\mathrm{w}=[\mathrm{H}^+][\mathrm{OH}^-]$ の関係から $[\mathrm{OH}^-]=K_\mathrm{w}/[\mathrm{H}^+]$ を上式に代入すると

$$K_\mathrm{h} = \frac{[\mathrm{HA}] \cdot K_\mathrm{w}}{[\mathrm{A}^-][\mathrm{H}^+]} \qquad (3\cdot 6)$$

となり，$K_\mathrm{a}=[\mathrm{A}^-][\mathrm{H}^+]/[\mathrm{HA}]$ の関係を用いれば

$$K_\mathrm{h} = K_\mathrm{w}/K_\mathrm{a} \qquad (3\cdot 7)$$

が得られる．K_w は25°Cでは 1×10^{-14} であるので，酸の解離定数さえわかれば，加水分解の度合いを推定することができる．例えば，$K_\mathrm{a}=10^4$ であるような強酸の場合 $K_\mathrm{h}=10^{-14}\cdot 10^{-4}=10^{-18}$ となり，加水解離が全く問題にならないことがわかる．また，K_a が小さいほど，つまり弱酸であればあるほど，加水解離定数は大きくなり，当量点における中和の逆反応の影響が大きくなることも自明である．

弱塩基 BOH の共役酸 B^+ についても同様の理由で

$$\mathrm{B}^+ + \mathrm{H_2O} \rightleftharpoons \mathrm{BOH} + \mathrm{H}^+ \qquad (3\cdot 8)$$

$$K_\mathrm{h} = K_\mathrm{w}/K_\mathrm{b} \quad (K_\mathrm{b}：塩基解離定数) \qquad (3\cdot 9)$$

を導くことができる．

a．弱酸-強塩基の組合せにおける当量点の pH：上述のように，弱酸と強塩基の反応では当量点でpHが中性にならず塩基性側にずれることは加水解離を考慮すれば説明できることがわかったが，当量点のpHを計算で求めることも容易である．弱酸HAを強塩基BOHで中和すると塩BAが生じるが，この塩が電離したときできるブレンステッド塩基 A^- だけに加水分解平衡を適用すればよいことになる．BAは塩であるから，水溶液中では B^+ と A^- にほぼ定量的に電離しているので，塩BAの濃度を c とすれば，$[\mathrm{B}^+]=c$ である．当量点で，式(3・3)によって加水解離したHAとOH$^-$のモル数は等しいので，式（3・5）と（3・7）から

$$\frac{K_w}{K_a} = \frac{[HA][OH^-]}{[A^-]} = \frac{[OH^-]^2}{[A^-]} \tag{3・10}$$

が得られる．$[OH^-] = K_w/[H^+]$ を代入して整理すると

$$[H^+] = (K_w \cdot K_a \cdot [A^-]^{-1})^{1/2} \tag{3・11}$$

となり，ここで $[B^+] = [A^-] + [HA] = c$ であるが，塩基性側では $[A^-] \gg [HA]$ と考えてよいから $[A^-] = c$ である．この関係を用いて，式（3・11）の両辺の対数をとり，当量点での pH を知る式を導くことができる．

$$\log[H^+] \fallingdotseq 1/2 \log K_w + 1/2 \log K_a - 1/2 \log c$$

ここで $pH = -\log[H^+]$，$pK_a = -\log K_a$ および $-1/2 \log K_w = 7$ であるから，

$$pH \fallingdotseq 7 + 1/2 pK_a + 1/2 \log c \tag{3・12}$$

この関係式を用いると，0.1 M の酢酸（$K_a = 1.8 \times 10^{-5}$，$pK_a = 4.75$）と強塩基を反応させた場合の当量点の pH は

$$pH \fallingdotseq 7 + 1/2 \times 4.75 - 0.5 \fallingdotseq 8.9$$

となる．式（3・10）は $[A^-] \fallingdotseq c$ の仮定のうえに成立するので，この仮定の妥当性を確かめてみよう．$pH \fallingdotseq 8.9$ のとき $pOH = 5.1$ すなわち $[OH^-] = 7.6 \times 10^{-6}$ M である．式（3・3）から加水解離の結果，等モルの HA と OH^- が生ずるので $[HA] = 7.6 \times 10^{-6}$ M となる．酢酸の全濃度 $c = [A^-] + [HA] = 0.1$ M を考慮すれば，当量点で加水解離の結果生成する HA の濃度は $[A^-]$ に比べて無視できるほど小さく，$[A^-] \gg [HA]$ の仮定が妥当であることがわかる．

b．弱塩基と強酸の組合せにおける当量点の pH：弱塩基 BOH と強酸 HA が反応して当量点に達した場合も塩 BA が生成する．BA の濃度を c とすれば $[A^-] = c$ である．この組合せでは BOH の共役酸 B^+ が式（3・8）に従って加水解離し，等モルの BOH と H^+ を生じる．この場合式（3・9）の定義から

$$\frac{K_w}{K_b} = \frac{[BOH][H^+]}{[B^+]} = \frac{[H^+]^2}{[B^+]} \tag{3・13}$$

となるので，$[BOH] \ll [B^+] \fallingdotseq c$ を仮定すれば，上式の対数をとって整理することにより当量点の pH を求める式（3・14）が得られる．

$$pH \fallingdotseq 7 - 1/2 pK_b - 1/2 \log c \tag{3・14}$$

アンモニアは弱塩基であるが，その解離平衡は

$$NH_3 + H_2O \rightleftharpoons NH_4^+ + OH^-$$

であって NH_4OH なる分子は存在しない．しかし仮想的に $NH_4OH \rightleftharpoons NH_4^+ + OH^-$ を考えれば，式（3・13）の BOH に相当し，その解離定数は K_b に等しく，実用上式（3・14）を当量点の計算に用いることができる．

c．弱酸と弱塩基の組合せにおける当量点の pH：実際に弱酸を弱塩基で滴定したり，弱塩基を弱酸で滴定したりすることはないが，当量点の pH 変化を知ることは緩衝溶液の原理と関連して興味深いものである．

弱酸 HA と弱塩基 BOH が中和によって生成する塩 BA は定量的に解離して，B^+ および A^- になるが

$$HA + BOH \rightleftharpoons B^+ + A^- + H_2O \quad (3・15)$$

両者はそれぞれ式（3・3），（3・8）に従って加水解離し，これらの加水解離定数はそれぞれ

$$\frac{K_w}{K_a} = \frac{[HA][OH^-]}{[A^-]} \quad (3・16)$$

および

$$\frac{K_w}{K_b} = \frac{[BOH][H^+]}{[B^+]} \quad (3・17)$$

である．上の2式をあわせると，

$$\frac{K_a}{K_w} \cdot \frac{K_w}{K_b} = \frac{[A^-]}{[HA][OH^-]} \cdot \frac{[BOH][H^+]}{[B^+]}$$

右辺の分母分子に $[H^+]$ を乗じ，$[H^+][OH^-] = K_w$ の関係を入れると

$$\frac{K_a}{K_b} = \frac{[H^+]^2[A^-][BOH]}{K_w[HA][B^+]} \quad (3・18)$$

が得られる．当量点では $[BOH] + [B^+] = [HA] + [A^-]$ が成り立ち，水溶液は電気的に中性であるから，$[B^+] \fallingdotseq [A^-]$，したがって $[BOH] \fallingdotseq [HA]$ である．これらの条件をいれると式（3・18）は

$$\frac{K_a}{K_b} = \frac{[H^+]^2}{K_w}$$

のように簡略化され，対数をとって整理すれば当量点の pH を求める式（3・19）を得ることができる．

$$\mathrm{pH} = 7 + 1/2\mathrm{p}K_a - 1/2\mathrm{p}K_b \tag{3・19}$$

この式を適用するさい,水の解離からもたらされる $[\mathrm{H}^+]$, $[\mathrm{OH}^-]$ に比べて塩 BA の濃度が十分大きいことが必要である.$[\mathrm{B}^+] \gg [\mathrm{H}^+]$, $[\mathrm{A}^-] \gg [\mathrm{OH}^-]$ でなければ $[\mathrm{B}^+] = [\mathrm{A}^-]$ の条件が成り立たないためである.当然のことながら当量点で水溶液は $\mathrm{p}K_a = \mathrm{p}K_b$ の場合中性,$\mathrm{p}K_a > \mathrm{p}K_b$ で塩基性,$\mathrm{p}K_a < \mathrm{p}K_b$ で酸性である.

3・1・2 緩 衝 溶 液

分析化学に限らず,化学の分野では pH 一定のもとで化学反応を行わせたい場合が多い.このような目的に用いられる溶液を緩衝溶液 (buffer solution) といい,外部から酸あるいは塩基が加えられたり,その溶液が薄められたりしても,その pH は大きく変らない仕組みになっている.精密な化学工場である人体の内部でも,血液,リンパ液などの体液は厳密に一定の pH に保たれていて,わずかな pH の乱れが致命的な病気に結びつく.人体内部の生理的緩衝液 (physiological buffer) の仕組みが,リン酸,炭酸の働きによること,また前項で取り扱った弱酸-弱塩基の反応では当量点付近での pH ジャンプが小さく,実用分析に利用できなかったことを考えあわせると,弱酸あるいは弱塩基が,この目的に有効であることが推定できる.

今,弱酸 HA とその塩 BA の混合溶液について考えてみよう.

$$\mathrm{HA} \rightleftarrows \mathrm{H}^+ + \mathrm{A}^-$$
$$\mathrm{BA} \rightleftarrows \mathrm{B}^+ + \mathrm{A}^-$$

HA は元来解離度が小さいうえに,BA が解離して生じる A^- がル・シャトリエの法則に基づく共通イオン効果によって,ますます平衡が左辺にずれ,解離度が小さくなる.したがって弱酸の全濃度を c_HA とすると

$$c_\mathrm{HA} \fallingdotseq [\mathrm{HA}] \tag{3・20}$$

とみなすことができる.塩 BA の全濃度を c_BA とすれば

$$c_\mathrm{BA} \fallingdotseq [\mathrm{A}^-] \tag{3・21}$$

が成立する.

外部から酸が加えられたときは

$$\mathrm{H}^+ + \mathrm{A}^- \longrightarrow \mathrm{HA}$$

に従って解離しにくい HA が生成し，H⁺ は消費され溶液の pH は変らない．また塩基が加えられたときは

$$OH^- + HA \longrightarrow H_2O + A^-$$

となって OH^- が消費され pH は変わらず，酸-塩基の双方に対して緩衝作用を示すことになる．

　緩衝溶液の pH を計算してみよう．弱酸 HA の解離平衡 $HA \rightleftharpoons H^+ + A^-$ から酸解離定数 $K_a = [H^+][A^-]/[HA]$ が定義されることはすでに学んだ．今この式を組み換えると弱酸の水素イオン濃度を求める式

$$[H^+] = K_a \frac{[HA]}{[A^-]} \quad (3 \cdot 22)$$

が得られる．ここで最初の条件，つまり弱酸と等濃度の塩 BA が共存していることを考慮すれば，共通イオン効果の結果 $[HA] \risingdotseq c_{HA}$, $[A^-] \risingdotseq c_{BA}$ となるので

$$[H^+] = K_a \frac{c_{HA}}{c_{BA}} \quad (3 \cdot 23)$$

$$pH = pK_a - \log(c_{HA}/c_{BA}) \quad (3 \cdot 24)$$

式(3・24)が濃度 c_{HA} なる弱酸 HA と c_{BA} なる塩 BA からつくった緩衝溶液の pH を表わす式になる．当然のことながら緩衝能力は $c_{HA} = c_{BA}$ のとき，すなわち $pH = pK_a$ のとき最大で，$pH = pK_a \pm 1.7$ の範囲をはずれると緩衝溶液としては役立たない．したがって求める pH と同じ pK_a 値を有する弱酸を探し，その塩と等濃度で等量混合すれば，緩衝能力最大の溶液をつくることができる．実験書や論文中の実験条件の指定で "$pH = 4.75$ に調節し" という記述によくお目にかかるが，これは酢酸の pK_a が 4.75 であるから，この pH の緩衝溶液の調製が容易であるというにすぎない．つまり厳密に 4.75 でなくとも 4.8 でも 4.6 でもよいという場合がほとんどである．

　緩衝溶液の一例を表 3・1 に示す．

3・2 沈 殿 平 衡

　沈殿平衡は溶解平衡と同義である．したがって，この平衡を考慮する場合に

表 3・1 緩衝溶液の例

名　　称	A 液	B 液	有効pH領域
Sφrensen緩衝液	グリシン0.1M+塩化ナトリウム0.1M	塩酸0.1M	1.1〜4.6
	クエン酸ナトリウム0.1M	水酸化ナトリウム0.1M	5.0〜6.7
	四ホウ酸ナトリウム（ホウ砂）0.2M	塩酸0.1M	7.6〜9.2
Kolthoffの緩衝液	クエン酸カリウム0.1M	クエン酸0.1M	2.2〜3.6
	クエン酸二水素カリウム0.1M	四ホウ酸ナトリウム0.05M	3.8〜6.0
	リン酸二水素カリウム0.1M	四ホウ酸ナトリウム0.05M	5.8〜9.2
	四ホウ酸ナトリウム0.05M	炭酸ナトリウム0.05M	9.2〜11.0
トリス緩衝液	トリス（ヒドロキシメチル）アミノメタン0.1M	塩酸0.1M+水	
	50 cm³	46.6 cm³ + 3.4 cm³	7.00
	50	40.3 + 9.7	7.50
	50	29.2 +20.8	8.00
	50	5.7 +44.3	9.00

有用な定数は溶解度積定数ということになる．

沈殿平衡反応は容量分析の一部（沈殿滴定）にも利用されているが，分析化学における重要な用途は沈殿分離——そして重量分析である．

分析目的成分を含む水溶液に沈殿剤をゆっくり加えていくと過飽和状態になる．その中でイオンまたは分子によるクラスターの形成をへて核が発生し，結晶成長へとつながる．析出した結晶と母液を接触させておくと，結晶分子間の引力と，結晶分子と溶媒間の引力の競争反応の結果，沈殿生成と溶解の速度が等しくなって沈殿平衡が成立する．

3・2・1 溶解度積 (solubility product)

水に塩化銀の固体を加えて放置すると，塩化銀のごく一部は溶けて電離し，つぎのような平衡が成立する．

$$AgCl_{(s)} \rightleftarrows Ag^+ + Cl^- \qquad (3・25)$$

式（3・25）に質量作用の法則を適用すると

$$K = a_{Ag^+} \cdot a_{Cl^-} / a_{AgCl} \qquad (3・26)$$

式（3・26）が得られる．ここで，a および添字 s はそれぞれ該当する化学種の活量および固相を示す．純粋の固体の活量は 1 であるから，熱力学的溶解度積 $K_{so}°$ はつぎのように表わされ，これは温度が一定ならば定数である．

$$K_{so}° = a_{Ag^+} \cdot a_{Cl^-} \tag{3・27}$$

活量係数 γ_+, γ_- を用いると濃度表示の溶解度積 K_{so} を得る．

$$K_{so} = \frac{K_{so}°}{\gamma_+ \cdot \gamma_-} = [Ag^+][Cl^-] \tag{3・28}$$

イオン強度と温度が一定のとき γ_+, γ_- は定数となるので K_{so} も定数となる．

同様にクロム酸銀については

$$Ag_2CrO_{4(s)} \rightleftarrows 2Ag^+ + CrO_4{}^{2-}, \quad K_{so} = [Ag^+]^2[CrO_4{}^{2-}] \tag{3・29}$$

が成立し，これらを一般式で表わすと

$$B_mA_{n(s)} \rightleftarrows mB + nA, \quad K_{so} = [B]^m[A]^n \tag{3・30}$$

となる．

溶解度と溶解度積の関係を実例で検証しよう．今，クロム酸銀について $K_{so} = 1.29 \times 10^{-12}$，純水中のクロム酸銀の溶解度（M）を x とすれば，式（3・29）から

$$[Ag^+] = 2x, [CrO_4{}^{2-}] = x,$$
$$(2x)^2(x) = 1.29 \times 10^{-12} \text{ から } x = 6.9 \times 10^{-5} M$$

が得られる．

ここで注意しなければならないのは，"溶解度積は，特定の形の反応つまり難溶性の，しかも高い電離度を示す電解質の溶解についてのみ適用できる平衡定数"ということである．逆にこの原理は溶解性の強電解質（例えば NaCl）や，溶液中でイオン化しにくい化合物（例えば $HgCl_2$）には適用できない．

溶解度積は，飽和溶液と溶質間の平衡にル・シャトリエの法則を定量的に適用したものである．いま式（3・25）の平衡系に NaCl を加え飽和溶液中の $[Cl^-]$ を増加させると，平衡の再調整が行われ，K_{so} を一定に保とうとする．この場合は溶液中の $[Ag^+]$ が減って K_{so} を一定に保とうとする結果，AgCl の溶解度は減少する．また NH_3 などを加えて Ag を錯化させ（$Ag(NH_3)_2{}^+$），$[Ag^+]$ を減らすと，イオン積が K_{so} に等しくなるまで Cl^- が増加する，すなわち AgCl の溶解度が増加するのである．つぎに溶解度に影響を与える因子を概観しよう．

3・2・2　共通イオン効果 (common ion effect)

AgCl の飽和溶液中に塩化物イオンを加えると平衡の移動が起こって AgCl の

溶解度は減少する．この例のように生成物の構成イオンと共通のイオンを加えることによる効果を**共通イオン効果**とよび，沈殿分離操作にきわめて有用である．共通イオン効果を定量的に見積るには，溶解度積を用いればよい．ここでもクロム酸銀の例で説明しよう．

0.100 M の K_2CrO_4 溶液が Ag_2CrO_4 で飽和されているとき，共通イオン効果によって減少した Ag_2CrO_4 のモル濃度を x' とすると

$$[Ag^+] = 2x', \quad [CrO_4^{2-}] = \underset{(K_2CrO_4 分)}{0.100} + \underset{(Ag_2CrO_4 分)}{x'}$$

$$(2x')^2(0.100+x') = 1.29 \times 10^{-12}$$

ここで，0.100 に比べて x' は無視できるから

$$(2x')^2 \times 0.100 = 1.29 \times 10^{-12}$$

$$x' = 1.80 \times 10^{-6} \text{M}$$

となり，前に計算した純水中のクロム酸銀の溶解度（6.9×10^{-5}M）に比べてほぼ 1 桁小さくなる．つまり，沈殿がより定量的になっていることがわかる．

3・2・3 電解質効果 (inert electrolyte effect)

前章でも述べた電解質効果は沈殿平衡においても重要である．例えば $BaSO_4$ の溶解度は KCl の存在で増し，$MgCl_2$，$LaCl_3$ の順で金属イオンの電荷の増加とともに，その増加の度合いは大きくなる．これは反応イオンと異種の電解質の間の相互作用に起因するものであるから，共通イオンの効果のように溶解度積からその効果を見積るわけにはいかない．沈殿を構成するイオンの活量が変わるのであるから，溶解度積も変化することになる．例えば，$BaSO_4$ の溶解度積 K_{so} は室温，0.005 M 金属塩化物の存在で 2×10^{-10} (KCl) から 7×10^{-10} ($LaCl_3$) と変化する．

3・2・4 溶解度に影響する因子と沈殿分離への応用

共通イオン効果，電解質効果の他に，溶解度に影響を与える因子として錯形成反応がある．塩化銀の沈殿をより定量的に得ようとして，塩化物イオンを加えすぎると，$AgCl_2^-$ なる錯イオンが生成して，沈殿が溶解する方向に平衡が移動する．過ぎたるは及ばざるがごとしである．溶解度に影響を与える 3 つの要因のイメージは図 3・1 のようであろう．沈殿分離はこれら 3 つの要因の中から，

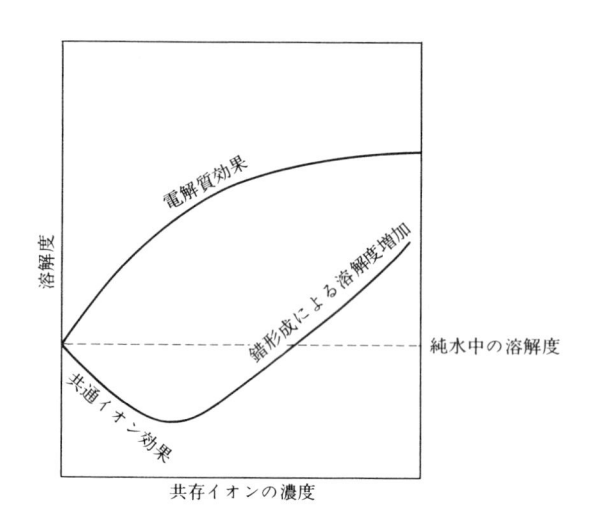

図 3・1 溶解度に影響を与える因子

最適の条件を選ばなければならない．沈殿形成にあたって
1) 上澄み液，洗浄液に沈殿成分と共通のイオンを入れる．
2) 洗浄液の量は最少にする（どんなに工夫しても溶解度をゼロにすることはできない）．
3) 冷たい洗浄液を用いる．
4) 洗浄液に非水溶媒を加える．

といった操作は，すべて生成した沈殿の溶解度を小さくするためのものである．

3・3 酸化還元平衡

酸化還元平衡は，電子の授受を伴う反応である．例えば，硫酸銅（II）水溶液中に亜鉛板を入れておくと金属亜鉛は亜鉛イオン Zn^{2+} となって溶け出し，かわりに金属銅が析出する．すなわち，以下のような反応が起こる．

$$Zn + Cu^{2+} \rightleftharpoons Cu + Zn^{2+} \tag{3・31}$$

これは，式（3・31），（3・32），（3・33）で表わされるように，金属亜鉛は電子を放出し（酸化されて）Zn^{2+} となり，一方，Cu^{2+} は電子を受け取り（還元され

て）金属銅となる典型的な酸化還元反応である．

$$Zn \rightleftharpoons Zn^{2+} + 2e^- \tag{3・32}$$

$$Cu^{2+} + 2e^- \rightleftharpoons Cu \tag{3・33}$$

このような酸化還元反応は，分析化学においても酸化還元滴定あるいは電気化学分析などの基礎となる重要な化学反応である．そこでこの反応の基本的な性質を検討してみよう．

ところで，酸化還元反応を考えるうえで，酸化還元電位という概念がきわめて重要である．例えば，式（3・31）の平衡は極端に生成系に片寄っている．すなわち，亜鉛は銅よりも強い還元剤，あるいは，Cu^{2+}はZn^{2+}よりも強い酸化剤といえる．このような酸化作用あるいは還元作用の強さを定量的に評価するために，酸化還元電位が広く利用されている．酸化還元電位を用いることにより，反応の進む方向，また，反応が平衡に達した場合の酸化剤，還元剤の濃度などを予測することができる．そこで，この酸化還元電位を式（3・31）の反応を例にとって考えてみる．

前述のように式（3・31）の反応は（3・32），（3・33）のように2つの反応に

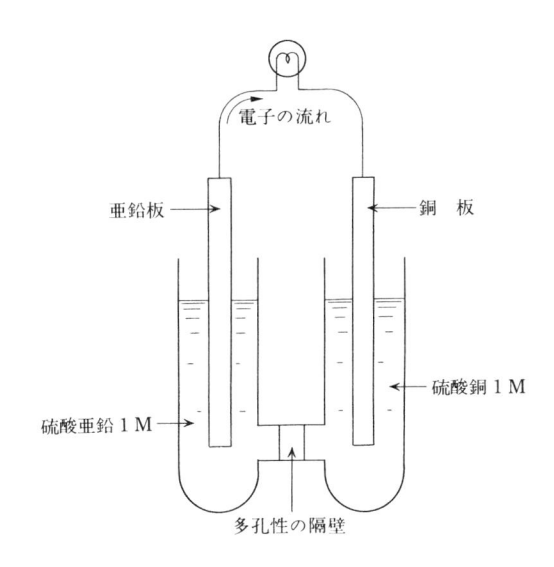

図 3・2 ダニエル電池

分けることができる．そして，実際にこれら2つの反応をもとに，電子の流れ，すなわち電流を取り出すものが電池である．式（3・31）と同じ化学反応が起こる電池は，図3・2に示すようにダニエル電池とよばれる電池であり，電池を式で表わす約束に従えば，

$$(-)Zn|ZnSO_4aq\|CuSO_4aq|Cu(+) \qquad (3・34)$$

と書ける．今，銅電極（正極）と亜鉛電極（負極）の回路を閉じれば電流が流れる．つまり，これらの電極間には電位差 E が生じているわけである．この電位差が式（3・31）の反応の酸化還元電位である．式（3・31）において1 mol の反応物が生成物にかわるとすると，そのさい，$|z|F$ クーロンの電荷が電池を流れる（z は電子の当量数でここでは2，また F はファラデー定数，8・7 電気化学分析参照）．したがって，電池になされる電気的な仕事は $-|z|FE$ になる．これは，可逆的な条件では，電池反応の自由エネルギーの減少に等しい．すなわち，

$$\Delta G = -|z|FE \qquad (3・35)$$

一方，式（3・31）の反応の自由エネルギーの変化は，

$$\Delta G = \Delta G° + RT\ln K \qquad (3・36)$$

(ただし，$K = [Cu][Zn^{2+}]/[Cu^{2+}][Zn]$．一般に $aA + bB \rightleftharpoons cC + dD$ ならば $K = [C]^c[D]^d/[A]^a[B]^b$，厳密には，ここでも濃度ではなく活量であるが簡単のため濃度＝活量として以下議論する)
であるので，電極間に生じた電位差 E は式（3・35），（3・36）より

$$E = -\Delta G°/|z|F - (RT/|z|F)\ln K \qquad (3・37)$$

と書ける．この式はネルンストの式とよばれる．また，$E° = -\Delta G°/|z|F$ は定数であり，標準起電力とよばれる．

この電池については，CuとZnは金属で純粋な固体なので，固体の活量＝1の約束から近似的には $[Cu] = [Zn] = 1$．
したがって，

$$E = E° - (RT/2F)\ln[Zn^{2+}]/[Cu^{2+}] \qquad (3・38)$$

となる．この式より，$E°$，また Zn^{2+} と Cu^{2+} の濃度がわかっていれば，酸化還元電位すなわち電池の起電力を求めることができる．また，反応が進む方向は ΔG

の値によって決まるので，式（3・35）より E の値の符合によってそれを知ることができる．さらに平衡時，すなわち，$E=0$ の場合の反応化学種の濃度を決定することができる．このように，標準起電力 $E°$ の値を知ることはきわめて重要である．

一方，上記のように，それぞれの電池の標準起電力を求めるよりも，基準となる電極を決めて，その電極とそれぞれの半電池，すなわち，この場合それぞれ式（3・32），（3・33）の反応に対応する標準起電力を求めておけば，どんな電池の標準起電力もそれら半電池の標準起電力の差として求めることができる．その基準電極には標準水素電極が用いられ電位 0.00 と決められている．この電極は，1）水素圧が1気圧，2）溶液中の水素イオンの活量 $a=1$ の電極で，通常以下のように表わされる．

$$\text{Pt}|\text{H}_2(1\text{ atm})|\text{H}^+(a_{\text{H}^+}=1) \tag{3・39}$$

今，この標準水素電極と亜鉛電極とのつくる電池を考えてみると，この電池は，

$$\text{Pt}|\text{H}_2(1\text{ atm})|\text{H}^+(a_{\text{H}^+}=1)\|\text{Zn}^{2+}|\text{Zn} \tag{3・40}$$

と表わされる．また，この電池の全体の反応は

$$\text{Zn}^{2+}+\text{H}_2 \longrightarrow \text{Zn}+2\text{H}^+ \tag{3・41}$$

である．したがって，起電力 E は

$$E=E°+(RT/2F)\ln[\text{H}_2]/[\text{H}^+]^2+(RT/2F)\ln[\text{Zn}^{2+}] \tag{3・42}$$

第2項は定義より0である．ここで $E°$ を標準電極電位とよぶ．表3・2におもな半電池の標準電極電位を示す．上記のダニエル電池の場合，銅電極と亜鉛電極の標準電極電位はそれぞれ 0.337 と -0.763 V であるので，$E°=+0.337-(-0.763)$．結局

$$E=1.100-(RT/2F)\ln[\text{Zn}^{2+}]/[\text{Cu}^{2+}] \tag{3・43}$$

となり，Zn^{2+} と Cu^{2+} の濃度が等しいときには，$+1.1$ V の起電力が得られる．

いままで述べてきたダニエル電池の場合，金属の電極と溶液中のイオンの酸化還元反応であったが，この酸化還元電位の概念は，さらに一般の酸化還元反応にまで拡張することができる．例えば，以下の式のような反応を考えると，

$$\text{Fe}^{3+}+\text{e}^- \rightleftharpoons \text{Fe}^{2+} \tag{3・44}$$

この反応は異なった酸化数をもつイオン間の溶液内の反応である．Fe^{3+} や Fe^{2+}

表 3・2　標準電極電位，$E°$(298K)

電　極　反　応	$E°$/V
$Li^+ + e^- = Li$	-3.05
$K^+ + e^- = K$	-2.93
$Na^+ + e^- = Na$	-2.71
$Mg^{2+} + 2e^- = Mg$	-2.36
$Al^{3+} + 3e^- = Al$	-1.66
$Mn^{2+} + 2e^- = Mn$	-1.18
$Zn^{2+} + 2e^- = Zn$	-0.763
$S + 2e^- = S^{2-}$	-0.447
$Fe^{2+} + 2e^- = Fe$	-0.440
$Co^{2+} + 2e^- = Co$	-0.277
$Ni^{2+} + 2e^- = Ni$	-0.250
$2H^+ + 2e^- = H_2$	[0.000]
$Sn^{4+} + 2e^- = Sn^{2+}$	0.154
$Cu^{2+} + 2e^- = Cu$	0.337
$I_2 + 2e^- = 2I^-$	0.536
$Fe^{3+} + e^- = Fe^{2+}$	0.771
$Ag^+ + e^- = Ag$	0.799
$Br_2(l) + 2e^- = 2Br^-$	1.07
$MnO_2 + 4H^+ + 2e^- = Mn^{2+} + 2H_2O$	1.23
$Cl_2 + 2e^- = 2Cl^-$	1.36
$MnO_4^- + 8H^+ + 5e^- = Mn^{2+} + 4H_2O$	1.51
$Ce^{4+} + e^- = Ce^{3+}$	1.61
$H_2O_2 + 2H^+ + 2e^- = 2H_2O$	1.78
$Co^{3+} + e^- = Co^{2+}$	1.81
$F_2(g) + 2e^- = 2F^-$	2.87

の電極をつくることはできないが，いま白金など不活性な金属を電極として，Fe^{2+} と Fe^{3+} の両者を含む溶液に浸し，さらに他の半電池，例えば標準水素電極と結合すれば，以下のような電池を構成することができる．

$$(-)Pt|H_2|H^+\|Fe^{2+}, Fe^{3+}|Pt(+) \qquad (3・45)$$

この場合，白金電極は Fe^{3+} に電子を与え Fe^{2+} に還元する．そこで電極と溶液間に電位が生じる．この電位を標準水素電極を基準に測定すれば，式 (3・44) の反応の標準電極電位を求めることができる．

ところで，酸化還元反応の反応式中に水素イオンが入っていると，その反応の酸化還元電位は pH の影響を受ける．すなわち，

$$MnO_2 + 4H^+ + 2e^- \rightleftharpoons Mn^{2+} + 2H_2O \qquad (3・46)$$

という反応の酸化還元電位は

$$E = E° - (RT/2F)\ln[Mn^{2+}]/[H^+]^4 \tag{3・47}$$

となり，水素イオン濃度に強く依存することがわかる．したがって，こうした反応の場合には，溶液のpH調整が大変重要となる．

3・4 錯形成平衡

多くの金属イオンはOやN, Sなどを含む分子やハロゲン化物イオンなど電子供与体から電子対を受け取り配位化合物，すなわち錯体を生成する．例えば，$CuCl_2$を水に溶かすとCu^{2+}にはH_2Oが4つ配位し，水和イオン$[Cu(H_2O)_4]^{2+}$となるが，これに過剰のNH_3を加えるとNH_3が4つ配位した$[Cu(NH_3)_4]^{2+}$を形成する．また，グリシン(NH_2CH_2COOH)を加えれば，H^+が解離し陰イオン（$-COO^-$）となったグリシンが2つ，O^-とNH_2のNでCu^{2+}に配位し，価数が0となった$Cu(NH_2CH_2COO)_2$を形成する．一方，塩酸濃度を上げていくことによりCl^-が1～4つ配位した$[Cu(H_2O)_3Cl]^+$，$[Cu(H_2O)_2Cl_2]$，$[Cu(H_2O)Cl_3]^-$，$[CuCl_4]^{2-}$などが生成する．ここでNH_3やグリシンなど金属イオンに孤立電子対を与え配位結合する分子やイオンを配位子とよぶ．

ところで，Cu^{2+}の水和イオンは淡青色であるが，$[Cu(NH_3)_4]^{2+}$は深青色である．また，錯体の電荷も配位子の種類により＋2，0，－2と変化することがわかる．このように配位子の種類により，1）価数，2）電磁波との相互作用，3）化学的な反応性，など錯体の性質が大きく変化する．こうした錯形成反応は当然のことながら平衡的に従う．そこでこれらの性質の変化を積極的に利用することにより多くの有用な分析法を組み立てることができる．例えば，1）を利用するものとして，溶媒抽出，沈殿生成などがある．これらは錯形成により電荷が中和されると，水相における目的金属イオンの溶解度が減少することを利用している．また2）は，錯形成による発色を利用する吸光光度法などが代表例である．3）は，目的イオン以外の金属イオンを不活性化する（マスキング-錯滴定の項参照）などに利用される．また，錯滴定法などは，1）～3）全ての性質を利用している．このように錯形成反応は，分析化学において最も

重要な化学反応の1つである．そこでこの錯形成反応の基本的な性質を，主として平衡論の立場から論じてみよう．

3・4・1 配位数と立体構造

まず錯体の配位数とその立体構造について簡単に論じる．配位数とは錯体中の配位子の数であり，それは中心金属イオンの性質によりほぼ決まる．金属イオンの配位数の主なものは，2，4，6である．

配位数 2：この配位数をとる金属イオンは Cu^+，Ag^+，Au^+，Hg^{2+} などで，基底状態が d^{10} のものに限られる．$[Ag(NH_3)_2]^+$，$[AuCl_2]^-$，$HgCl_2$ などが代表例であり，図3・3のように直線型となる．

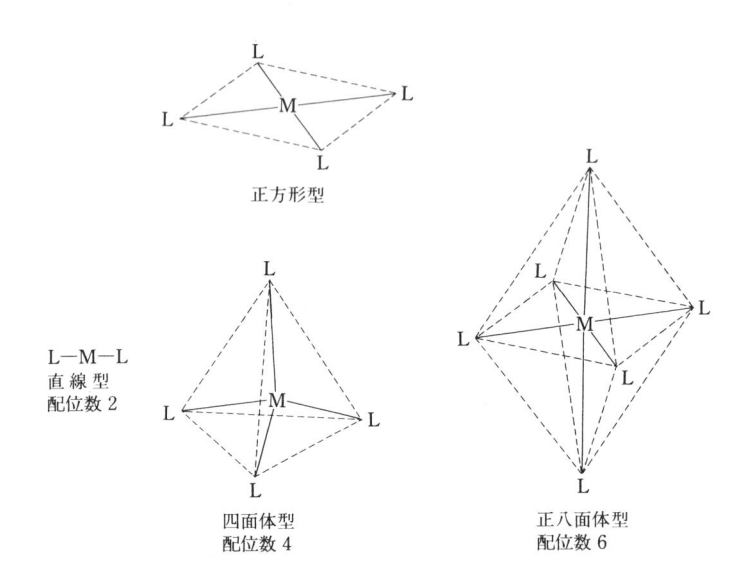

図 3・3 金属の配位数と金属錯体の構造

配位数 4：この配位数をもつ錯体は，正方形型（平面型）と四面体型の2種類ある．正方形型をとるのは，遷移金属イオンのうち d^8 のもの，すなわち Ni^{2+}，Pd^{2+}，Pt^{2+}，Au^{3+} などである．また d^9 の Cu^{2+} もこの配置をとる．例えば，$[Ni(CN)_4]^{2-}$，や $[Pt(NH_3)_2Cl_2]$ などが代表例である．一方，四面体型は，典型元素の陽イオンや，d^8 以外の遷移金属イオンにおいて広くみられる．例えば，$Li(H_2O)_4^+$，$AlCl_4^-$，$FeCl_4^-$ などである．

表 3・3 分析化学で用いられる配位子の例

単座配位子

CN⁻	F⁻	NH₃
シアン化物イオン	フッ化物イオン	アンモニア
SCN⁻	ピリジン	
チオシアン酸イオン		

二座配位子

ジメチルグリオキシム   8-キノリノール（オキシン）

アセチルアセトン

ジフェニルチオカルバゾン（ジチゾン）

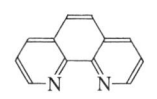

1,10-フェナントロリン   2,2′-ビピリジル

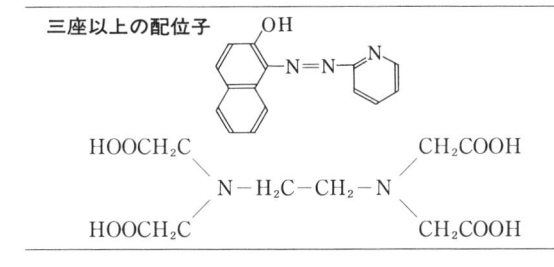

三座以上の配位子

1-(2-ピリジルアゾ)-2-ナフトール (PAN)

エチレンジアミン四酢酸 (EDTA)

配位数 6：この配位数が最も一般的で，ほとんどの陽イオンでこの配位数の錯体をつくる．6配位錯体はすべて図3・3のような正八面体構造をとる．

3・4・2 配 位 子

表3・3に分析化学でよく用いられる配位子となる分子とイオンをまとめる．配位子のうち，1つの金属イオンに1つの電子対を与えるものを単座配位子（monodentate ligand）という．また，2つ以上の原子が金属イオンに同時に2つ以上の配位結合するような配位子を多座配位子とよぶ．2つ配位するものは二座配位子(bidentate ligand)，3つのものは三座配位子(tridendate ligand)である．多座配位子が配位すると，金属イオンを蟹が狭み込んでいるようにみえることから，これをキレート（chelate）（ギリシャ語で「蟹のはさみ」に由来する）配位子とよび，その錯体をキレート化合物という．

キレート配位子の中で直接金属イオンに配位する原子は，孤立電子対をもつ O，S，N などである．安定なキレートは，一般にこれらの原子を通して図3・4のように5員環あるいは6員環をつくって安定化する．7員環以上は一般に比較的不安定であまり生成しない．

エチレンジアミン Ag(I)　　トリメチレンジアミン Ag(I)

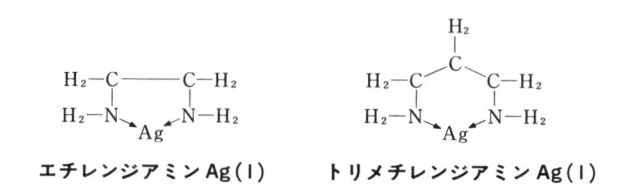

図 3・4　銀の5員環キレートと6員環キレート

3・4・3 錯体の安定度定数

今，溶液中の金属イオン M に最大 n 個の単座配位子 L が錯形成する場合を考える．配位子 L を加えていくと以下のような一群の平衡式に従って錯体が逐次生成する．

$$M + L \rightleftharpoons ML \qquad K_1 = \frac{[ML]}{[M][L]}$$

$$ML + L \rightleftharpoons ML_2 \qquad K_2 = \frac{[ML_2]}{[ML][L]}$$

$$\text{ML}_2 + \text{L} \rightleftarrows \text{ML}_3 \qquad K_3 = \frac{[\text{ML}_3]}{[\text{ML}_2][\text{L}]}$$

$$\vdots \qquad\qquad\qquad \vdots$$

$$\text{ML}_{n-1} + \text{L} \rightleftarrows \text{ML}_n \qquad K_n = \frac{[\text{ML}_n]}{[\text{ML}_{n-1}][\text{L}]}$$

この場合の $K_1, K_2, \cdots\cdots K_n$ を逐次生成定数,あるいは逐次安定度定数とよぶ。また錯体 ML_n に関して以下のような平衡を考えることも可能である。

$$\text{M} + n\text{L} \rightleftarrows \text{ML}_n \qquad \beta_n = \frac{[\text{ML}_n]}{[\text{M}][\text{L}]^n}$$

K は簡単な計算より

$$\beta_n = K_1 \cdot K_2 \cdots\cdots K_n$$

となることがわかる。β_n を全生成定数とよぶ。表 3・4 に代表的な配位子のいくつかについて,逐次安定度定数と全生成定数をまとめる。例えば,Cu^{2+}-NH_3 系をみると逐次生成定数は K_1 から K_4 になるに従い,徐々に小さくなっていくこと

表 3・4　金属錯体の逐次安定度定数と全生成定数

金属イオン	$\log K_1$	$\log K_2$	$\log K_3$	$\log K_4$	$\log K_5$	$\log K_6$	$\log \beta_n$
\multicolumn{8}{c}{NH_3（アンモニア）}
Cu^{2+}	4.3	3.5	2.9	2.2			12.9 ($n=4$)
Cd^{2+}	2.5	2.3	1.3	1.2			7.3 ($n=4$)
Co^{2+}	2.5	1.6	1.1	0.8	0.1	−0.6	5.1 ($n=6$)
\multicolumn{8}{c}{F^-}
Al^{3+}	6.1	5.1	3.8	2.7	1.7	0.4	19.8 ($n=6$)
Fe^{3+}	5.2	3.9	2.9				12.0 ($n=3$)
\multicolumn{8}{c}{CN^-}
Cd^{2+}	6.0	5.1	4.5	2.2			17.9 ($n=4$)
Hg^{2+}	17.0	15.8	3.5	2.7			39.0 ($n=4$)
\multicolumn{8}{c}{1,10-フェナントロリン}
Fe^{2+}	5.9	5.3	9.8				21.0 ($n=3$)

K_i：逐次安定度定数, β_n：全生成定数
$\beta_n = K_1 \cdot K_2 \cdots\cdots K_n$

がわかる．これは一般的な傾向であり，主として統計的な理由による．

3・4・4 キレート効果

以下の反応式に示すとおり，一座配位子のアンモニアと二座配位子のエチレンジアミン (en) は，配位する：Nの性質は似ているが，生成する錯体は，enを配位子とする場合の方がずっと安定である．

$$[Co(H_2O)_6]^{2+} + 6\ NH_3(aq) \rightleftharpoons [Co(NH_3)_6]^{2+} + 6\ H_2O \quad \log\beta_6 = 4.1$$

$$[Co(H_2O)_6]^{2+} + 3\ en(aq) \rightleftharpoons [Co(en)_3]^{2+} + 6\ H_2O \quad \log\beta_3 = 13.9$$

これは，キレート効果として知られる一般的な現象である．このキレート効果はエントロピー効果として理解されている．すなわち，Co^{2+} はもともと水和しており，6つの水分子が配位している．アンモニアの場合，6つの水分子が Co^{2+} から自由になるかわりに，6つのアンモニア分子が Co^{2+} に配位し束縛される．一方，エチレンジアミンの場合，同様に6分子の水が自由になるが，3分子のエチレンジアミン分子しか配位しない．したがって，自由な分子の数はアンモニアの場合，反応の前後で変わらないが，エチレンジアミンの場合は3つ増えることになる．すなわち，エントロピーが増大することになり，後者の反応の方がより有利となる．キレート効果による安定化は，キレート剤の分析化学的な利用価値が高い理由の1つである．

3・4・5 pHの効果

錯形成反応において，金属イオンは電子対受容体すなわちルイス酸であり，配位子は電子対供与体すなわちルイス塩基である．したがって，錯形成反応はLewisの酸-塩基の定義によれば中和反応である．そこで，同じ酸である H^+ と金属イオンは配位子と競争的に反応することになる．とくに，キレート剤は一般に Brønsted-Lowry の定義による弱酸であり，溶液のpHがとくに錯体の安定度に影響を与える．今，8-キノリノール(慣用名オキシン)(Hox)(表3・3参照)と Cu^{2+} の錯形成を例にとって考えてみる．8-キノリノールは以下のようにフェノール基の H^+ を解離し，そのかわりに Cu^{2+} を配位する．

$$\text{Hox} \rightleftharpoons \text{ox}^- + H^+ \quad K_a = \frac{[\text{ox}^-][H^+]}{[\text{Hox}]} \tag{3・48}$$

$$Cu^{2+} + 2\ \text{ox}^- \rightleftharpoons Cu(\text{ox})_2 \tag{3・49}$$

そこで全生成定数は以下のように表わせる．

$$\beta_2 = \frac{[\mathrm{Cu(ox)}_2]}{[\mathrm{Cu}^{2+}][\mathrm{ox}^-]^2} \qquad (3\cdot50)$$

しかし，実際の水溶液中のox$^-$の濃度は最初の8-キノリノールHoxの添加量とともに，式（3・48）から溶液のpHにより決まる．すなわち，ox$^-$の濃度は水素イオン濃度に反比例する．このようにpHの高い方が，一般に溶液中の錯形成にはより有利であることがわかる．しかしpHが高すぎると水酸化物イオンの金属イオンへの配位が起こり，むしろキレート剤との錯形成は妨害される．したがって，キレート生成の最適条件は，キレート剤のpK_aや金属水酸化物の生成定数などにより決定される．

4 古典的定量分析法

a．分析法の分類：分析目的を達成するために数多くの方法が考案されてきたが，大ざっぱに分類するとつぎのようになる．

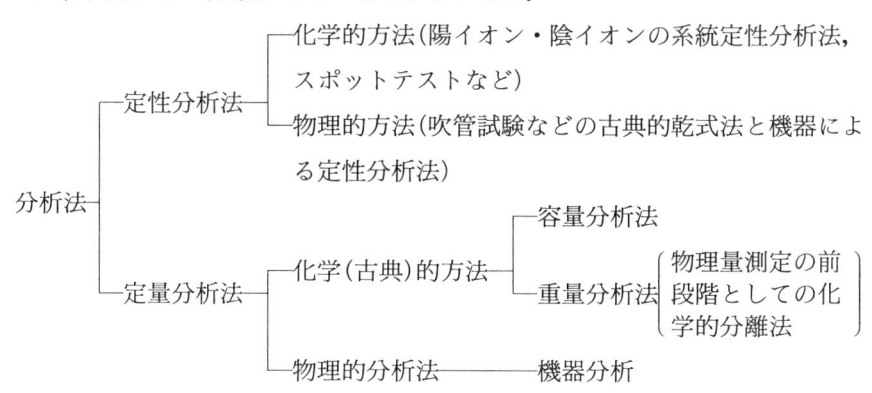

```
分析法 ─┬─ 定性分析法 ─┬─ 化学的方法(陽イオン・陰イオンの系統定性分析法,
        │              │            スポットテストなど)
        │              └─ 物理的方法(吹管試験などの古典的乾式法と機器によ
        │                          る定性分析法)
        └─ 定量分析法 ─┬─ 化学(古典)的方法 ─┬─ 容量分析法
                       │                    └─ 重量分析法 {物理量測定の前
                       │                                   段階としての化
                       │                                   学的分離法}
                       └─ 物理的分析法 ───── 機器分析
```

b．定量分析と定性分析の違い：本書の冒頭で述べたように，定性分析と定量分析では目的が異なる．定性分析では試料中にどんな元素あるいは化学種が存在するかを識別するのが目的であるから，すべての化学種に平等に注意を払う必要がある．ところが定量分析では特定の化学種の絶対あるいは相対存在量を求めるのが目的であるから，その化学種以外の共存化学種は目的を妨害することがある．したがって定量分析化学とは元素の化学的あるいは物理的性質を利用して目的化学種だけに有利な，いい換えると選択的な反応を見いだすための努力にほかならない．目的が異なれば，同じ化学反応を利用しても力点のおき方が異なるのは当然である．重量分析で鉄（III）を定量するために用いられ

る沈殿生成反応

$$Fe^{3+} + 3\,OH^- \rightleftharpoons Fe(OH)_3\downarrow$$

は，陽イオンの系統定性分析第3属で，鉄，アルミニウムを4属以下から分離する場合に使われている．しかし系統分析では鉄のみに注目しているわけではないので，この段階に至るまでにすでに塩化物，硫化物の沈殿をつくり，第1属，第2属として沪別してきている．ここで問題にしている鉄（III）はすでにそれらの沈殿にある程度吸着されて失われているに違いない．そこで第3属の分離段階でどんなにていねいに実験を行い，鉄とアルミニウムの分離を行って水酸化鉄（III）の沈殿をつくり，それをるつぼで焼いて酸化鉄（III）として秤量したとしても，正確な定量値はとうてい得難いということになる．一方，鉄（III）の定量のみを目的とした場合には重量分析の項で詳述するようなあらゆる注意を払って，溶液中の鉄（III）のみを定量的に沈殿させ，回収しようとするのである．同じ反応を利用しても定性と定量とでは全く異なった工夫が施されるゆえんである．本書では以後定量分析化学を容量分析，重量分析，分離分析，機器分析の順に解説を試みる．もちろん一般には機器分析法として分類されているものの中でも，吸光光度定量法などは化学反応を存分に駆使して定量目的に対する選択性を高めようとしている点で化学的方法ともいえるものであり，化学的，物理的という区別は判然としない．溶液中での化学反応を全く利用しない，元素の物理的性質のみに頼って定量を行う，いわゆる非破壊分析(non-destructive analysis)もないわけではないし，将来の分析化学の重要な方向でもあろうが，現在では機器分析といえども前処理，標準試料の調製など化学反応を利用している面が多いことに留意してほしい．

　ｃ．**分析が完了するまでの道程**：ある試料中の目的成分を分析するにあたって，分析者が通過しなければならない，つぎの4つの段階がある．

(1) 試料採取（サンプリング）
(2) 分析目的成分を測定に適した形に変換／分離
(3) 測定
(4) 結果の解釈

分析法の分類は主として(3)の段階によってなされている．すなわち目的成分

を含む化合物の重量を測定して定量するのが重量分析，目的成分と化学量論的に反応した標準溶液の容量を測定するのが容量分析といった具合である．そして上記4段階のどれ1つをなおざりにしても分析目的は達成できない．(1)についていえば，採取した試料が分析しようとする対象を代表するものでないと，その後の努力はすべて無駄になる．例えばある岩石を代表する試料を採取しようとすれば，1トンの岩石を砕いて均一にし，そこから分析試料を得るべきだといわれているし，一見均一と思われている水試料でも，河川水の表層と深層では成分が異なり，河岸の近くでは生活排水による汚染の顕著な，片寄った試料しか採取できないであろう．(2)の段階についていえば，これこそ分析化学者が営々として苦労を重ねてきたものである．また岩石を例にあげると，岩石をそのままの形でその成分を定量できるような方法はほとんどない．一般には岩石を粉砕し，さらに融解して溶液の形に変える必要がある．古くから用いられている炭酸ナトリウム融解に代表される，多くの岩石，固体試料の分解法は経験に基づくものが多く，現在でもなお，それらの化学反応が全て解明されているとはいえない．分析実験の指針ならば，そのために1章を設けなければならないほど重要な段階である．そのため分析化学便覧*では試料の分解に多くのページを与えている．また目的成分を定量するために吸光度を測定する方法の多くは，測定に先立って錯形成反応などにより目的元素を有色化合物などに変える必要がある．この段階で用いられる化学反応については，酸-塩基，酸化還元，沈殿，錯形成と分けて前章で詳述した．(3)の物理量を測定する段階での成否は，前2段階の結果いかんにかかっているといっても過言ではない．(1)，(2)を含めて(3)の段階で精度のよい，正確な値を得ることが定量分析の目的である．そして得られた定量値を化学的知識の上にたって解釈するのが最終段階である．正しい化学的知識なしには(3)の段階でいかに精度のよい正確な値が得られたとしても，誤った結論を導き出すことになる．

　本章では上記の便宜的分類に従って，古典的分析法である容量分析，重量分析を概観することにしよう．古典的と分類してしまえば，現在すでに用いられ

---

* 日本分析化学会編，"分析化学便覧"，改訂4版，丸善 (1991)．

ていないといった感じに聞こえようが，これらの分析法は常量の目的成分を分析するためには今日でも欠くことのできない方法である．常量という言葉から察せられるように，古典的分析法は感度の点で最新の機器分析法に劣る．重量分析とは測定段階で目的元素を含んだ化合物の重量を化学天秤ではかるものであり，容量分析に用いる標準溶液も化学天秤を用いてはかった標準物質を水に溶かしてつくるのが一般である．したがってこれら分析法の感度は，化学天秤の感度で規制されることになる．感度が悪いことと裏腹に，古典的分析法はきわめて高い精度をもっている．とくに容量分析では初心者でも有効数字3桁を得ることはさして難しいことではない．そしてこれらの分析法を組み立てている化学反応を十分に理解することが，超微量分析にも必要な前処理としての化学分離法を開発する場合に大きな助けとなるのである．

4・1 容 量 分 析

容量分析（volumetric analysis）は定量目的物質と反応した濃度既知の溶液（標準溶液）の容量を測定して化学量論的関係から目的物質を定量する方法である．容量分析に利用できるためには，化学反応はつぎの条件を備えている必要がある．

(1) 決った化学方程式に従って組成の明らかな化合物をつくり，副反応がないこと．
(2) 反応が迅速に完結して，滴定の終点付近では添加試薬のごくわずかな量に対して，反応系に大きな変化が起こること．
(3) 上述の変化を検出できる手段があること．

これらの条件にすべてあてはまる反応はそれほど多くはない．一般に有機化学反応は反応速度が小さく滴定に不向きであるし，沈殿反応の多くは定量的に完結しても，反応系に起こる変化を感知するための簡便な手段（通常は終点付近で色が変化する指示薬を用いることが多い）がないため容量分析に利用できない．酸化還元反応も，1章で述べたように，電子移動反応は反応速度が小さいこともあり，また適当な指示薬を得ることが難しいこともあって容量分析に

応用されている例は限られている．これらと対照的に酸-塩基反応はプロトン移動の速度が大きいこと，また着色指示薬が多数知られていることもあって，多くの応用例がある．また，本質的には酸-塩基反応でもある錯形成反応を利用した容量分析法は現在でもなお活発に研究が続けられている唯一のものであろう．この中でもとくに金属キレートの生成を利用したキレート滴定法は，古典的方法という範疇にのみ入れておくことが躊躇されるほど，今日でも広く実用分析法として利用されている．

容量分析に用いられる術語：容量分析に特有ないくつかの術語を以下に簡単に解説しよう．

滴定(titration)：目的物質と反応する試薬溶液の容量を測定する過程で，反応が完了したと判断されるまで，濃度既知の試薬溶液をコントロールしながら加える操作．通常ビュレットから試薬溶液を滴下することにより行われる．

標準溶液(standard solution)：滴定に用いられる，正確に濃度のわかった溶液．標準溶液の調製には2通りの方法がある．

(1) ほぼ目的濃度に調製した溶液で，精秤された純粋な化合物（一次標準物質）を滴定し，正確な濃度を知る．

(2) 純粋な試薬を精秤し，溶媒に溶かして一定容にする．

どちらの方法による場合でも高度に精製された純粋な化合物が必要であり，これを一次標準（primary standard）とよぶ．一次標準試薬を用いて，滴定標準溶液の濃度を定めることを標定（standardization）という．

当量点（equivalent point）：標準溶液が，それと反応する目的物質に対して化学量論的に加えられた点．

終点(end point)：一般的な滴定で，指示薬の変色が認められた点．当量点と終点は一致することが望ましいが，実際には厳密に一致することはまれで，両者の差が滴定の誤差ということになる．

容量分析はその基本となる化学反応の種類によって，以下の項で論ずる4つの方法に分類されている．

4・1・1 酸-塩基(中和)滴定

水酸化ナトリウムと塩酸の間に起こる中和反応は容量分析の条件をすべて満足させてくれる理想的な反応である．すなわち

$$NaOH + HCl \rightleftharpoons NaCl + H_2O$$

以外の反応は予想できないし，反応速度は測定できないほど大きく，酸-塩基の当量が混合されたとき，反応していない H^+, OH^- の濃度は極端に小さい(10^{-7}M)．つまり反応の完結は定量的である．さらに当量点付近で H^+ 濃度が急激に変化し，この変化を検知するための指示薬にこと欠かない．上例のように強酸-強塩基の組合せは容量分析に最も適した反応であるため，酸-塩基滴定の歴史は古く，相手の酸あるいは塩基が弱い場合を含めて種々の方法や指示薬が開発され，実用化されてきた．酸の溶液に塩基の標準溶液を滴下する場合をアルカリ滴定 (alkalimetry)，その逆を酸滴定 (acidimetry) という．

酸-塩基滴定の基本は，$H^+ + OH^- \rightleftharpoons H_2O$ である．例えば定量目的成分が強酸 (H^+) である場合，これに強塩基 (OH^-) の標準溶液を滴下するアルカリ滴定では，両者の濃度関係が $[H^+] = [OH^-]$，いい換えると pH = 7 の点が当量点である．当量点付近で滴下された OH^- は，それと反応する H^+ がほとんど存在しないため，溶液の pH に急激な変化をもたらす．指示薬の使用などの適当な方法でこの pH ジャンプを測定して滴定の終点を知るのである．一方，定量目的成分が弱酸 (HA) の場合は水溶液中で HA $\rightleftharpoons$ H^+ + A^- の解離平衡の位置が大幅に左辺へずれている．したがって強塩基を滴下して pH = 7 となった点でも非解離の HA が残っており，これを定量的に OH^- と反応させる (HA の解離を定量的にする) には pH を 7 よりも大きくする必要が生じる．このように指示薬の選択に注意を要する．酸滴定についても同様で，定量目的の塩基の解離が小さい場合，終点の pH はアルカリ滴定の場合と反対に 7 よりも小さい方へずれることになる．指示薬の選択を誤っては，どんなに再現性のよい滴定値を得ても，正確さという観点から，その滴定値は無意味であることはすでに序章で述べた．

酸-塩基指示薬はそれ自身が弱い有機酸または塩基であり，溶液の水素イオン濃度変化によってその構造に変化を起こし変色するものである．現在まで数多

表 4・1　適当な指示薬の選択

目的定量物質	滴定剤	当量点のpH	指示薬
強酸，強塩基	強塩基，強酸	7	
弱酸（酸解離定数 10^{-6} 程度）	強塩基	8〜9	PP
弱塩基（塩基解離定数 10^{-6} 程度）	強酸	5〜6	MR
弱酸の塩	強酸	4〜6	MO
弱塩基の塩	強塩基	9〜10	PP

くの酸-塩基指示薬が知られているが*，実用分析ではフェノールフタレイン（PP）pH 8.3（無色）〜10.0（赤），メチルレッド（MR）pH 4.2（赤）〜6.3（黄），メチルオレンジ（MO）pH 3.1（橙赤）〜4.4（黄）の3種類があればこと足りる場合が多い．この3種類の指示薬については，変色域と色調を記憶しておくと便利である．

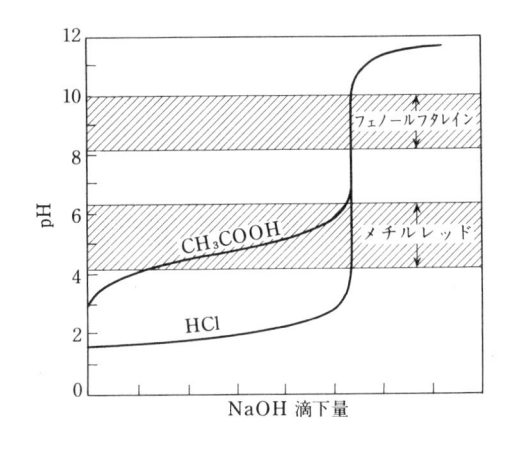

図 4・1　酸-塩基滴定と滴定曲線

図4・1の滴定曲線のpHジャンプを見比べると，指示薬の選択の重要性が容易に理解できるであろう．強酸-強塩基の組合せでは，当量点付近でのpHジャンプが異常に大きいので，指示薬の選択はほとんど結果に影響を与えない．それに反して弱酸-強塩基および強酸-弱塩基の組合せでは，誤った指示薬の選択が全く不正確な結果をもたらすことが自明である．

---

*　日本化学会編，"化学便覧基礎編　改訂3版"，p.II-342，丸善（1984）参照．

4・1・2 酸化還元滴定

酸化還元反応を利用することにより，目的物質が還元性であれば，酸化剤を標準溶液として，また，酸化性であれば，還元剤を標準溶液として滴定することができる．これらを酸化還元滴定とよぶ．この方法は，滴定に用いる標準溶液の種類により，過マンガン酸カリウム滴定，重クロム酸カリウム滴定，ヨウ素滴定などに分類される．これらの滴定法は，以前は重金属イオン，ハロゲン化物イオンの滴定などに広く用いられたが，近年，過マンガン酸カリウム滴定を除いて，実用上の重要性はやや薄れつつある．この原因として，他によい代替法が開発されたことのほか，電子の移動で起こる酸化還元反応の反応速度が一般に小さく，それに伴い滴定の当量点の検出が困難なことなどがあげられる．一方，過マンガン酸カリウム滴定は，現在でも環境分析などで用いられており，重要な分析法の1つである．ここでは基本的な概念を学ぶために水溶液中のFe^{2+}をCe^{4+}標準溶液で滴定する場合を議論する．

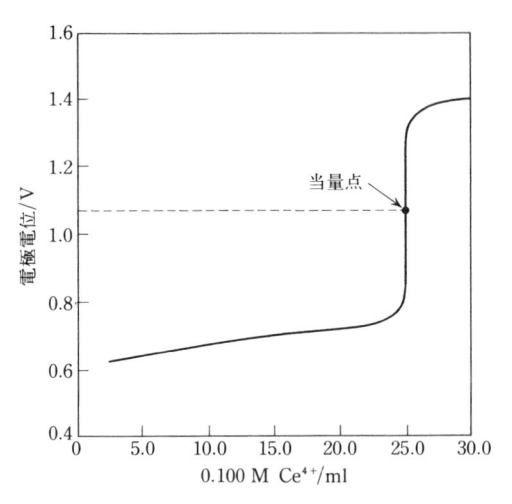

図 4・2 Ce^{4+}によるFe^{2+}の滴定曲線
(Fe^{2+} 0.0500 M, 50.0 ml)

a．酸化還元滴定の滴定曲線：Fe^{2+}をCe^{4+}で滴定する場合の滴定曲線を図4・2に示す．このように，酸化還元滴定では，当量点付近において酸化還元電

位のジャンプが起こる．いま，Fe^{2+}をCe^{4+}で滴定する場合の当量点における酸化還元電位を求めてみよう．この滴定は酸性条件下で行われ，反応式は

$$Ce^{4+} + Fe^{2+} \rightleftarrows Ce^{3+} + Fe^{3+} \qquad (4\cdot1)$$

である．この反応はつぎの2つの反応に分けて考えることができる．

$$Fe^{3+} + e^- \rightleftarrows Fe^{2+} \qquad (4\cdot2)$$

$$Ce^{4+} + e^- \rightleftarrows Ce^{3+} \qquad (4\cdot3)$$

このとき，滴定中の溶液の酸化還元電位 E は式 (4・2)，(4・3) それぞれから

$$E_1 = E^\circ{}_{Fe^{3+}} + 0.059 \log \frac{[Fe^{3+}]}{[Fe^{2+}]} \quad (E^\circ{}_{Fe^{3+}} = 0.68 \text{ V}) \qquad (4\cdot4)$$

$$E_2 = E^\circ{}_{Ce^{4+}} + 0.059 \log \frac{[Ce^{4+}]}{[Ce^{3+}]} \quad (E^\circ{}_{Ce^{4+}} = 1.44 \text{ V}) \qquad (4\cdot5)$$

($E^\circ{}_{Fe^{3+}}$, $E^\circ{}_{Ce^{4+}}$ は 1 M H_2SO_4 中の値)

と表わされる．ところで同一の溶液で2つの酸化還元電位は取り得ないから

$$E = E_1 = E_2 \qquad (4\cdot6)$$

となる．すなわち，

$$E = \frac{E_1 + E_2}{2} = \frac{E^\circ{}_{Fe^{3+}} + E^\circ{}_{Ce^{4+}}}{2} + \frac{0.059}{2} \log \frac{[Fe^{3+}][Ce^{4+}]}{[Fe^{2+}][Ce^{3+}]} \qquad (4\cdot7)$$

と書ける．当量点においては $[Fe^{2+}] = [Ce^{4+}]$，$[Fe^{3+}] = [Ce^{3+}]$ であるので，当量点における酸化還元電位は $E = 1.06$ V となる．また当量点前後の酸化還元電位も同様に計算で求めることができる．その結果図4・2の滴定曲線を得る．この図より，当量点前後では，それぞれ式 (4・2)，(4・3) の反応の標準電極電位付近まで，溶液の酸化還元電位が大きく変化することがわかる．この変化を検出することにより滴定が可能となる．一般には酸化剤，還元剤の標準電極電位の差が 0.3 V 以上あれば定量的な反応が起こるといわれている．

一方，Fe^{2+}を酸性条件でMnO_4^-により滴定する場合の反応式は次式で与えられる．

$$5 Fe^{2+} + MnO_4^- + 8 H^+ \rightleftarrows 5 Fe^{3+} + Mn^{2+} + 4 H_2O \qquad (4\cdot8)$$

この反応も以下のような2つの反応に分けることができる．

$$Fe^{3+} + e^- \rightleftarrows Fe^{2+} \qquad (4\cdot9)$$

$$MnO_4^- + 8H^+ + 5e^- \rightleftharpoons Mn^{2+} + 4H_2O \quad (4\cdot10)$$

これらの反応の酸化還元電位はそれぞれ,

$$E_1 = E°_{Fe^{3+}} + 0.059 \log \frac{[Fe^{3+}]}{[Fe^{2+}]} \quad (4\cdot11)$$

$$E_2 = E°_{MnO_4^-} + \frac{0.059}{5} \log \frac{[H^+]^8[MnO_4^-]}{[Mn^{2+}]} \quad (4\cdot12)$$

すなわち, 溶液の酸化還元電位 E は

$$E = \frac{E°_{Fe^{3+}} + 5E°_{MnO_4^-}}{6} + \frac{0.059}{6} \log \frac{[Fe^{3+}][MnO_4^-][H^+]^8}{[Fe^{2+}][Mn^{2+}]} \quad (4\cdot13)$$

当量点においては $[Fe^{3+}] = 5[Mn^{2+}]$, $[Fe^{2+}] = 5[MnO_4^-]$ であるので,

$$E = \frac{E°_{Fe^{3+}} + 5E°_{MnO_4^-}}{6} + \frac{0.059}{6} \log[H^+]^8 \quad (4\cdot14)$$

となり, 当量点の酸化還元電位は溶液の水素イオン濃度に依存する.

b. 終点の検出：酸化還元滴定の終点の検出には, 試料溶液の電位を直接測定する（電位差滴定）などの方法も有用だが, 他の滴定法と同様, 酸化還元指示薬とよばれる指示薬も用いられる. この指示薬は当量点の酸化還元電位付近で, 指示薬自身が酸化または還元され変色する試薬である. 代表例は上記の Fe^{2+} を Ce^{4+} で滴定する場合に用いられる 1, 10-フェナントロリン-Fe^{2+} 錯体などである. 一方, 過マンガン酸カリウム滴定では, MnO_4^- 自体が強い赤紫色をしており, Mn^{2+} はほとんど無色なので, 指示薬は必要ない. すなわち, 滴定中, 当量点以前は MnO_4^- の赤紫色は試料溶液に加えると消失するが, 当量点をすぎるとそのまま色が残る. したがって, わずかに着色し, その色が消失しなくなる点を終点とする. また, ヨウ素滴定においては, デンプンとヨウ素が結合すると青色となるヨウ素-デンプン反応を利用する.

4・1・3 錯 滴 定

錯生成反応を利用して金属イオンを滴定する方法を錯滴定とよぶ. なかでも, エチレンジアミン四酢酸（EDTA）のようなキレート試薬を用いる方法は, 現在でも重要な金属イオンの定量法であり, とくにキレート滴定法とよばれている. 本書では, キレート滴定法のうち, 最も一般的な EDTA を用いる滴定法についてのみ論ずる. 本論に入る前に一般的にどのような錯生成反応が錯滴定に

適しているか考えてみよう．

a．錯滴定に適した錯生成反応の条件：この問題についてまず結論から述べると，錯滴定に適した錯生成反応として以下の3つの条件があげられる．

(1) 金属イオンと滴定試薬が1：1の錯体をつくる
(2) 錯生成定数が十分大きい
(3) 錯生成の反応速度が十分大きい

ここでは(1)，(2)について少し詳しく論じる．(3)は実際に滴定を行ううえでは重要であるが，平衡論では取り扱えないのでここでは論じない．

まず，(1)についてだが，いま，以下のように，それぞれ全生成定数が $K=10^{20}$ で，金属イオンMと配位子が1：1と，1：4の錯体をつくる場合を考える．

① $M + L \rightleftarrows ML$

$$K = \frac{[ML]}{[M][L]} \qquad (4\cdot15)$$

ここで $K = 10^{20}$

② $M + 4L \rightleftarrows ML_4$

$$K_1 = \frac{[ML]}{[M][L]}, \quad K_2 = \frac{[ML_2]}{[ML][L]}$$

$$K_3 = \frac{[ML_3]}{[ML_2][L]}, \quad K_4 = \frac{[ML_4]}{[ML_3][L]} \qquad (4\cdot16)$$

ここで逐次生成定数 $K_1 = 10^8$, $K_2 = 10^6$, $K_3 = 10^4$, $K_4 = 10^2$

それぞれ場合において錯滴定を行うと，滴定曲線は図4・3のようになる．この図から1：1錯体の場合には，当量点付近でpM（$-\log[M]$）の大きな変化が起こることがわかる．一方1：4錯体の場合はpMはだらだらと変化し，当量点においてpMの大きな変化はみられない．これは当量点前に滴定試薬の量がMに比べて多くなり，MLやML$_2$，ML$_3$など低次の錯体の生成により，配位子と結合していないMの濃度が滴定初期の段階から大きく減少してしまうためである．同様の現象は1：2や1：3錯体の場合にも起こる．したがって，錯滴定には金属イオンと1：1錯体を生成できるキレート試薬が最も適している．

つぎに，(2)の滴定に適した錯生成定数の大きさを，1：1錯体の場合について考えてみよう．今，0.01 Mの金属イオンMを同濃度のキレート試薬Lで滴

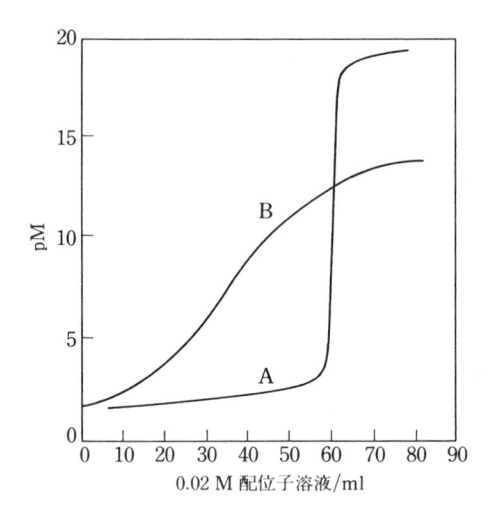

図 4・3 錯体の組成によるキレート滴定曲線の変化（金属 0.02 M, 60 ml）
A 金属：配位子＝1：1, B 金属：配位子＝1：4

定することを考える．当量点では $[M] \fallingdotseq [L]$，また $[ML] \fallingdotseq 0.005\,M$ であるので，式（4・15）より

$$[M] = \sqrt{\frac{0.005}{K}}, \quad \text{すなわち} \frac{[M]}{[ML]} = \frac{1}{\sqrt{0.005\,K}} \qquad (4・17)$$

当量点で錯形成剤と結合していない金属イオンの量が 0.1% 以下になるためには，

$$\frac{1}{\sqrt{0.005\,K}} < 0.001 \text{ より } K > 2 \times 10^8$$

となり，K が約 10^8 以上である必要があることがわかる．

EDTA はほとんどすべての金属イオンに関して(1)〜(3)の条件を満たしており，現在キレート滴定に最も広く用いられている．

b．EDTA を用いるキレート滴定：EDTA は 4 つのカルボキシル基をもつ弱酸であり，以下のような構造をもっている．

$$\text{HOOCH}_2\text{C} \diagdown \diagup \text{CH}_2\text{COOH}$$
$$\qquad\qquad\quad \text{N}-\text{CH}_2-\text{CH}_2-\text{N}$$
$$\text{HOOCH}_2\text{C} \diagup \diagdown \text{CH}_2\text{COOH}$$

EDTA とその解離イオンをしばしば H_4Y, H_3Y^-, H_2Y^{2-}, HY^{3-}, Y^{4-} と表

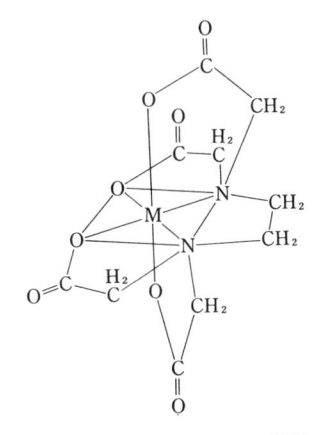

図 4・4 金属-EDTA錯体の構造

表 4・2 金属-EDTA錯体の安定度定数

金属イオン	$\log K_{MY}$
Ag^+	7.32
Al^{3+}	16.13
Ba^{2+}	7.76
Ca^{2+}	10.59
Cd^{2+}	16.46
Co^{2+}	16.31
Cu^{2+}	18.80
Fe^{2+}	14.33
Fe^{3+}	25.1
Hg^{2+}	21.80
Mg^{2+}	8.69
Mn^{2+}	14.04
Ni^{2+}	18.62
Pb^{2+}	18.04
Sr^{2+}	8.63
VO^{2+}	18.77
Zn^{2+}	16.50

$K_{MY} = \dfrac{[MY^{n-4}]}{[M^{n+}][Y^{4-}]}$

イオン強度=0.1,20〜25°Cにおける値

わす. EDTA は六座配位子で, 図 4・4 のように, 金属イオンが 4 つの水素イオンを置換し, カルボキシル基の酸素と 2 つの窒素を通し配位する. したがって, 2 価や 3 価の金属イオンのほとんどと 1：1 の安定な荷電錯体を生成する. 表 4・2 に代表的な金属-EDTA 錯体の安定度定数を示す.

表からもわかるように, 表中すべての金属イオンに関し, EDTA 錯体の安定度定数は 10^8 よりも大きく, 滴定可能であると考えられる. しかし, この表は, EDTA とその解離イオンのうち, 錯形成できる Y^{4-} と金属イオンについて得られた安定度定数, すなわち以下の式で表わされる定数 K_{MY} であることに注意しなければならない.

$$K_{MY} = \dfrac{[MY^{n-4}]}{[M^{n+}][Y^{4-}]} \quad (4・18)$$

実際の Y^{4-} の濃度は pH に強く依存する. そこで Y^{4-} 濃度の pH 依存性を考えてみよう.

まず α_4 を

$$\alpha_4 = \frac{[Y^{4-}]}{C_T} \quad (4 \cdot 19)$$

と定義する．ここで，C_T は

$$C_T = [Y^{4-}] + [HY^{3-}] + [H_2Y^{2-}] + [H_3Y^-] + [H_4Y] \quad (4 \cdot 20)$$

であり，錯形成していない EDTA 全体のモル濃度である．すなわち α_4 は溶液中での Y^{4-} のモル分率である．この α_4 は溶液の水素イオン濃度と，H_4Y の 4 つの酸解離定数 K_1，K_2，K_3，K_4 により以下のように表わせる．

$$\alpha_4 = \frac{K_1 K_2 K_3 K_4}{[H^+]^4 + K_1[H^+]^3 + K_1 K_2[H^+]^2 + K_1 K_2 K_3[H^+] + K_1 K_2 K_3 K_4} \quad (4 \cdot 21)$$

例として pH 3.0, 7.0, 10.0 の場合の α_4 を計算してみよう．$K_1 = 1.02 \times 10^{-2}$，$K_2 = 2.14 \times 10^{-3}$，$K_3 = 6.92 \times 10^{-7}$，$K_4 = 5.50 \times 10^{-11}$ であるので，式 (4・21) は

$$\alpha_4 = \frac{8.31 \times 10^{-22}}{[H^+]^4 + 1.02 \times 10^{-2}[H^+]^3 + 2.18 \times 10^{-5}[H^+]^2 + 1.51 \times 10^{-11}[H^+] + 8.31 \times 10^{-22}} \quad (4 \cdot 22)$$

となる．この式にそれぞれの場合の水素イオン濃度を代入してみると pH 3.0 では $\alpha_4 = 2.5 \times 10^{-11}$，pH = 7.0 では $\alpha_4 = 4.8 \times 10^{-4}$，また pH 10.0 では $\alpha_4 = 3.5 \times 10^{-1}$ となる．このように α_4 の値は pH により大きく依存し，Y^{4-} が主たる化学種となる領域は塩基性側に限られることがわかる．

ここで式 (4・18) を α_4 を用いて書き直すと，次式が得られる．

$$\frac{[MY^{n-4}]}{[M^{n+}]C_T} = \alpha_4 K_{MY} = K'_{MY} \quad (4 \cdot 23)$$

K'_{MY} を見かけの安定度定数とよぶ．C_T は錯形成の化学量論的な関係から比較的簡単に求めることができるので，K_{MY} よりも K'_{MY} の方が実際の錯形成条件を考えるうえで便利である．また，前節で滴定可能な安定度定数の値について議論したが，この場合 K'_{MY} について考える必要がある．すなわち，K_{MY} は 10^8 以上でも酸性条件下で α_4 が小さく K'_{MY} が 10^8 以下となれば滴定できない．したがって，金属イオンの種類によって滴定のさいの pH の選択は重要となる．図 4・5 に各 pH での Ca^{2+} の滴定曲線を示す．このように pH により滴定曲線の形は大きく変化する．比較的安定度定数の小さな Mg^{2+} や Ca^{2+} などは試料溶液を塩基性とし

4・1 容量分析

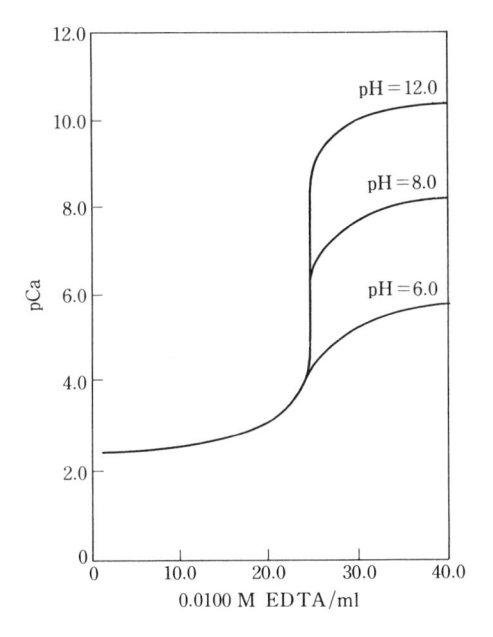

図 4・5 Ca^{2+} の EDTA 滴定曲線 (Ca^{2+} 0.00500 M, 50.0 ml)

て滴定する必要がある．

例として 0.01 M の Mg^{2+} ($K_{MY}=4.9\times10^8$) と Zn^{2+} ($K_{MY}=3.2\times10^{16}$) を pH=7.0 で同濃度の EDTA 溶液で滴定したと仮定して，当量点に達したときの錯形成していないそれぞれの金属イオンの濃度 $[M^{2+}]$ を求めてみよう．当量点においては $C_T=[M^{2+}]$ である．したがって，式 (4・23) より

$$\frac{[MY^{2-}]}{[M^{2+}]^2}=K'_{MY}$$

ここで $[MY^{2-}]=0.005M-[M^{2+}]$ であり，$[M^{2+}]$ は無視できるほど小さいので $[MY^{2-}]\fallingdotseq 0.005M$ となり，

$$[M^{2+}]=\sqrt{\frac{0.005}{K'_{MY}}} \qquad (4\cdot24)$$

pH=7.0 において $\alpha_4=4.8\times10^{-4}$ である．したがって，Mg^{2+} の $K'_{MY}=2.4\times10^5$，Zn^{2+} の $K'_{MY}=1.5\times10^{13}$ となる．そこでこの式を解けば $[Mg^{2+}]=1.4\times10^{-4}$M，$[Zn^{2+}]=1.8\times10^{-8}$M となる．すなわち，$Zn^{2+}$ の場合は当量点で錯形成しない Zn^{2+}

の濃度は初濃度の 0.1 % 以下となり滴定可能であるが，Mg^{2+} の場合のそれは約 2.8 % となり正確な滴定はできない．実際には，Mg^{2+} の滴定は，pH = 10 程度の α_4 の値の大きな pH 領域で行う必要がある．

c. EDTA 滴定における金属指示薬：EDTA 滴定の終点を検出するには，通常金属イオンと錯形成する色素を金属指示薬として用いる．代表的な金属指示薬であるエリオクロムブラック T（BT）を例にとり，金属指示薬の働きを考えてみよう．

BT は構造式からもわかるように強酸性基のスルホン基以外に 2 つのフェノール基をもつ．これらの基の解離は次式で与えられる．

$$H_2O + H_2In^- \rightleftharpoons HIn^{2-} + H_3O^+ \quad K_1 = 5 \times 10^{-7} \quad (4 \cdot 25)$$
　　　（赤）　　　　（青）

$$H_2O + HIn^{2-} \rightleftharpoons In^{3-} + H_3O^+ \quad K_2 = 2.8 \times 10^{-12} \quad (4 \cdot 26)$$
　　　（青）　　　　（赤）

BT の金属錯体は一般に赤いので，青色の HIn^{2-} が代表的な化学種である pH 領域（pH 7〜11）では，BT 金属錯体の解離や生成によって，溶液の色の変化が起きる．例えば，Zn^{2+} の EDTA 滴定において前記の pH に調整した試料に BT を少量添加すると，当量点前では $ZnIn^-$ が生成し，溶液は赤色となるが，当量点付近では以下のような競争反応が起こる．

$$ZnIn^- + HY^{3-} \rightleftharpoons HIn^{2-} + ZnY^{2-} \quad (4 \cdot 27)$$
　　（赤）　　　　　　　（青）

$ZnIn^-$ は ZnY^{2-} に比べ安定度が低いので，反応は右側に進み，HIn^{2-} が生じ溶液は青色となる．すなわち，この色の変化によって終点を知ることができる．

このように，金属指示薬のもつべき性質としては，1) 金属イオンと錯形成した場合としない場合では色の違いが大きいこと，および 2) EDTA よりも金属イオンとの安定度が低いこと，などがある．しかし，金属-指示薬錯体の安定

表 4・3 代表的な金属指示薬（慣用名）

金属指示薬	金属イオン	最適pH	変色
エリオクロムブラックT (BT)	Zn^{2+}, Cd^{2+}, Pd^{2+}, Mn^{2+}, Ca^{2+}, Mg^{2+}	8～10	赤→青
NN指示薬	Ca^{2+}	12～13	赤→青
キシレノールオレンジ (XO)	Bi^{3+}, Cd^{2+}, Hg^{2+}, Pb^{2+}	<6	赤紫→黄

度が低すぎると当量点以前で，錯体が解離してしまい，指示薬としては不適当である．また，BTの例でも明らかなように，各指示薬には適用可能なpH領域がある．このため，表4・3に示すように，目的金属イオンに応じて適当な金属指示薬を選択する必要がある．

d．EDTA滴定における選択性：前述のようにEDTAはアルカリ金属イオンを除くほとんどの金属イオンと錯形成するため，EDTA滴定は本質的に金属イオンに対する選択性をもたない．しかし，種々の方法によりある程度選択的に目的金属イオンのみを滴定することができる．そのためには，滴定pHを選択したり，マスキング剤を用いたりすることが有効である．たとえば，pH 4～5で滴定すれば，Zn^{2+}，Cd^{2+}，Cu^{2+}などは定量できるが，EDTA錯体の安定度が低いアルカリ土類金属イオンは妨害しない．また，pH 12～13では，Mg^{2+}は水酸化物として沈殿してしまうため，この領域ではMg^{2+}はEDTAと錯形成しない．通常，Ca^{2+}とMg^{2+}を分別定量するには，まず，pH 10でCa^{2+}とMg^{2+}の合量を求めて，さらにpH 12～13でCa^{2+}のみを滴定し，Mg^{2+}の量は両者の差から求める．また，このCa^{2+}とMg^{2+}の滴定のさい，しばしば試料中にKCNを添加することがある．これは，試料中にZn^{2+}，Cd^{2+}，Co^{2+}，Cu^{2+}などが共存する場合，これらの金属イオンを安定なシアノ錯体として，EDTAとの錯形成が起こらないようにするためである．このように，共存する妨害物質を不活性化する目的で添加する試薬をマスキング剤とよぶ．マスキング剤は，キレート滴定のみならず，重量分析，あるいは吸光光度法などにおいても広く利用され，分析法の選択性を向上させるための重要な手段となっている．

4・1・4 沈 殿 滴 定

沈殿生成を利用する滴定法が沈殿滴定法である．このうち銀塩の沈殿生成を

利用する銀滴定は，無機分析法のうちで最も古くから知られた方法の1つである．銀イオンの定量，あるいは塩化物イオン，臭化物イオン，ヨウ化物イオン，チオシアン酸イオンなどの定量に用いられる．この銀塩を利用する方法以外の沈殿滴定法はあまり実用的ではない．これは滴定に適した十分大きい反応速度をもち，また当量点を見出す適当な方法があるなど種々の条件を満足する沈殿生成反応が少ないことによる．そこで本書では，例として銀イオンによる塩化物イオンの滴定のみを論じる．

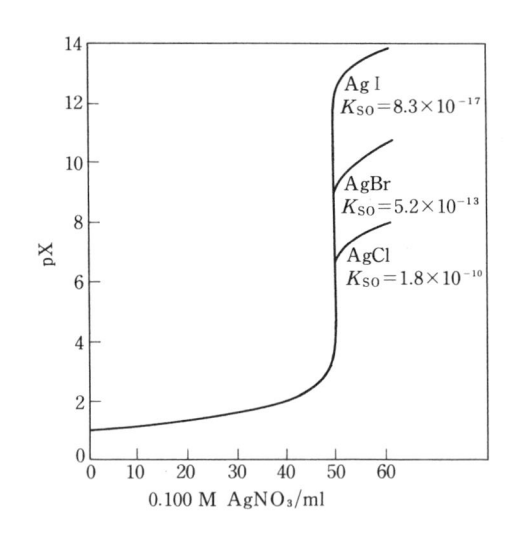

図 4・6 ハロゲン化物イオン（X^-）の銀滴定曲線

滴定曲線と終点の検出：沈殿滴定の滴定曲線は，沈殿の溶解度積 K_{so} から計算で推定することができる．図4・6に各ハロゲン化物イオンを硝酸銀溶液で滴定した場合の滴定曲線を示す．このように，当量点付近でハロゲン化物イオンの濃度が大きく変化することがわかる．この変化の大きさは，図4・6に示すように，K_{so} が小さいほど大きい．この変化が検出できれば銀滴定が可能になる．酸塩基滴定の終点指示に有機酸-塩基反応の色変化を利用したように，この場合も終点における Cl^- 濃度変化を検出するために，Ag^+ と着色沈殿を生成する化合物（クロム酸塩）を用いる方法（Mohr 法）が最も一般的である．

$$Ag^+ + Cl^- \rightleftharpoons AgCl \downarrow \quad (白色沈殿)$$

$$2\mathrm{Ag}^+ + \mathrm{CrO_4}^{2-} \rightleftharpoons \mathrm{Ag_2CrO_4} \downarrow \quad (赤色沈殿)$$

上の2つの平衡式中で，クロム酸銀の溶解度（8.4×10^{-5} M）の方が塩化銀のそれ（1.3×10^{-5} M）に比べて大きいので，塩化物イオンと指示薬としてのごく少量のクロム酸イオンを含む溶液に硝酸銀標準溶液を滴下していくと，最初に塩化銀がほぼ定量的に沈殿し，クロム酸銀は銀イオン濃度がクロム酸銀の溶解度積（$K_{so} = 2.4 \times 10^{-12}$）に達してはじめて沈殿する．わかりやすくいえば，塩化銀の沈殿生成が完了すると同時に，赤色のクロム酸銀が沈殿しはじめて終点を指示するのが理想的である．この反応の当量点（$[\mathrm{Ag}^+] = [\mathrm{Cl}^-]$）で沈殿しはじめるようなクロム酸イオン濃度を計算してみよう．

塩化銀の溶解度積（1.8×10^{-10}）から，当量点での$[\mathrm{Ag}^+] = (1.8 \times 10^{-10})^{1/2}$ Mである．ここで当量点でクロム酸銀の溶解度積$[\mathrm{Ag}^+]^2[\mathrm{CrO_4}^{2-}] = 2.4 \times 10^{-12}$に達するためのクロム酸イオン濃度は

$$[\mathrm{CrO_4}^{2-}] = \frac{2.4 \times 10^{-12}}{1.8 \times 10^{-10}} = 0.013 \text{ M}$$

であり，この程度の濃度のクロム酸塩が指示薬として適当ということになる（実際には色が濃すぎて変化がみにくいので若干低い濃度を用いる）．

銀滴定にはこの他に過剰の硝酸銀を加えておき，塩化物イオンと反応した残りの銀イオンをチオシアン酸イオン標準溶液で滴定し，あらかじめ加えておいたFe^{3+}がチオシアン酸イオンと赤色可溶性のFeSCN^{2+}を生成することを終点指示に利用した方法（Volhard法）がある．

$$\mathrm{Ag}^+ + \mathrm{SCN}^- \rightleftharpoons \mathrm{AgSCN} \downarrow$$

$$\mathrm{Fe}^{3+} + \mathrm{SCN}^- \rightleftharpoons \mathrm{FeSCN}^{2+} \quad (赤色)$$

Volhard法はFe(III)を指示薬として用いるため水酸化物の沈殿をさけて硝酸酸性で行う点が特徴である．

またフルオレセイン，ジクロロフルオレセイン，エオシンなどの吸着指示薬（着色した有機化合物の色が沈殿表面に吸着すると顕著に変化する現象を利用したもの）も知られており，日本工業規格の工業用水試験法（JIS K 0101），工場排水試験法（JIS K 0102）では，フルオレセインを指示薬とするこの方法が採用されている．

4・2 重 量 分 析

　重量分析は，目的成分をなんらかの方法で共存する他成分から分離し，秤量できる形（秤量形）にして化学天秤でその重量をはかり，試料中の目的成分の重量パーセント（wt％）を求める方法である．重量すなわち質量の測定は，近代化学の創始者である Lavoisier 以来，化学を定量化するうえで最も基本的かつ重要な役割を演じてきた．化学天秤の発明により，質量は，通常の化学実験室でも正確で高精度な測定が最も容易に行える物理量である．重量分析は，標準物質を対照として試料中の目的成分の相対濃度を求める他の多くの定量法とは異なり，目的成分を含む組成一定の化合物の重量を化学天秤により絶対測定するものである．したがって，原理的には，きわめて正確で高精度な分析が可能である．実際，現在でも主成分の高精度分析には欠かすことのできない方法である．しかし，重量分析は微量分析には適していない．これは，化学天秤の感度（通常 0.1 あるいは 0.01 mg）も要因として重要だが，それ以上に，定量的に目的成分を分離できる下限が存在するからである．前章で述べた溶解度積を思い起こすとよい．いかに難溶性沈殿といえども，溶液中に可溶な成分をゼロとすることはできない．

　重量分析においては，目的成分をある秤量形として秤量するために，その成分を純粋かつ定量的に分離しなければならない．その分離操作には以下のような方法がある．

 (1) 沈　殿　法：目的成分を含む難溶性の沈殿を生成させて他成分から分離する．
 (2) 電気分解法：電気分解により，目的成分を電極上に析出させる．
 (3) 加熱蒸発法：目的成分を蒸発させて，他成分から分離する（加熱して水分を定量する方法などが代表例である）．

　このうち，本書では，最も一般的な方法である(1)沈殿法のみを論じる．

4・2・1　重量分析の操作

　重量分析の主な操作として，1) 試料の溶解，2) 沈殿の生成，3) 沈殿の

濾別，4) 加熱による沈殿形から秤量形への変換，5) 重量の測定，などがあげられる．

a．試料の溶解：重量分析のほとんどの場合，目的成分を含む水溶液の調製から始める．そこで，未知の固体試料の場合，種々の方法で溶解を試みることになる．通常，まず水，さらに各種酸(塩酸，硝酸，硫酸，あるいは王水など)での溶解が試みられる．水や酸に溶けない物質でも，水酸化ナトリウム溶液などのアルカリ溶液に溶解するものもある．また岩石のような複雑な固体試料は，無水炭酸ナトリウムなどによる融解法を用いるのが一般的である（6章参照）．

例えば，金属を溶かす場合，酸の溶解力は一般にH^+と共役塩基の酸化還元的な性質によって決まる．すなわち，イオン化傾向において，H_2よりもイオンになりやすい金属であるAl, Fe, Cdなどは，H^+を還元しH_2とし，金属自身は酸化されイオンとなって溶解する．一方，CuはH_2よりも酸化還元電位は高いが，加熱した希硝酸や熱濃硫酸にはよく溶ける．これは，以下のような反応により，それぞれ，硝酸イオン，硫酸イオンが分解し金属を酸化溶解するからである．

$$3\,Cu + 8\,HNO_3 \longrightarrow 3\,Cu(NO_3)_2 + 2\,NO + 4\,H_2O$$
$$Cu + 2\,H_2SO_4 \longrightarrow CuSO_4 + SO_2 + 2\,H_2O$$

塩酸はCl^-が酸化される場合があるため，むしろ還元性の酸である．しかし，濃硝酸と濃塩酸を1：3の割合で混合するといわゆる王水となり，以下のような反応で生じる発生期の塩素および塩化ニトロシルにより，PtやAuなどの貴金属をも酸化溶解することができる．

$$3\,HCl + HNO_3 \longrightarrow Cl_2 + NOCl + 2\,H_2O$$

これに対し，フッ化水素酸のF^-は酸化還元反応に関して不活性であるが，きわめて硬いルイス塩基であり，その配位力により特殊な使用法がある．すなわち，白金るつぼでケイ酸（SiO_2）にフッ化水素酸と濃硫酸を共存させ加熱するとケイ素はSiF_4として揮散する．これは岩石すなわちケイ酸塩の分解に重要である．

またケイ酸塩など酸では溶解できない試料については，融解法がしばしば用いられる．無水炭酸ナトリウムNa_2CO_3(融点851℃)や炭酸カリウム(融点891℃)などの融剤と試料をよく混合し，白金るつぼなどでこれらの融点以上に強熱し，

融解すると，不溶性の塩も水に可溶な炭酸塩などに変換される．その他融剤として，過酸化ナトリウム Na_2O_2，硫酸水素カリウム $KHSO_4$ などが用いられる．なお，分析試料調製の詳細は6章で再び論じる．

b．沈殿の生成：重量分析において，目的成分はできる限り定量的に，また目的外の成分はできるだけ少なく沈殿させる必要がある．表4・4に代表的な重量分析における沈殿形と秤量形をまとめる．

表 4・4 重量分析に用いられる主な沈殿形と秤量形

元素	沈殿形	秤量形	恒量加熱温度／℃
Al	$Al(OH)_3$	Al_2O_3	500〜900
Ca	$CaC_2O_4 \cdot H_2O$	CaO	>850
Cl	AgCl	AgCl	130〜450
Fe	$Fe(OH)_3$	Fe_2O_3	800〜900
K	$KB(C_6H_5)_4$	$KB(C_6H_5)_4$	100〜130
Mg	8-キノリノール塩	$Mg(C_9H_6ON)_2 \cdot 2H_2O$	105〜130
	リン酸塩	$Mg_2P_2O_7$	>600
Ni	ジメチルグリオキシム塩	$Ni(C_4H_7O_2N_2)_2$	110〜200
P	$MgNH_4PO_4 \cdot 6H_2O$	$Mg_2P_2O_7$	>600
S	$BaSO_4$	$BaSO_4$	210〜900
Si	$SiO_2 \cdot nH_2O$	SiO_2	>1000

今，目的成分を金属イオン M^{n+}，沈殿剤を A^{m-} とすれば，反応は以下のように書ける．

$$m M^{n+} + n A^{m-} \longrightarrow M_m A_n \downarrow$$

沈殿の生成は，前章において扱った沈殿平衡により一義的に支配されることはいうまでもない．しかしながら，実用上，なるべく沪過しやすい大きな沈殿結晶を得るにはどうすべきかなど，速度論的な要因にも注意を払う必要がある．ここでは，多少前章と重複するが，こうした沈殿生成における要因を簡単に論じる．

溶解度に影響を与える因子：まず第1に，前章で論じた共通イオン効果が重要である．表中のAgのAgClによる重量分析を例にとると，溶解度積は一定であるから，沈殿剤 Cl^- の量を過剰とすれば，溶液中の Ag^+ 量は小さくできる．しかし，実際は，ある程度過剰の Cl^- では溶解度は減少するが，Cl^- をさらに大過

剰とすると，逆に溶解度は増す．これは，錯イオン$AgCl_2^-$が生成して溶解するからである．このように第2の因子として錯形成も重要である．一般に重量分析に用いられる化合物の溶解度積は，通常十分小さい．したがって，沈殿剤を少し過剰に加えれば，十分なことが多い．また，錯形成剤は，容量分析の項で論じたように，目的成分以外の物質の沈殿を防ぐためのマスキング剤として利用されることもある．さらに，溶液のpHも重要な要因である．沈殿剤が一般のキレート剤のような弱酸HAであるとき，酸性側では，酸解離平衡により沈殿剤A^-の実効濃度は減少してしまう．また，逆に塩基性側では，陽イオンが加水分解しヒドロキソ錯体をつくり，目的以外の金属イオンまで沈殿してしまう可能性もある．さらに，塩濃度も溶解度に影響を与える（電解質効果，塩効果ともいう）．2章で議論したように，塩濃度があがるとイオン強度が増すため活量係数が小さくなる．そのため溶解度が増す．また温度をあげると一般に溶解度は増すが，その程度は様々である．一方，有機溶媒の添加も大きな効果をもつ，エタノール，アセトンなど水とよく混ざる有機溶媒を添加すると通常，無機塩類の溶解度は減少する．

結晶の成長に影響を与える因子：なるべく純粋で，沪過しやすい沈殿を定量的に得るためには，以下のような注意が必要である．

(1) 温かい溶液中で沈殿反応を行わせる．沈殿剤溶液はガラス棒で試料溶液をかきまぜながら少しずつ加える．

(2) 沈殿剤を少過剰に加える．

(3) 粒子が小さい場合は数時間湯浴上で温めた後，数時間ないし一夜放置する．この操作を熟成という．

(4) 沪過しやすく，不純物の少ない沈殿ができるように溶液のpHなどの実験条件を設定する．またどうしても純粋な沈殿が得られないときは，沈殿を沪過し再溶解した後，もう一度沈殿生成を行う（再沈殿）．

なるべく大きく，純粋な沈殿を生成させるには，沈殿の生成速度を小さくすることが必要である．そのためには，過飽和の程度を少なくすることが有効である．過飽和度が大きいと，結晶の核となる微粒子がたくさんできて，小さな沈殿粒子となってしまう．そこで(1)で述べたように，比較的高温の溶解度が大

きい条件で，沈殿剤の濃度が局部的に高くならないようにして沈殿生成を行う．また小さな沈殿粒子は大きな沈殿粒子に比べ，質量に対する表面積の割合が大きいので溶解度が高い．そこで(3)のように沈殿の熟成を行うと，小さな粒子は溶解し大きな粒子が成長する．さらに表面積が小さくなるため吸着などによる不純物の混入も少なくなる．

また，過飽和を防ぎ，大きく純粋な沈殿粒子を得る方法として均一沈殿法 (PFHS法, precipitation from homogeneous solution) が知られている．すなわち，沈殿剤そのものではなく，加水分解などにより沈殿剤を生成する物質をあらかじめ試料に加えておき，加熱などにより沈殿剤を徐々に，また均一に溶液中で生成させる方法である．例えば，FeやAlを水酸化物として沈殿させるとき，尿素を添加し加熱すると，以下のような反応によりアンモニアを生成させることができる．

$$(NH_2)_2CO + H_2O \longrightarrow 2\ NH_3 + CO_2$$

この方法により，より純粋で，沪別しやすい水酸化物沈殿が得られる．またその他の均一沈殿法の試薬として，H_2S を発生させるためのチオアセトアミド (CH_3CSNH_2) やチオホルムアミド ($HCSNH_2$)，硫酸イオンのためのジメチル硫酸 ($CH_3)_2SO_2$ などが知られている．

c. 沈殿の沪過：重量分析で沈殿を溶液から沪別するには，一般にガラス製円錐漏斗と灰分量のわかっている定量用沪紙を用いる．すなわち，表中 Al, Fe, SiO_2 のように高温で沈殿を酸化物のような秤量形に変換する場合，沪紙も完全に灰化してしまい，灰分量を差し引くことにより，その秤量形の重量を求めることができる．定量用沪紙には，沈殿の性質に適したいろいろな種類の沪紙があり使い分ける必要がある．詳しくは実験書やハンドブックを参照してほしい．一方塩化銀やニッケルジメチルグリオキシムのような沈殿物は100°C程度の比較的低温で乾燥し，一定組成の化合物とし秤量する．これらの場合にはガラス沪過器を用いて沈殿を沪別する．

沪過が終わったら，沪紙上の沈殿を洗って，混在している不純物を除かなければならない．洗浄による目的沈殿の溶出を減少させるため，洗浄液中には沈殿の組成と共通のイオンを含ませることが望ましい．また水酸化アルミニウム

のようなゲル状沈殿を洗浄する場合は，強電解質の塩を含む溶液で洗浄する．これは，沈殿がコロイド化することを防ぐためである．通常硝酸アンモニウムのように強熱すると分解してしまうような塩が用いられる．限られた液量でよく洗うには，全量で1回洗うよりも，少量ずつに分けて数回洗う方が洗浄効果が大きい．

d．加熱による沈殿形から秤量形への変換：洗浄の終わった沈殿は，沪紙にくるんであらかじめ恒量としたるつぼ（磁製か白金製）に移し，乾燥させた後，ガスバーナーあるいは電気炉で強熱して，沪紙を灰化するとともに，安定な組成の秤量形に変えて重量を測定する．ここで恒量とは，るつぼを加熱しデシケーター中で放冷するという操作を繰り返しても，その重量の変化が天秤で認められなくなった状態に達したときの重量をいう．秤量形は，表4・4からもわかるように，高温でも安定な酸化物あるいは硫酸塩が多い．加熱温度は，それぞれの秤量形で異なる．例えば，硫酸バリウムは1000°C以上では分解が始まり，硫化物が生成してしまう．またカルシウムをシュウ酸カルシウムとして沈殿させた場合，100°Cで乾燥させ一水和物 $CaC_2O_4 \cdot H_2O$ として，また250°Cで無水和物 CaC_2O_4 として，あるいは，800°C以上で酸化物 CaO として秤量する方法がそれぞれ知られている．このような場合，温度の調節には十分注意を払わなければならない．

e．重量の測定：化学天秤は通常0.1あるいは0.01 mgの感度をもつ．近年，重量のデジタル値を直読できる電子天秤が一般化し，それらの操作はきわめて簡略化されている．しかし，この場合も震動，湿気を与えない，校正を折りにふれて行うなど基本的な注意が必要なことはいうまでもない．試料の恒量もるつぼを恒量にするときと同じ要領で行う．ここで注意すべきは，デシケーターの乾燥剤の種類である（詳しくは第6章参照）．通常はシリカゲルを用いるが，例えば，CaO はきわめて吸湿性が強く，CaO を乾燥するためにはより強い乾燥剤である五酸化リンなどを用いる必要がある．恒量となったら秤量形の化学式から，目的成分の量を計算する．

d., e. で述べた操作が重量分析を煩雑にしている原因である．最近は $BaSO_4$ や有機物の沈殿のように沈殿形と秤量形が同じであるような場合は，ガラス沪過

器で沪過した沈殿をアルコールで洗浄し,エーテルで乾燥させるだけでかなりの程度の恒量が得られるので,場合によってはこのような方法が多用されるようになっている.

4・2・2 ま と め

重量分析は基本的には,質量測定というSI単位に直接帰着する絶対法であり,非常に高精度で正確な方法として知られている.測定感度は,天秤の感度あるいは沈殿平衡に規定され決して高くないが,現在でも主成分の分析法として重要な方法である.しかし,正確な測定を行うには,これまで述べたように様々な注意,とくに沈殿生成に関する注意を十分に払うことが必要である.

5

分離と濃縮

5・1 序　論

　目的成分を，共存する他成分から分離することは，複数の素材から目的物質をつくり出す**合成化学**と対照的な，**分析化学**の特徴であり，究極の目的といえよう．分離法は大ざっぱに分けると 2 種類になる．目的物質を含む新しい相を生成させて分離する方法 (phase formation) と，目的物質とそれ以外の物質が 2 つの相間に分配する度合いの差を利用する方法（phase competition）である．固体あるいは液体から気化しやすい成分を気体として分離する蒸発法や，液相から目的成分を含んだ固相を新たに生成させて分離する沈殿法などが前者であり，混じり合わない 2 液相間への分配を利用した溶媒抽出法，固定相と移動相の間の成分の分配を利用したクロマトグラフィーなどが後者である．本章では分析に用いられる分離法を 4 つに分類して，それらの原理，簡単な応用例を説明する．なおクロマトグラフィーについては章を改めて詳述するので，ここでは分離の原理を述べるに止めた．

　近年の科学技術の著しい発展に伴い，分析化学者が取り扱わなければならない分析対象がますます微量化してきた．後章で学ぶ機器分析の進歩により，分析感度も著しく向上してはいるが，なお感度不足で定量が困難であるような分析対象に遭遇することは珍しくない．このような場合は，定量操作以前にあらかじめ目的成分を濃縮しておく必要が生じる．予備濃縮，あるいはプリコンセ

ントレーションとよばれているのがこれである．濃縮の原理は各分離法で述べるものと変わらないが，試料の形態，最終的な定量法の種類によって，適当な分離法を組み合わせて目的成分の予備濃縮系がつくられていくのである．今後さらに分析対象の微量化に拍車がかかれば，プリコンセントレーションの研究が将来の分析化学で大きな分野に成長するかも知れないので，あえて分離法から独立した一節を設けた．

5・2 蒸留・蒸発による分離

　液相あるいは固相から気相を生成させる分離法には蒸留・蒸発の他に，昇華を利用した方法も含まれよう．

　気相を生成させるには水素，窒素，水銀，不活性ガス，一部のハロゲン元素のように単体として蒸発させたり，水素化物，ハロゲン化物などの揮発性化学種に変換させる方法がある．

　植物中のヨウ素を単体として蒸留する例，アルシン（AsH_3）を生成させてのヒ素の蒸留分離定量，三フッ化ホウ素（BF_3）を生成させるホウ素の分離法などは多用されている．またSiF_4の揮発性を利用して，マトリックスであるSiを飛ばしてしまうのも，この範疇に入るであろう．

　工業的には核燃料となる濃縮ウラン（uranium concentrates, $^{235}U/^{238}U$の大きなもの）をつくる一つの方法として揮発性のUF_6を生成させ，^{235}Uと^{238}Uのわずかな質量差に基づく揮発性の差で^{235}Uを相対的に濃縮していく方法が有名である．

5・3 沈殿による分離と濃縮

　固相を生成させて溶液試料中の目的成分を分離するのが沈殿分離であり，古くから利用されていながらいまだにその重要性は衰えない．分離した沈殿の重量を秤って定量する重量分析，沈殿平衡の項とも関連するので，ここでは分離法としての沈殿の特徴を述べるに止める．

沈殿分離の長所は大量の試料溶液から目的成分を固相に濃縮できることであろう．しかし沈殿平衡の項で学んだように溶解度積によって規定され，目的成分を完全に固相へ移すことは難しいので，極微量成分を固相として分離する目的には向かない．溶液中の銀イオンを塩化銀として沈殿分離する例を考えてみよう．

$$Ag^+ + Cl^- \rightleftharpoons AgCl \qquad K_{so} = [Ag^+][Cl^-]$$

上式で$K_{so} = 1.0 \times 10^{-10} M^2$とすると平衡状態で$[Ag^+] = [Cl^-] = 10^{-5} M$である．つまり溶液中に$10^{-5} M$の銀イオンが残ることになる．この量をさらに小さくする目的で沈殿剤を若干過剰（$[Cl^-] = 10^{-3}$）に加えると$[Ag^+] = 10^{-7} M$となるが，この程度が限界であろう．さらにCl^-を過剰に加えていくとAgClの沈殿は$AgCl_2^-$という錯イオンになって溶けてしまうからである．

沈殿分離を効率よく行うためには沈殿平衡の項で学んだ共通イオン効果とともに，錯イオン形成による沈殿の溶解度増加に留意しなければならない．

沈殿分離の今一つの難点は**共沈**である．沈殿をつくる過程で共存する成分が溶解度積から考えて沈殿しない程度の微量しか存在しない場合でも，生成した主沈殿に伴って沈殿してくる現象である．沈殿を不純化する共沈の度合いは，当然のことながら生成した沈殿の粒子が小さく，したがって吸着表面積が大きいほど顕著である．分析化学ではこの共沈現象を逆用して微量成分の捕集に用いることがある．とくに放射性同位元素を用いる実験などで溶液中で目的以外の放射能を取り除きたい場合などに鉄（III）やマンガン（II）などを加えて粒子の極端に細かい$Fe(OH)_3$，MnO_2のような沈殿をつくって，これに目的以外の放射性物質を吸着させ捕集することがよく行われている．この場合加える鉄（III）やマンガン（II）の化合物をスカベンジャーとよんでいる．河川水を飲料水にするために行う操作のうち明ばんによる処理は$Al(OH)_3$への不純物の共沈を利用して水を清浄化するものである．

5・4　抽出による分離と濃縮

互に混じり合わない2液相への分配の度合いの差を利用して目的成分を他成

分から分離あるいは濃縮することができる．これが溶媒抽出あるいは液液抽出とよばれている方法である．有機化合物の分離には古くから用いられていたが，金属イオンの分離定量に多用されるようになったのは，第2次大戦以降の原子力産業の発展に伴う希元素分離法の要求と錯体化学の発展に負う所が大きい．蒸発による分離が揮発性をもつ，ごく特定の化合物にしか応用できず，沈殿による分離は溶解度積定数を考慮すれば極微量化学種を対象にし得ないと同時に共沈現象という微量化学種の定量的分離にとって致命的な欠陥をもっているのに対して，抽出分離は常量からトレーサー量（10^{-8}～10^{-10}M）までの化学種の分離に有効な場合が多い．実際に放射性核種をトレーサーとして水相中の目的元素を有機相中に抽出し，水相の放射能を測定してみると，極微量の目的元素が定量的に有機相へ移っていることがわかる．また溶媒抽出には沈殿における共沈に相当する共抽出現象もほとんどなく，分離操作も迅速，簡便である．多くの場合，分液漏斗中の水相と有機相を5分間程度振りまぜて，2～3分静置することにより分離目的が達成される．

分離に用いられる抽出系

溶媒抽出とは一般に水の特性のために水溶液中に安定に存在する化学種（イオン，2・1・3参照）の電荷を適当な方法で打ち消して有機相に移す操作をいう．電荷を打ち消す方法によって抽出系を便宜的に3つに分け，解説する．

a．**簡単な共有結合性分子の抽出**：イオンを酸化，あるいは還元することによって無電荷の共有結合性分子が生成することがある．ハロゲン化物イオンを適当な酸化剤で酸化すればハロゲン分子が生成するので，これを四塩化炭素などの無極性溶媒へ抽出することができる．

$$2 \text{ X}^- \xrightarrow{酸化} \text{X}_2$$

この抽出系はハロゲン化物イオンを他のイオンから分離する場合に有用なだけでなく，ハロゲンどうしの酸化還元電位の差を利用して，ハロゲン元素の相互分離に利用できる．また人工放射性同位元素を標的から分離するために，有効に利用されている．人工放射性同位元素は一般に，荷電粒子によって標的を衝撃してつくるが，生成する元素が標的と異なる場合が多い．例えば^{82}Brは^{82}Se

を重陽子で衝撃してつくる [^{82}Se(d, 2 n)^{82}Br] で生成した^{82}Brを酸性溶液からBr$_2$として四塩化炭素に抽出するだけで標的から分離できる．

b．金属キレートの抽出：金属イオンと多座配位子から生成される金属キレートは，キレート効果のために相当する単座配位子よりなる錯体よりも安定度が大きく（3・4・4参照），多座配位子が弱い有機酸である場合，水相中でのキレート生成により金属の電荷が中和されると同時に，親有機性も増すので有機相へ抽出されやすくなる．また微量金属イオンの分離，定量などの分析目的には低濃度のキレート試薬で充分な抽出率が得られる場合が多いので，キレート抽出系を解析する場合，活量係数による補正はほとんど行う必要がなく，イオン強度を一定にしてモル濃度を用いて解析できる．したがって分離条件を定量的に設定することが比較的容易である．またキレート抽出に用いられる有機溶媒は四塩化炭素，クロロホルム，ベンゼン，シクロヘキサンなど，極性の小さいものが一般である．

一般に抽出反応は

$$\text{M}^{n+} + n\text{HA}_\text{o} \underset{}{\overset{K_\text{ex}}{\rightleftharpoons}} \text{MA}_{n,\text{o}} + n\text{H}^+ \tag{5・1}$$

で表わされ，平衡定数K_exを抽出定数とよぶ（ただし添字oは当該化学種が有機相に，添字なしは水相に存在することを示す）．また実用分析では抽出のめやすとして式（5・2）で定義される分配比Dが用いられるが，式（5・1）の平衡

$$\text{分配比 } D = \frac{\text{有機相中の溶質の全濃度}}{\text{水相中の溶質の全濃度}} \tag{5・2}$$

に対しては式（5・3），（5・4）が得られる．

$$D = K_\text{ex} \frac{[\text{HA}]_\text{o}^n}{[\text{H}^+]^n} \tag{5・3}$$

$$\log D = \log K_\text{ex} + n\log[\text{HA}]_\text{o} + n\text{pH} \tag{5・4}$$

式（5・3）は理想的な場合，水相のpHとキレート剤濃度さえ決めれば，水相中の金属イオン濃度に関係なく分配比が決まることを示しているし，式（5・4）は抽出剤濃度を一定にして$\log D$ vs pHを，またpHを一定にして$\log D$ vs $\log [\text{HA}]_\text{o}$をプロットすれば傾き$n$の直線が得られることを示しているので，実験値によるこれらのプロットが直線になれば式（5・1）の仮定が正しいことがわ

かる．またその直線の勾配からキレート剤の結合モル比を決めることができる．

今，2種類の金属 M_1，M_2 を抽出分離するための条件を考えてみよう．M_1 を有機相に定量的に抽出し，M_2 をほぼ完全に水相に残す条件として，M_1 が 99 ％以上抽出され，M_2 が1％以下しか抽出されないとすると，$\log D_{M_1} \geqq 2$，$\log D_{M_2} \leqq -2$ になるように実験条件（pH，キレート剤濃度など）を設定できれば，M_1 と M_2 が定量的に分離できるといえる．このような条件が得られない場合に，つぎに述べるマスキング剤や，協同効果などの助けを借りて分離の目的を達成しようとするのである．

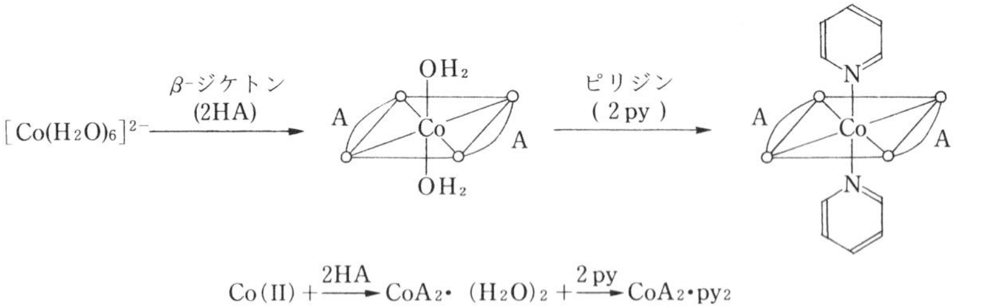

$$[Co(H_2O)_6]^{2-} \xrightarrow{\beta\text{-ジケトン} (2HA)} \text{CoA}_2 \cdot (H_2O)_2 \xrightarrow{\text{ピリジン} (2py)} \text{CoA}_2 \cdot py_2$$

$$Co(II) \xrightarrow{2HA} CoA_2 \cdot (H_2O)_2 \xrightarrow{2py} CoA_2 \cdot py_2$$

図 5・1　ピリジンによる協同効果

表 5・1　ジチゾン抽出におけるマスキング

水相条件	マスキング剤	ジチゾンと反応する金属元素
塩基性	CN^-	Pb(II), Sn(II), Tl(I), Bi(III), In(III)
微酸性	CN^-	Pd(II), Hg(II), Ag(I), Cu(II)
弱酸性	SCN^-	Hg(II), Au(III), Cu(II)
弱酸性	$SCN^- + CN^-$	Hg(II), Cu(II)
弱酸性	Br^- または I^-	Pd(II), Au(III), Cu(II)
pH=5	$S_2O_3^{2-}$	Pd(II), Sn(II), Zn(II)
pH=4〜5	$S_2O_3^{2-} + CN^-$	Sn(II), Zn(II)
pH≒4.5	EDTA	Au(III), Ag(I), Hg(II)

赤岩英夫，川本博，ぶんせき，**1984**，749.

マスキングと協同効果：抽出系に第3物質を加えたとき，これがある化学種と水溶性錯体を形成してその化学種の抽出を妨害する場合（マスキング）と，抽出化学種が配位不飽和（中性金属キレート化合物中の金属の配位数がキレート剤により満足されないこと．このとき配位水分子が残り，キレートの親有機

性が小さくなるため，抽出率が大きくならない）であるようなとき，加えた第3物質が配位水分子と配位子交換して付加錯体を形成して親有機性が増し，抽出率が上昇する場合の2通りの効果が期待でき，これらの効果が，相手金属イオンによって異なるため，抽出分離の補助手段として有用である．

c．イオン対抽出：水相中のイオンの電荷を中和する今一つの方法として，イオン対の生成を利用する方法は，古くから実用分析法として用いられてきた．硝酸ウラニルのエーテル抽出，塩酸溶液からのFe(III)のエーテルへの抽出などがその例である．後者の場合はプロトン化したエーテルR_2OH^+が$FeCl_4^-$とイオン対をつくるといわれている．一般には生成したイオン対の親有機性を高め，抽出しやすくするため，イオン対の片方は分子量の比較的大きな有機化合物が多用される．また陽，陰イオンとも，サイズが大きく，表面電荷密度の小さいものの組合せが，水相中での水和がゆるいために抽出可能なイオン対をつくりやすい．これらの抽出系では，キレート抽出の場合と異なり，比較的極性の高い溶媒が用いられることが多い．

5・5　イオン交換法

イオン交換（ion exchange）法とは，イオン種と置換できる交換基を有するイオン交換体（樹脂，繊維，膜など）を用いて，イオン種の分離や除去を行う方法であり，分析化学では多方面にわたって活用されている．天然の粘土鉱物などもイオン交換能をある程度もっているが，ここでは今日最も広く利用されているポリスチレン系のイオン交換樹脂を用いるイオン交換法について説明する．

5・5・1　イオン交換樹脂の種類と性質

ポリスチレン系のイオン交換樹脂は，スチレンを少量のジビニルベンゼンと懸濁共重合して調製される．こうして得られる三次元の橋かけ構造をもった，50〜400 mesh程度のビーズ状の多孔性の高分子基材中のベンゼン環に化学反応によりイオン交換基(X)を導入したものである．樹脂の橋かけの程度はジビニルベンゼンの共重合比で決まり，細孔の分布，樹脂の硬さ，膨潤のしやすさな

X：イオン交換基（—SO$_3^-$H$^+$, —CH$_2$—N$^+$(CH$_3$)$_3$OH$^-$ など）
部分はジビニルベンゼンによる橋かけ構造

どと関係している．通常はジビニルベンゼン10％前後のものがよく用いられる．繁用されている主なイオン交換樹脂はイオン交換基（X）の性質により，表5・2に示したように4種類に大別できる．

表 5・2　代表的なイオン交換樹脂

種　別	典型的な交換基［—X］	商　品　名
陽イオン交換樹脂		
強酸性	スルホン基［—SO$_3^-$H$^+$］	Dowex-50, Amberlite IR-120
弱酸性	カルボキシル基［—CO$_2^-$H$^+$］	Amberlite IRC-50, Rexyn-102
陰イオン交換樹脂		
強塩基性	4級アンモニウム基［—CH$_2$-N$^+$(CH$_3$)$_3$OH$^-$］	Dowex-1, Amberlite-IRA 400
弱塩基性	アミノ基［—NH$_3^+$OH$^-$］	Dowex-3, Amberlite-IR 45

　イオン交換樹脂の単位重量当りに吸着交換しうるイオン量（ミリグラム当量，meq）をその樹脂の交換容量/meq g^{-1}とよび，通常の強酸性陽イオン交換樹脂では5meq g^{-1}前後であり，強塩基性陰イオン交換樹脂では約半分程度(2.5 meq g^{-1}）である．

5・5・2　イオン交換反応

陽イオン交換樹脂を RH^+ そして陰イオン交換樹脂を $R'OH^-$ で略記すると，n 価の陽イオン M^{n+} および陰イオン A^{n-} との可逆的なイオン交換反応は，それぞれつぎのように表示できる．

陽イオン交換反応：$nRH^+ + M^{n+} \rightleftharpoons R_nM^{n+} + nH^+$　　　（5・5）

陰イオン交換反応：$nR'OH^- + A^{n-} \rightleftharpoons R'_nA^{n-} + nOH^-$　　　（5・6）

式（5・5）で示される陽イオン交換反応について，交換平衡定数 K は次式で表わされる．

$$K = \frac{(a_{RH^+})^n (a_{M^{n+}})}{(a_{R_nM^{n+}}) (a_{H^+})^n} \qquad (5・7)$$

ここで a は活量を示すが，実際の系でそれぞれの活量をすべて求めることは困難であるため，実用的には活量のかわりに濃度をとった選択係数または次式で定義される分配係数（distribution coefficient）K_d がイオンの交換されやすさの尺度として用いられる．

$$K_d = \frac{樹脂 1g 中に交換されるイオン量/meq\,g^{-1}}{樹脂と平衡にある溶液 1\,ml 中のイオン量/meq\,ml^{-1}}$$

$$= \frac{[R_nM^{n+}]_r}{[M^{n+}]_s}\,ml\,g^{-1} \qquad (5・8)$$

ここで，r と s はそれぞれ樹脂および溶液をさす．K_d の値はイオン種によって大幅に変化するが，同じイオン種でも pH によって大きく変化する．

イオン交換樹脂に対する各種イオンの相対的な親和力は，ほぼつぎのようになることが経験的にわかっている．

陽イオンについては
  (1)　イオン価数の大きいほど大きい
$$Th^{4+} > Al^{3+} > Ca^{2+} > Na^+$$
  (2)　イオン価数が同じものでは原子番号の大きいほど大きい
$$Ag^+ > Cs^+ > Rb^+ > K^+ > Na^+$$
$$Ba^{2+} > Pb^{2+} > Ca^{2+} > Ni^{2+} > Cu^{2+} > Zn^{2+} \geqq Co^{2+} \geqq Mg^{2+} > Be^{2+}$$

陰イオンについては
  (1)　イオン価数の大きいほど大きい

86   5 分離と濃縮

$$PO_4^{3-} > SO_4^{2-} > NO_3^-$$

(2) ハロゲン化物イオンなどではイオン半径の大きいほど大きくなるが，各種の1価陰イオンではつぎのような順序となる．

$I^- > HSO_4^- > NO_3^- > Br^- > CN^- > Cl^- > HCO_3^- > CH_3COO^- > F^-$，$OH^-$

これらの順序は樹脂の構造(とくに交換基の性質)，錯体の生成，溶液の性質(とくに pH の変化)などでしばしば逆転することがあるので，一つの目安と考えるべきである．

5・5・3　イオン交換分離の実際

試料溶液中のイオン種の除去などでは，溶液中に適当なイオン交換樹脂を入れて，平衡状態にした後沪別する方法（batch method）が用いられることもあるが，分離分析の場合には通常図5・2に示したような，イオン交換樹脂を充填したカラム（内径 10～15 mm，長さ 10～20 cm）を用いる．この方法では樹脂

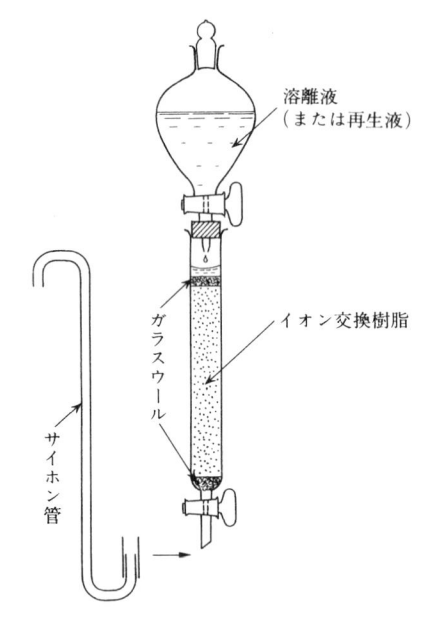

図 5・2　イオン変換カラム

の前処理，試料溶液の導入，各イオン種の溶出分離そして樹脂の洗浄再生などを連続的に行うのに便利である．また樹脂カラム中に気泡が入ることを防ぐた

め，カラムの下端には活栓を設けて，つねに液面が樹脂層の上端より少し上にあるように保つことが必要である．活栓のかわりに，サイホン管を溶出口につけて樹脂柱の液面を一定に保つことがよく行われる．

一般に樹脂量 M/g を充塡したカラムを用いるイオン交換クロマトグラフィーでは，分配係数 $K_d/\mathrm{ml\,g^{-1}}$ のイオンがカラムから溶出するのに要する溶離液の量 V/ml は次式で表わされる．

$$V = V_d + M \cdot K_d \tag{5・9}$$

ここで V_d はカラム中の樹脂柱の隙間に入る溶離液の量/ml で，カラムの死空間に相当する．

図 5・3 に，アルカリ金属イオンの混合溶液（Na^+，K^+ および Cs^+ を含む）を，強酸性陽イオン交換樹脂カラムを用いて，1 M の塩酸で溶離して得られたクロマトグラムを示した．溶出液は通常フラクションコレクターや試験管などを用いて，一定時間間隔で捕集して，炎光光度法や原子吸光法などで，それぞれのイオン種の濃度が測定されるが，最近開発されたイオンクロマトグラフィーの装置では，溶離液の電気伝導度を連続的にモニターする方法などが用いられている．

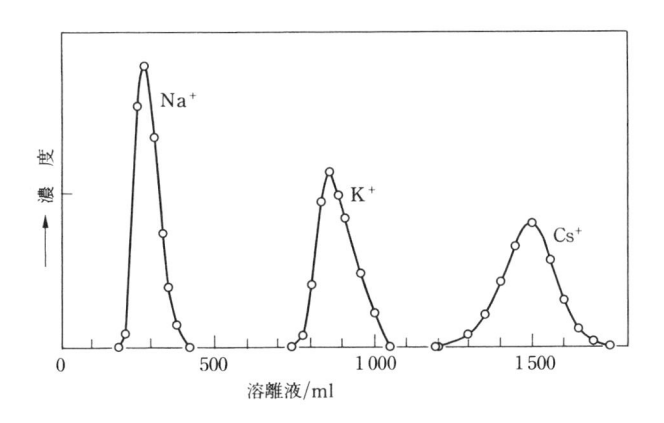

図 5・3 アルカリイオンのイオン交換クロマトグラム

5・5・4 金属の錯陰イオンを用いる陰イオン交換分離

金属の陽イオンは水溶液中では通常水和イオンの形で存在しているが，ある

イオン種は水溶液を塩酸酸性にしていくと，塩化物イオンがいくつか配位したクロロ錯イオンを形成し，高次の錯イオンでは陰イオンになり，陰イオン交換樹脂により交換吸着されるようになる*．

$$M^{n+} + mCl^- \rightleftharpoons [MCl_m]^{n-m} \qquad (5 \cdot 10)$$

Krausらの系統的な研究により，周期表の第1～第3周期(H～Cl)までの元素と1A族（アルカリ金属），2A族（アルカリ土類），3A族（Sc, Y, 希土類およびアクチノイド）とNi, Thを除く，ほとんど全ての遷移金属元素のクロロ錯体は陰イオン交換されることがわかっている．

図5・4に，Fe(III), Co(II)およびNi(II)のクロロ錯体の陰イオン交換

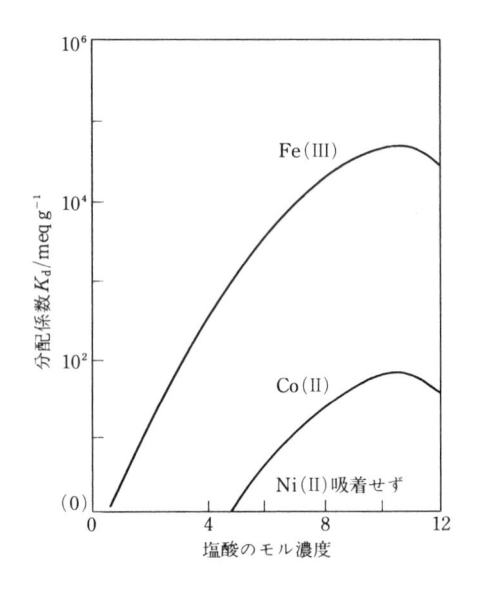

図 5・4 陰イオン交換樹脂に対するクロロ錯体の交換吸着の塩酸濃度依存性

吸着曲線を示した．それぞれのイオンの強塩基性イオン交換樹脂に対する分配係数 K_d の塩酸濃度による変化が，大幅に異なることから，これら3種類のイオ

---

* Fe(III)の水和イオン[Fe(H$_2$O)$_4$]$^{3+}$の場合には，クロロ錯体のうち[Fe(H$_2$O)$_3$Cl]$^{2+}$, [Fe(H$_2$O)$_2$Cl$_2$]$^+$は陽イオン，[Fe(H$_2$O)Cl$_3$]は中性，[FeCl$_4$]$^-$は陰イオンとなる．

ンは溶離液の塩酸濃度をつぎのように段階的に変えれば容易に分離することができる．

(1) Fe (III)，および Co (II) の錯イオンの K_d がいずれも極大に近い9M塩酸で展開すれば，交換吸着しない Ni (II) の淡黄色のクロロ錯体が溶出してくる．この間，初めは樹脂層の先端で黄緑色の一つの着色帯を形成していた Fe (III) および Co (II) の錯体は，K_d の著しく大きい黄色の Fe (III) の錯体が先端部分に留まり，相対的に小さい K_d の Co (II) 錯体の青色の帯が少し先に進んで分離が始まっている．

(2) つぎに，4M塩酸で展開すれば Co (II) の青色帯はかなり速く降下して次第に変色し，やがて淡紅色の溶離液となって溶出する．

(3) 最後に0.5M塩酸を流せば，Fe (III) の黄色帯が溶出して，分離が完了する．

ここではクロロ錯体の陰イオン交換についてのみ説明したが，塩酸のほかにも硫酸，リン酸，シュウ酸などを用いて金属の錯イオンを形成して，特異な陰イオン交換分離を行うことができる．

5・5・5　イオン交換分離の応用

陽イオンや陰イオンの通常の分離分析のほかにも，イオン交換分離は非常に多岐にわたる分野で活用されている．ここでは分析化学に関係した二，三の例をみておこう．

a．イオンの除去：分析化学などでよく用いられるイオン交換水は，原料水を，まずH$^+$型陽イオン交換樹脂カラムに通し，つぎに OH$^-$型陰イオン交換樹脂カラムを通すか，または両者の樹脂を混合して充填したカラムを通して，イオン種を除去することにより調製される．また，試料溶液中から塩類（電解質）を除去する必要があるときにも，イオン交換法がよく利用される．

b．主成分の除去・分離：酸化ウラン中の微量の希土類元素を分析する場合などでは，前節で述べた，クロロ錯体にして陰イオン交換する方法を用いれば，主成分のウランのクロロ錯体は交換吸着されるが，希土類は全く吸着されないので，容易に主成分から分離される．

c．微量成分の濃縮：微量のイオン種を含む試料水溶液の一定量を，適当な

イオン交換樹脂のカラムに通してイオン種を捕捉した後，少量の溶離液で脱着溶出させることにより，容易に濃縮することができる．

　d．有機電解質の分離：アミノ酸や核酸関連物質など生化学で日常的に取り扱われている有機電解質の分離には，イオン交換クロマトグラフィーは他の手法の追随を許さないほど，大きな役割を果している．アミノ酸は溶液のpHを変化させると陽イオンにも陰イオンにもそして両性イオンにもなりうるため[*1]，類似した構造をもったアミノ酸の混合系のイオン交換分離は，溶離液のpHを微妙に制御することによりなされる．

5・6　膜　分　離

　気体混合物や溶液中の混合成分を膜を用いて分離するさいには，膜の細孔のふるい的効果や，膜中への溶質の溶解・拡散現象，そしてそれらの効果を高めるために，分離膜の内外に差圧や電位差を加味したものなどが利用されている．ここでは分析試料成分の濃縮や精製などによく用いられる透析法（dialysis）および電気透析法（electrodialysis）について簡単に説明する．

5・6・1　透　析　法

　分析化学では，しばしば水溶液中で特定の化学種の沈殿を生成させて，それを沪紙で沪過する操作が行われる．しかしながら，$PbCrO_4$や$Fe(OH)_3$などの"沈殿"は，直径が1〜500 nmの範囲の微粒子が水中に分散したコロイド溶液とよばれる真の溶液と沈殿の中間的状態になりやすいことが知られている[*2]．これらのコロイド粒子は通常の沪紙を通過するが，コロジオンやセロハンなどの半透膜（透析膜）を通過することができない．透析法ではこうした溶液を透析膜に包み，蒸留水や適当な試薬溶液中に浸して，真の溶液あるいは低分子からコロ

[*1] $R-\underset{NH_3^+}{CH}-CO_2H \;\underset{\longleftarrow}{\overset{+H^+}{}}\; R-\underset{NH_3^+}{CH}-CO_2^- \;\overset{-H^+}{\longrightarrow}\; R-\underset{NH_2}{CH}-CO_2^-$
　　　　　（陽イオン）　　　　　　　（両性イオン）　　　　　　（陰イオン）

[*2] 真の溶液中では溶質粒子は直径が0.1 nm以下であり沈殿粒子は通常500 nm以上の粒径をもっている．

イド粒子を分離あるいは濃縮することができる．タンパク質やデンプンなどの高分子の水溶液もコロイド溶液であり，それらの溶液中の低分子化合物の除去や精製などにも透析法が利用される．

人工腎臓として知られている血液透析は，再生セルロースなどの透析膜を用いて血液中の尿素やクレアチニンなどの老廃物を除去する方法である．

5・6・2 電気透析法

多孔性の有機高分子の薄膜の表面に強酸性のスルホン基や強塩基性の4級アンモニウム基などのイオン交換基を導入したイオン交換膜は，そのままでも膜中のイオンの選択的透過性を利用して，イオン種の分離に利用されるが，イオン交換膜の両側に電位差を設けて，イオンの分離を効果的に行う電気透析法は，試料溶液からのイオン種の除去や，海水の淡水化などに利用されている．この他，イオン交換膜を隔膜として用いて電気分解を行い，生成物を有効に分離して取り出す方法は，食塩水の電気分解では，陽イオン交換性をもつフッ素樹脂膜を用いるイオン交換膜法として工業的に広く用いられている．

5・7 クロマトグラフィー

クロマトグラフィー (chromatography) は移動相に気体を用いるガスクロマトグラフィー (gas chromatography, GC) と液体を用いる液体クロマトグラフィー (liquid chromatography, LC) に大別され，いずれも分析試料の前処理的な目的成分の分離および8章で後述する最終的な分析に用いられる．クロマトグラフィーの詳細な原理は8章に譲るとして，ここでは前者の分析試料の前処理的な分離に用いられるクロマトグラフィーについて簡単に説明する．

5・7・1 ガスクロマトグラフィー (GC)

GC が最終的な分析に先立つ分離の手段として用いられるのは，複雑な混合系試料で，成分が比較的気化しやすいもので構成されている場合である．GC で分離して得られる目的成分のピークを冷却トラップなどを用いて分取して，最終的な分析法として，赤外線吸収(IR)，質量分析(MS)あるいは核磁気共鳴(NMR)などで各成分のスペクトル測定を行って，成分の同定を行うことがよく行われ

る．また，分析用の細いカラムと比べて太くて試料処理量の大きな分取用の分離カラムを用いて，混合系試料中のある成分を，その物性測定やつぎの化学反応のための純粋な試薬調製を行う目的で，一定量（目的により mg～数 g 程度）単離する分取クロマトグラフィーなどの手法も用いられる．一方，オンラインで結合させた GC-MS や GC-IR などの分析システムにおていは，GC では混合試料成分の予備的な分離が行われているとみなすことができよう．

5・7・2 液体クロマトグラフィー（LC）

LC の範疇に入る，薄層クロマトグラフィー，ペーパークロマトグラフィー，吸着または分配方式のカラムクロマトグラフィー，サイズ排除クロマトグラフィー，イオン交換クロマトグラフィー（5・5 参照）などの諸手法は，複雑な混合成分で構成される試料溶液中の分析目的の成分を分離・精製する手法としても広く活用されている．

一例として，大気浮遊粉じん中に含まれている各種有機成分の分析などでは，まず粉じん試料から有機成分を，ソックスレー抽出（図 5・8 参照）などにより溶媒抽出する．つぎに最終分析の目的に応じて，薄層クロマトグラフィーやカラムクロマトグラフィーなどで，酸性，塩基性，そして中性物質にタイプ分離が行われる．

一方，溶液試料中の微量成分などの分析では，かなりの量の溶液試料を，その液性（溶媒組成や pH など）を調整して，吸着カラムに通し，その先端部分に目的成分を濃縮し，次に分離分析に適した液性の展開剤を用いて分離することがしばしば有効である．また，混合試料の薄層クロマトグラフィーによる分離の後，目的成分のスポットを吸着剤（シリカゲルなど）とともにかき取って，そこから成分を溶媒抽出し，最終分析することもよく行われる．

5・8 電気化学的分離

溶液の混合試料成分中のイオン種の分離には，電気化学的な手法がよく用いられる．各種の電気化学分析法は 8 章で詳述されているように，それぞれ最終的な分析手法としても用いられるが，ここでは種々のイオン種を含む溶液試料

の前処理的な分離手法としてよく用いられる．1) 水銀陰極電解法(mercury cathode electrolysis)および2) 定電位電解法(controlled potential electrolysis) の2つの方法について簡単に説明する．

5・8・1 水銀陰極電解法

白金を陽極とし，水素過電圧の大きな水銀を陰極として，各種金属イオンを含む希硫酸などの酸性水溶液を電解することにより，多くの金属イオンをかなりの選択性をもって分離することができる．この電解は普通のビーカーを用いて行ってもよいが，電解の効率を上げまた電解によって発生する熱を除去するために，図5・5に示すような磁気水銀陰極電解槽がよく用いられる．この方法

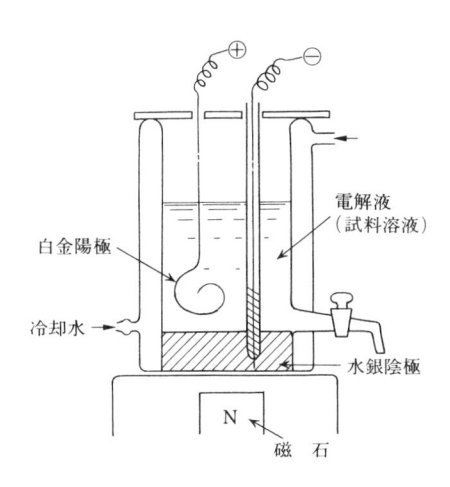

図 5・5　磁気水銀陰極電解装置

では，溶液相と水銀相で磁場と電場の方向がそれぞれずれていることによって生ずる両相の互いに反対方向の回転運動により，電解液の激しい撹拌が起こり電解効率が大きくなる．また電解によって析出した Fe，Cr，Ni などの強磁性金属は磁石によって水銀層の下部に引きつけられて，水銀表面は清浄に保たれる．

この方法による 0.15 M の希硫酸酸性溶液の電解で種々の金属イオンはつぎにまとめた4つに大別される電解挙動をとる．

(1) 水銀陰極に定量的に析出する元素：

Cr, Fe, Co, Ni（アマルガムをつくらない）

Cu, Zn, Ga, Ge, Mo, Tc, Rh, Pd, Ag, Cd, Sn, Re, Ir, Pt, Au, Hg, Tl, Bi, Po

(2) 電解によって溶液から分離されるが，定量的には水銀陰極に析出しない元素：

As, Se, Te, Os, Pb

(3) 溶液からの分離が不完全な元素：

Mn, Ru, Sb, La, Nd

(4) 溶液中に残っている元素：

アルカリ金属，アルカリ土類金属，B, Al, P, Ti, V, Zr, Nb, Hf, Ta, W, U

例えば鉄鋼中の微量の Al, Mg, Ca などの分析を行うさいには，主成分の Fe を電解で水銀層に析出させた後得られる電解液について目的元素の最終分析が行われる．一方，これとは逆に，高純度の U, Al, Zr, Ti などの中の微量の金属元素（Cu, Zn, Ag, Sn など）を分析するさいには，主成分のマトリックス元素を電解液中に残し，電解によって水銀層に移行した目的元素を，水銀を加熱により除去したり，得られた水銀層を今度は陽極とする電解（陽極ストリッピング）などにより溶液中に溶出させてから，最終分析を行えば，主成分元素の干渉などを防ぐことができる．

5・8・2　定電位電解法

電気分解で，陰極への析出電位が e_1, e_2 と異なる Cu^{2+} と Sn^{2+} を例にして定電位電解の原理を説明しよう．これらのイオンの電解挙動（加電圧と電解電流の関係）を図5・6に示した．ここで，この2種類の金属イオンを含む電解液を陰極と陽極の間に一定の直流電圧をかけて電解していくと，陽極の電位はほとんど変化しないが，陰極は Cu の析出に伴い分極が進行しその電位は次第に低下して（矢印の方向に電位が変化）いき，やがて e_2 に達すると Sn も一緒に析出し始め，e_3 の電位に達すれば水素を発生しながら両元素が析出するようになる．したがって，こうした条件では両イオンを定量的に分離析出させることはできない．

5・8 電気化学的分離　95

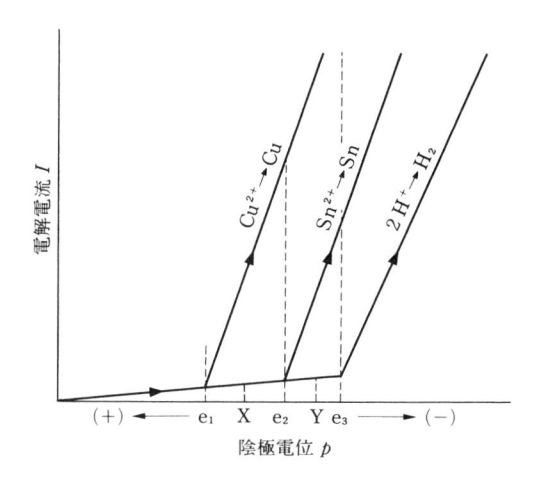

図 5・6　定電位電解液の概念図

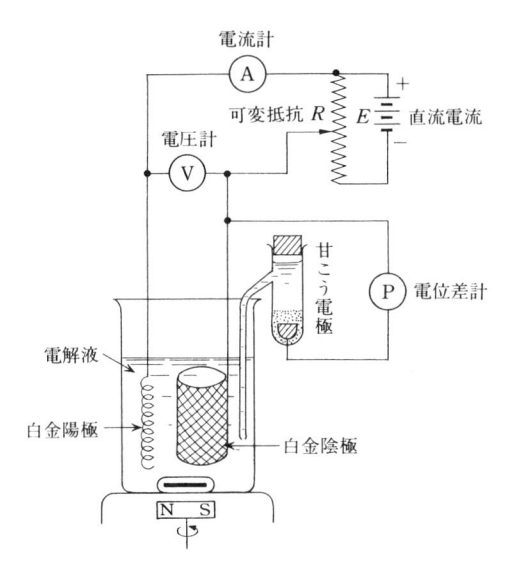

図 5・7　定電位電解装置

そこで，図5・7に示すような，分極しない参照電極(甘こう電極)を用いて陰極の電解液に対する電位(p)を常時測定し，電解が進み陰極の分極が起こってもつねに同じ電位(例えば図5・6のX)を保つように回路中の可変抵抗(R)

を調節すれば，目的とする金属（Cu）を定量的に陰極に析出させることが可能である．そしてつぎに電位をYに設定すればSnが析出することになる．ここでは手動による定電位電解法の原理を説明したが，全く同様な操作内容を電子回路を用いて自動的に行う装置も開発されている．

応用の一例として，Cu^{2+}，Bi^{3+}，Pb^{2+}をSn^{2+}，Ni^{2+}，Zn^{2+}の共存下でそれぞれ分離するには，酒石酸ナトリウムと塩酸ヒドラジンの電解液（pH 5.2〜6.0）で白金陰極の電位を-3.0 Vに設定すればCuのみが析出し，その電解が終了後電位を-1.40 VにすればBiが，つぎに-0.6 VにすればPbが析出し，この時点では電解液中には他の金属イオンは電解されずに残っている．

5・9　固体試料中の可溶微量成分の分離

5・9・1　再　沈　殿　法

固体試料中に含まれている溶媒に可溶な微量成分については，固体の主成分が適当な溶媒に可溶な場合には，全試料の溶解−再沈殿によって得られる沪液中に，もとの固体試料中に含まれていた微量成分のかなりの部分が分離・溶解してくる．この手法は，主成分と微量成分の溶解性が著しく異なる高分子試料中の可塑剤などの添加剤や残存モノマーなどの分離にはよく用いられる．また再沈殿法は主成分の精製法として重要な役割を果すことはいうまでもない．

5・9・2　固−液抽出分離

固体試料全体を溶液化することなく，その中に含まれている微量成分を溶解分離するためによく用いられるのがソックスレー（Soxhlet）抽出器である（図5・8），ここでは，固体試料は通常円筒沪紙中に入れて抽出器中に設置される．ここで用いる溶媒は，固体試料の主成分は溶解しない（若干膨張させることが望ましい）が，試料中に含まれる目的成分は溶解する能力をもったものが用いられる．溶媒の入ったフラスコはマントルヒーターや湯浴などで加熱されており，太い側管を通って上昇する溶媒蒸気は還流冷却されて液状となり，固体試料を入れた円筒沪紙中に滴下する．そこでの溶媒の液面がサイホン管の最上部を越えると，サイホンの原理で固体試料中の目的成分を溶解した溶媒（溶液）

5・9 固体試料中の可溶微量成分の分離

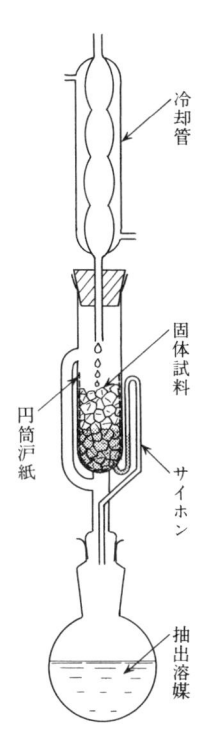

図 5・8 ソックスレー抽出器

はサイホン管を通って全量下のフラスコへ戻される．フラスコの加熱を続ければ，この抽出操作は自動的に何度でも繰り返され，やがて固体試料中の微量の溶媒可溶成分は定量的に抽出されてフラスコの溶液中に移行する．

　この方法は，多くの高分子材料をはじめ，とりわけ通常の溶媒には不溶な三次元の橋かけ構造をもった高分子材料（ゴム，エポキシ樹脂，ポリウレタンなど）の中の添加剤，粉じん試料，生体組織や食品などに含まれる可溶成分など，主として，固体試料中に含まれる微量有機成分の分離に用いられる．この手法の無機成分の分離への応用としては，ストロンチウム中に含まれるカルシウムを，試料全体を硝酸塩の形にして無水アルコールで抽出分離したり，カリウム中に含まれるナトリウムを，試料全体を過塩素酸塩の形にして酢酸エチルで抽出分離する例などが報告されている．

ここでは図 5・8 にサイホンの原理を利用したソックスレー抽出器を示したが，最近ではサイホンのかわりにガラスフィルターを用いる改良型のソックスレー抽出器も開発されている．

5・10 プリコンセントレーション（予備濃縮）

最近の先端技術社会において，分析対象の微量化は止まる所を知らない．ppb はおろか ppt (parts per trillion=10^{-12}) まで定量する必要が生じては，いかに高感度な分析法を用いても，ノイズの中から同程度のシグナルを拾い出すような愚かなことをやりかねない．このような場合，目的成分をあらかじめ濃縮しておき，定量しやすくすることが有効になってくる．本章で述べてきた分離・濃縮の知識が生かされる絶好の機会である．

プリコンセントレーションのめざすところは選択的濃縮であるから，本章で紹介した分離・濃縮法の原理がすべてプリコンセントレーションに応用できるわけであるが，とりわけ多用される方法は蒸発・沈殿・溶媒抽出・イオン交換の4つのカテゴリーに分けられよう．

5・10・1 蒸発によるプリコンセントレーション

水溶液中の目的成分の濃縮にさいしては蒸発による濃縮が最も手っとりばやく，安価でもある．しかしこの方法は揮発性元素の濃縮には用いることはできない．例えば水銀は60°C程度で蒸発させても相当量の揮発損失が起こることが知られている．そのうえ，蒸発目的成分と同時に妨害成分をもまったく同効率で濃縮するという点で選択性に欠けるといえよう．大量の水溶液試料を処理する場合に最初に行う"プリ-プリコンセントレーション"として用いるのが妥当であろう．

5・10・2 沈殿（共沈）による濃縮

溶解度積を考えると，とうてい沈殿分離できないようなトレーサー量($10^{-8} \sim 10^{-10}$ M)の ^{226}Ra を $BaSO_4$ の沈殿に定量的に共沈させ，溶液から分離できることはよく知られている．これは $RaSO_4$ と $BaSO_4$ の結晶形が同じであるために共沈が理想的に行われる例であるが，この他にも Cu, Zn, Cd, Hg などの親銅元素群は

ルイス酸として比較的軟らかい性質から，硫化物イオンにより硫化物として沈殿しやすいことを利用して，硫化鉛に共沈・濃縮できる．しかしこの場合の共沈はすべての親銅元素に対して定量的というわけにはいかず，またどの元素に対しても利用できる共沈系があるわけでもない．このカテゴリーに属する濃縮は上述の2例のように，選択性には優れているが，定量的捕集に問題が残っているといえよう．

5・10・3　抽出による濃縮

　溶媒抽出系，とくにキレート抽出系は，化学的知識を駆使して目的物質に対する選択性を設計できる点で有用な濃縮法である．例えば前項でもあげた親銅元素群を選択的に抽出するためには，軟らかい硫黄を配位原子としてもつキレート試薬，例えばジチゾン（ジフェニルチオカルバゾン）や，STTA（モノチオテノイルトリフルオロアセトン）が有効である．

　　　　ジチゾン　　　　　　　　STTA

　濃縮法としての溶媒抽出の最大の難点は濃縮効率が水相/有機相の体積比で一義的に決まってしまうことである．有機溶媒の水への溶解度を考えると，シクロヘキサンや四塩化炭素のように水に溶けにくい溶媒を用いても，せいぜい水相/有機相比＝100が限度であり，クロロホルムのように比較的水への溶解度の大きい溶媒は水相/有機相比＝10にしても，すでに有機相の10％が水に溶けこんで誤差になるため，この目的には用いることができない．もっとも，いったん有機相に抽出した目的元素を，体積の小さい水相へ逆抽出することによって濃縮効率はさらに上昇させられるし，体積比を変えてもなお定量的な分離が行えるように第3物質添加による協同効果を利用して目的元素の分配比を上昇させる試みも行われている．

5・10・4　イオン交換による濃縮

　イオン交換樹脂をカラムにつめて，これに水試料を流し，試料中の成分を樹

脂上に捕集した後，少量の溶離液中に溶離濃縮する方法がある．これは大量の水試料を処理できる特長があるが，イオン交換反応の原理が静電的なもので，その選択性がイオンの表面電荷密度に依存することになり，特定の目的元素に対しての選択性をもたせにくい欠点がある．

　以上に多用されているプリコンセントレーションの4つの方法を概観したが，いずれの方法も一長一短あり，試料，目的元素，測定方法などによって合目的の方法を選択すべきである．例えば中性子放射化分析の予備濃縮法としては，蒸発や共沈のように妨害成分の混入が起こりそうな方法は不適当であろうし，水溶液試料を大量に処理するにはカラム法の利用が最も濃縮効率を上げうるし，特定元素に対する選択性を重視するなら，溶媒抽出法が適当といった具合である．ここで述べた方法以外に，凍結乾燥，電着，膜分離，浮選などの分離操作を用いたプリコンセントレーションも試みられている．また，上述した方法を組み合わせて，よりよいプリコンセントレーションの方法を探す努力が精力的に行われている．キレート樹脂や陰イオン交換樹脂に種々のキレート剤を担持させたものに，カラム法を適用する方法などは，キレート抽出とイオン交換の組合せにより，選択性および濃縮効率を組み合わせた方法ということができよう．

6

試料採取および調製

　分析のための試料調製には，分析の対象と目的，試料の形態および用いられる分析法などにより，多岐にわたる事項が考慮されなければならない．もし分析対象が化学工業などで大量生産されている製品の場合には，試料母集団であるロットや工程からどのようにして，全体を代表する平均的な分析用の試料を採取するかという問題にまず直面する．この他分析対象は河川の水であったり，土壌や鉱物であったり，環境大気中の浮遊粉じんや有害蒸気であったり，また臨床分析では生体組織や体液（血液や尿など）であったりする．このように分析試料の対象としては固体，液体および気体あるいはそれらの複合した，あらゆるものが想定されなければならない．

　将来的な分析化学の理想としては，試料採取をすることなしに，試料があるままの状態（*in situ*）で目的成分の定性・定量が時間的・空間的な分布も含めてなし得ることであろうが，現在ではまだレーザー光を用いた上空大気中の SO_x のリモートセンシングや，人体の皮膚にプローブを接触させて表皮の毛細血管を流れる血液中の酸素量を定量する方法など若干の例を除けば，ほとんどの場合は試料採取することがまず必要である．こうした場合にも，気体試料中の成分をガスクロマトグラフィーで分析したり，液体試料中の成分を液体クロマトグラフィーや原子吸光分析法で分析したりするときには，採取試料の一定量をそのまま，あるいは濃縮や沪過などの簡単な前操作を行って分析計に導入すればよいこともある．しかしながら，固体試料の場合には，分析法が蛍光X線分析法や固体NMRなどのような非破壊分析法であれば，試料の粒度，表面状態

や全体の大きさなどを整えれば，そのまま分析を行うことができることもあるが，多くの場合には最終的な分析を行う前に試料を何らかの方法で溶液状態にすることが要求される．したがって本章では固体試料を中心にして，試料採取および分析用の試料溶液の調製について説明する．

6・1 試 料 採 取

6・1・1　大量の固体試料からの分析試料の採取

分析法によって多少異なるが，通常は最終的な分析試料は 1 g 前後もあれば十分である．したがって分析対象物が多量に存在する場合には，まず分析対象物の各部分から比較的少量の試料を無作為で抜き取り，これらを集めて大口試料（gross sample）をつくることがなされる．つぎに大口試料について，粒度が不揃いのときは粉砕して粒度を揃えてから，一定の方法で全体の何分の一かを採取する．この過程を縮分（reduction）とよび，円錐四分法や二分器法などがよく用いられる．

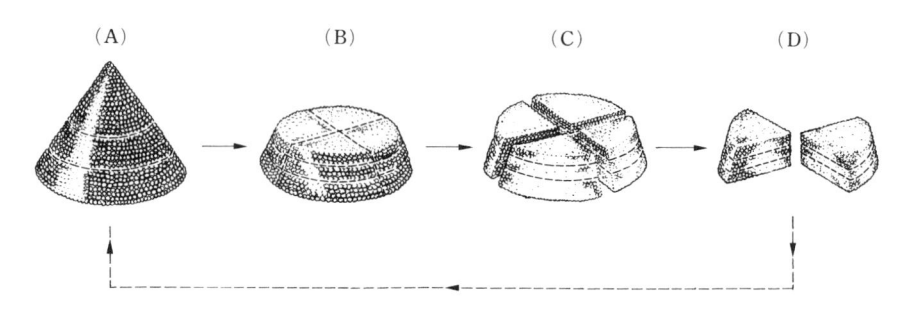

図 6・1　円錐四分法の基本操作

円錐四分法：この方法では，図 6・1 に示したように，まず粉砕した固体試料を円錐状にし積み上げて(A)，次にこれを平らに押しつぶして台形円盤状にして(B)四分割し(C)，その相対する二部分を取り除き残分（もとの約半分）を採る(D)．次に残分を合体して，再び(A)〜(D)の操作を必要に応じて粉砕を行いながら繰り返し，最終分析に必要な試料量の近くまで縮分する．大口試料が 1 kg のとき円

錐四分法を6回繰り返すと$1000\times(\frac{1}{2})^6≒15.6\,\mathrm{g}$の縮分試料が得られることになる．

6・1・2　粒子状物質や気体（蒸気）試料の採取

環境大気の分析などで対象となる浮遊粉じんなどの粒子状物質や気体（蒸気）などの捕集にはつぎのような採取方法が目的に応じて用いられている．

a．沪過捕集法：大気中の粉じんなどの微粒子状物質*を図6・2に1例を示したようなエアサンプラーを用いて，ガラス繊維フィルターなどを通して吸引沪過して捕集する．

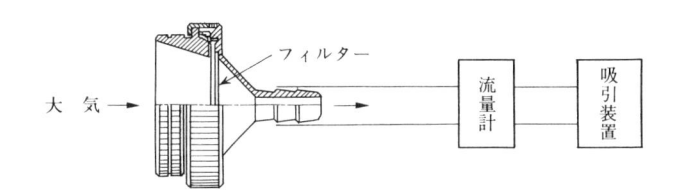

図 6・2　エアサンプラー

b．液体捕集法：試料大気を図6・3に1例を示すようなインピンジャーとよ

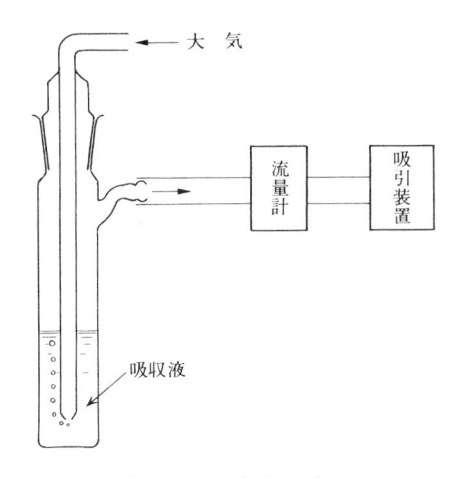

図 6・3　インピンジャー

---

*　微粒子状固体にはダスト（粒子径$1\sim150\,\mu\mathrm{m}$），フューム（$0.1\sim1\,\mu\mathrm{m}$）および煙（$0.01\sim1\,\mu\mathrm{m}$）などが含まれる．また液状微粒子はミストとよばれ粒子径は$5\sim100\,\mu\mathrm{m}$程度である．

ばれる装置を用いて，適当な捕集溶液中を通過させ，溶液中への溶解，反応，吸収あるいは衝突などを利用して，微粒子状物質あるいはガス体を捕集する．

　c．固体吸着剤捕集法：試料大気を活性炭，シリカゲルあるいはモレキュラーシーブなどの固体吸着剤を充塡した吸収管を通して吸引し，主として蒸気成分を捕集する．この場合にはつぎのガスクロマトグラフ分析や吸光光度分析に先立って，吸着剤から二硫化炭素やジメチルスルホキシドなどの溶媒を用いて脱着する必要がある．

　d．直接捕集法：試料大気をそのまま一定容積になるプラスチックバッグや注射筒（シリンジ）あるいは真空捕集びんなどを用いて捕集する．

6・1・3　液体試料の採取

　分析対象となる液体試料の母集団が，いくつかの容器に入っていたり，工程で連続的に流れている場合には，固体試料の場合と同様に，それぞれの容器から，撹拌による均一化を行って一定量を抜き取ったり，一定時間間隔で工程から一定量を抜き取って集合させた大口試料をつくり，これをまたよく撹拌して，できるだけ均一にした後，その一定量を採取して分析用の試料とする．また石油タンクなどのように，容器が大きくて撹拌による均一化が困難な場合には，一定口径の試料採取用のパイプを容器中に静かに入れて，パイプの底を閉じて引き上げたり，一定深さごとにいくつかの試料抜取り口を設けておき，そこから試料採取を行ったりすることがなされる．また実際の「液体試料」では固形物が乳化や懸濁によって分散していたり，沈殿物が容器の底にたまっていたり，水相と油相が相分離していたりするような不均一系もあるので，分析目的に応じて，採取法および試料の前処理法が適宜検討されなければならない．

6・2　試料の粉砕

　鉱石，岩石あるいは各種工業製品などの固体試料は，通常粒度分布をもっており，また粒間の成分の不均一性も考慮されなければならない．こうしたことから，6・1・1の縮分の過程でも試料の粉砕が必要不可欠であった．また最終的な分析のための適当な溶媒への溶解させやすさのためにも試料の微粉化が必

要である．実験室での岩石試料などの粉砕には，高マンガン鋼製の粉砕器（ダイヤモンド鋼乳鉢）に試料を入れてハンマーでたたいて粉砕し，つぎに適当な乳鉢（めのう，磁器あるいは鉄製）を用いて微粉化することが通常行われる（図

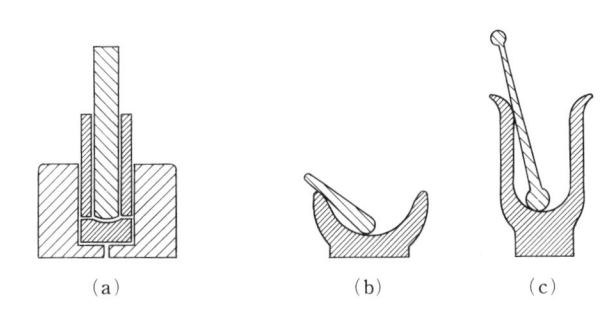

図 6・4　試料粉砕用の各種乳鉢
(a) ダイヤモンド鋼乳鉢，(b) 磁器またはめのう製乳鉢，(c) 鉄製乳鉢

6・4参照）．また粉砕の効率を上げるために，粉砕の途中でふるい分けして粗い粒度のものを別途粉砕し，最終的には合体して全体が目的に適したある粒度以下の粉末になるように調製する．通常の分析用試料では，タイラー（Tyler）100 mesh のふるいを全部が通過する程度まで微粉化することが行われる．

固体試料の粉砕やふるい分けの過程で，1) 粉砕やふるい分けに用いた器具からの汚染（用具の材質および，先に用いた試料の残存物など）や 2) 粉砕やふるい分けの過程における試料の変質（酸化，吸湿，加水分解など）が起こる可能性もあり，分析目的によっては，これらのことを十分配慮する必要がある．

6・3　分析試料中の水分の取扱い

鉱物試料などでは分析に先立って，電気乾燥器などを用いて試料を 105～110℃ で乾燥し，試料中の吸着水を取り除いて，デシケーター（desiccator）（図 6・5）中に保存して分析に供し，測定された分析値はその試料乾燥に対する値として報告されるのが一般的である．しかしながら，植物や生体組織などのように，高温での乾燥ができない試料では，大気中で十分乾燥（風乾）した試料が用いられる．デシケーターに用いる乾燥剤は，塩化カルシウムやシリカゲルが通常

図 6・5　デシケーター

では多用されているが，強い吸湿力が求められるときは，目的に応じて濃硫酸や五酸化リンなども使用される．表6・1によく用いられている乾燥剤の吸湿能力を比較して示した．

表 6・1　デシケーターに用いられる乾燥剤の吸湿能力

乾燥剤	空気1l中に残る水の量 (25℃)/mg
P_2O_5	$2 \sim 6 \times 10^{-5}$
H_2SO_4 (99 %)*1	3×10^{-3}
SiO_2 (シリカゲル)*2	$0.5 \sim 0.06$
$CaCl_2$	$0.2 \sim 1$

* 1　硫酸は95%になると空気1l中に残る水の量は0.3mg位になる．また酸性ガスを放出するので，試料によっては適さないものがある．
* 2　シリカゲルの変色は，添加されている塩化コバルトの吸湿による変化である．
　　　$CoCl_2$（青色）$\xrightarrow{吸湿}$ $CoCl_2 \cdot 2H_2O$（ばら紫色）
　　　吸湿して変色したものは，150〜180℃で加熱再生して用いることができる．

6・4　試料溶液の調製

　分析用の試料溶液の調製では水溶液がつねに念頭におかれている．したがってある試料を手にした場合，まずその水への溶解性が検討される．水に溶解すれば，水溶液を調製してつぎのステップへ進むことが多い．水に難溶であれば，

塩酸,硝酸そして王水*にたいする溶解性が順次試みられるのが普通である.これらいずれでも溶液化できないときは,さらにアルカリ水溶液や有機溶媒への溶解が目的によっては試みられるが,多くの場合後述する溶融法で試料を分解してから水溶液にする方策がとられる.

表 6・2 金属元素のイオン化列

Li＞K＞Ca＞Na＞Mg＞Al＞Zn＞Cr＞Fe＞Cd＞Co＞Ni＞Sn＞Pb＞[H]＞Cu＞Hg＞Ag＞Pd＞Pt＞Au

水や酸に対する異なった溶解性の例を純粋な金属についてみておこう.金属元素では,表6・2に示すイオン化列の順に従い,K,Ca,Naなどのように室温でも水と反応して水素を発生するものから,Mg,Al,Znなどのように熱水にするとある程度反応するもの,Ni,Sn,Pbなどのように通常の酸(塩酸)と反応して溶解するもの,Cu,Hg,Agなどのように酸化力をもった酸(硝酸や熱濃硫酸)などではじめて反応して溶解するもの,そしてAuやPtなどのように王水を用いてはじめて溶解するものまでがあることはよく知られている.

6・4・1 試料の水への溶解性

金属元素の化合物では,陽イオンからみてアルカリ塩やアンモニウム塩は一般に水溶性のものが多く,一方陰イオンからみて硝酸塩,過塩素酸塩,酢酸塩および炭酸水素塩は水溶性に富むものが多い.しかしながら,硫酸塩,塩化物あるいは酸化物では,陽イオンによって大幅に水への溶解度が異なる.例えば,$BaSO_4$や$PbSO_4$は著しく難溶性であるのに対して$ZnSO_4$や$CdSO_4$などはかなり大きな溶解度をもっている.また$HgCl$や$AgCl$は難溶性であるが$NaCl$や$CaCl_2$はかなり大きな溶解度を示す.同様に,Al_2O_3やCr_2O_3などの高原子価酸化物の多くは水にほとんど不溶であるがNa_2OやCaOなど低原子価酸化物の多くは水とよく反応して溶解する.

6・4・2 試料が水に難溶で酸に溶ける場合

金属元素については前述したが,化合物では,MgO,CdO,ZnO,PbOなどの低原子価で弱塩基の金属酸化物や$Ni(OH)_2$や$Fe(OH)_3$など水酸化物の多く,

---

* 硝酸/塩酸＝1/3 の混酸

そして $CaCO_3$, $Ca_3(PO_4)_2$ など金属の弱酸塩の大部分は水に難溶であるが酸には容易に溶ける．

例えば

$$CaCO_3 + 2\,HCl \longrightarrow CaCl_2 + CO_2 + H_2O$$
$$Ca_3(PO_4)_2 + 6\,HNO_3 \longrightarrow 3\,Ca(NO_3)_2 + 2\,H_3PO_4$$

6・4・3 試料が水にも酸にも難溶である場合

Al_2O_3, Cr_2O_3, TiO_2, ZrO_2, SiO_2, WO_3 などの高原子価酸化物，$AgCl$, $AgBr$, CaF_2 などのハロゲン化物，$BaSO_4$ や $PbSO_4$ などの硫酸塩，$PbCrO_4$ や $Fe_2(CrO_4)_3$ などのクロム酸塩，$AgCN$ などのシアン化物，そして Al_2SiO_5 や Ca_2SiO_4 などのケイ酸塩：これらの中には王水やフッ化水素酸などで徐々に分解するものもあるが，分解が不十分なことが多く，通常は溶融 (fusion) によって水溶性の塩に変換してから，塩酸などに溶かして水溶液にすることが行われる．

a．溶融法による分解：溶融法は試料に適当な融剤 (flux) を混和させてるつぼ中で高温に加熱し，主として溶融状態の融剤から生成する各種陰イオンを高温で試料物質に作用させて，水溶性の塩を生成させる試料分解法である．

一般的な操作手順としては，適当なるつぼ（磁製のものは用いることができない）の底に微粉化して融剤を薄く敷き，その上に融剤を試料の 4～5 倍量加えてよく混和させたものを移し，さらにその上を融剤の層で薄くおおい，るつぼのフタをする．最初小さい焔でるつぼ内容物の吸着水および結晶水を除去するためにゆっくり加熱し，つぎに用いる融剤が溶融状態あるいは半融状態になるまでるつぼの温度を上昇させ，15～20 分程度保って全体が均一な透明状態になり反応が完結したら，加熱を中止して溶融物を冷却する．固化した溶融物に水または適当な酸（通常は塩酸）を加えて溶解させる．溶融物がるつぼから脱離し難いときは，るつぼごとビーカーに移し，水や酸で処理することもなされる．

表 6・3 に，溶融法によく用いられる融剤とそれらの使用条件および適用例をまとめて示した．

b．フッ化水素酸分解：岩石などのようにケイ酸塩を主成分とする試料には前節の溶融法に加え，フッ化水素酸を用いて分解できるものが多く含まれている．この方法では通常白金るつぼ中に採取された試料粉末が濃硫酸の存在下で

表 6・3 代表的な溶融法

名　称	融剤（温度）	使用るつぼ	適　用
水酸化アルカリ融解[*1]	NaOH（322°C） KOH（360°C）	鉄 ニッケル 銀	両性酸化物（高原子価）（Al_2O_3, Cr_2O_3など）
	[例] $Al_2O_3 + 2NaOH \longrightarrow 2NaAlO_2 + H_2O$		
炭酸アルカリ融解[*2]	$Na_2CO_3 + K_2CO_3$（780°C）	白金	両性酸化物（SiO_2など） 高原子価酸化物（Fe_2O_3など） 硫酸塩（$BaSO_4$など）
	[例] $BaSO_4 + Na_2CO_3 \longrightarrow BaCO_3 + Na_2SO_4$ $SiO_2 + Na_2CO_3 \longrightarrow Na_2SiO_3 + O_2$		
炭酸アルカリ＋酸化剤融解	$Na_2CO_3 +$ {$KClO_3$または KNO_3または Na_2Oなど} (約800°C)	白金	両性酸化物（低原子価） （Sb_2O_3, MoO_2など）
	[例] $Sb_2O_3 + 3NaCO_3 + 2(O) \longrightarrow 2Na_3SbO_4 + 3CO_2$		
酸性硫酸カリウム融解	$K_2S_2O_7$（約700°C） （ピロ硫酸カリウム）	白金	塩基性および両性酸化物 （TiO_2, Fe_2O_3, Cr_2O_3など）
	[例] $K_2S_2O_7 + Cr_2O_3 \longrightarrow Cr_2(SO_4) + K_2SO_4$		

　＊1　水酸化アルカリ融解の場合には白金るつぼを使用することはできない.
　＊2　Na_2CO_3（860°C），K_2CO_3（890°C）いずれでも単独で用いるが，両者の混合物（50/50）の方が約100°Cも低い融点をもっているので好んで用いられる.

フッ化水素酸を滴下しながらゆっくり加温する．反応溶液全体が透明になったら温度を上げて，過剰のフッ化水素酸を除去し，つぎに SO_3 の白煙がでつくすまで加熱して，溶液を蒸発乾固した後るつぼを冷却して，内容物を塩酸で溶解して試料溶液とする．フッ化水素酸は磁製るつぼやビーカーを溶解するので，この分解には用いることはできない．また，この処理操作は，換気しながらドラフト中で行わなければならない．

6・4・4　有機物試料の分解

　生体試料や高分子などに代表される有機物試料中の微量金属元素の分析には，一般には主成分である有機物のマトリックスを酸化分解して除去する方法がとられている．酸化分解法としては，重量分析のときの沪紙をるつぼ中で 400～700°C で加熱分解した方式とおなじ乾式灰化とケルダールフラスコ中で酸化力のある

酸を用いて分解する湿式分解（wet digestion）に大別される．これらの酸化分解は多かれ少なかれ酸化性のある有害ガスの発生を伴うので，換気しながらドラフト中で行う必要がある．

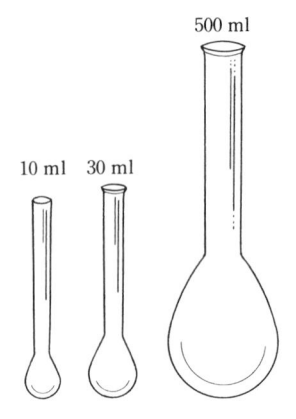

図 6・6 ケルダールフラスコ

a．乾式灰化（dry ashing）：この方式では空気中の酸素が酸化剤として働く燃焼により，試料中の主成分である有機化合物は炭酸ガスや水などになって系外に揮発除去され，もとの試料中に含有されていた無機成分は塩や酸化物などの形で灰化残査中に残る．こうした乾式灰化のさいにも硝酸などの酸化力をもった酸を少量添加することもある．乾式灰化では Hg のような揮発性の金属以外のほとんどの重金属がほぼ，定量的に回収されるが，500°C を超えると鉛の回収率はいくぶん低下する．またこの鉛の回収率の低下は，尿や血液などのように塩化物が共存すると著しくなるので注意を要する．この他 As, Cu, Ag などの金属元素も灰化にさいして回収率が問題となるが，硝酸マグネシウム（$Mg(NO_3)_2$）などの酸化物を添加して灰化を行うと，酸化物を形成して，ほとんど定量的に回収される．乾式灰化した後の，無機成分を含む残査は，通常少量（$1\sim 2$ cm^3）の 6 M 塩酸を用いて溶解し，つぎの処理のために，ビーカーやフラスコに移される．

一方，有機物試料中の主成分である C と H の元素分析が目的の場合は，酸素を含むボンブやフラスコ中で試料を完全燃焼させて，C は CO_2 に，H は H_2O に変えて，前者はアスカライト（アスベスト上に水酸化ナトリウムを析出させた

もの）に，後者はデハイドライト（過塩素酸マグネシウム）などの吸着剤を含む吸収管に捕集してそれらの重量増加から定量することがなされる．また有機物試料の含有塩素についても，同様の酸素ボンブなどを用いて試料を燃焼したとき生成する塩化水素をアルカリ水溶液に吸収させて，滴定により定量することができる．

 b. 湿式分解(wet digestion)：この方式では有機物試料は，用いる酸の蒸気を還流させることが可能な首の長いケルダールフラスコ（図6・6）中で1）硝酸：硫酸＝4：1や2）硝酸：過塩素酸：硫酸＝3：1：1などの混酸を用いて加熱酸化分解される．

 1) の混酸を用いた場合は，試料中の有機成分のほとんどは硝酸で酸化分解されるが，硝酸が完全に留去され SO_3 の白煙が認められて硫酸の還流が始まる段階でもまだ完全には分解しないで残っていた部分も，発煙硫酸の強い酸化力によって分解される．ここで試料の炭化などが認められる場合には，さらに少量の硝酸を添加して反応溶液が透明になるまで分解を続行する．

 2) の三成分の混酸系では，酸の揮発性の順に段階的な酸化分解が進行する．硝酸による酸化分解が完了するとつぎに過塩素酸が発煙状態に入り強力な酸化作用を及ぼす．そして最終段階では発煙硫酸による酸化が行われる．この混酸系では硫酸を用いなくてもほとんどの有機物試料の完全分解が達成されるが，この場合有機物の過塩素酸分解で生成する可能性のある過酸化物が最終段階で蒸発乾固して爆発する危険があるため，硫酸を共存させる方が安全である．また同様な理由から，有機物試料を過塩素酸で直接酸化分解することは厳禁である．

 また，含窒素有機物試料を硫酸銅や硫酸水銀などの触媒の存在下で濃硫酸により分解して，含有窒素を $(NH_4)_2SO_4$ に変えた後，水酸化ナトリウム溶液を加えてアルカリ性にして遊離してくる NH_3 を，一定量の濃度既知の希硫酸中に水蒸気蒸留して，再び $(NH_4)_2SO_4$ の形で捕捉し，未反応の硫酸量を炭酸ナトリウムの標準溶液で滴定して，もとの試料中の窒素含量を定量するケルダール法(Kjeldahl method) は，この湿式分解が応用されたものである．

6・4・5 有機物試料の非分解的な溶解

　赤外線吸収 (IR) や核磁気共鳴 (NMR) などのスペクトルを溶液試料を用いて測定する場合には，有機物試料はそれぞれのスペクトル測定の妨害とならない適当な溶媒中に非分解的な溶解をさせることが必要である．IR では溶媒として，CCl_4 と CS_2 が最もよく用いられ，試料によっては $CHCl_3$ や CH_2Cl_2 なども利用される．一方，NMR 測定では溶媒分子中の重水素 (D) の信号を測定上のロックシグナルとして用いること，および溶媒分子中のプロトン(H)のシグナルの妨害を避けるために，$CDCl_3$，C_6D_6，D_2O などの重水素化溶媒が一般的に用いられる．

　有機化合物の溶媒中への溶解では，一般に「似たものどうしはよく溶ける」(like dissolves like) の原則がよくあてはまる．これは親水性基（$-OH$，$-COOH$，$-NH_2$，$-C≡N$ など）の分子中に占める割合の大きい化合物は親水性の溶媒に，そして疎水性基（アルキル基，フェニル基など）の占める割合の大きい化合物は親油性の溶媒に溶けやすいといい換えることができる．また，分子の凝集エネルギー（E）と分子容（V）の関数として定義される溶解度パラメーター（solubility parameter, δ）は種々の溶媒や高分子化合物などについて測定されているが，溶解させたい分子の δ

$$\delta = \left(\frac{E}{V}\right)^{1/2}$$

値と近い δ 値をもった溶媒が良溶媒となることが多いことを知っていると便利である．

7 分析値の取扱い

　ある対象物について観測される分析値は程度の差こそあれ，必ず測定誤差を含んでいると考えるのが妥当である．また同一対象物について繰り返し測定を行って得られる複数の分析値は，ばらつきを示すのが一般的である．こうしたあいまいさをつねに含む測定値あるいは測定値群を総合的にどう評価するかについては，統計学的手法が体系化されているが，ここでは主としてそれらの手法によって導出され，分析値の取扱いによく利用されているいくつかの結論と定義のみ紹介する．

7・1　誤差の種類

　誤差(error)は一般に測定値と真の値との差を表わす用語として用いられる．真の値とはその正確さを限りなく求められると，究極的には思考上の抽象概念に到達することになるが，通常は公の機関（例えば米国のNIST，わが国の地質調査所，国立環境研究所など）から保証値をつけて供給されている標準試料や，十分精製した一次標準物質の一定量を基準にして測定された分析値群の平均値をもって代用されることが多い．誤差は通常，1）系統誤差(systematic error)と2）偶然誤差（random error）とに大別される．

　a．**系統誤差**：特定の原因で，測定値につねに一方向の系統的な偏りが生じるタイプの誤差で，原因を突き止めれば除去するか，補正することが可能なものである．系統誤差の原因としては1）測定機器および試薬の欠陥（ビュレッ

トの不完全な補正，ゼロ点調整の不備，不純な試薬の使用など），2）測定操作の誤り（沈殿の不完全な熟成，pH の調整ミスなど）および 3）測定者個人の習癖による誤り（計器読取りの目の角度など）などがあげられる．

b．偶然誤差：ある分析について，考えうる種類の系統誤差の原因を取り除いていっても，その上で繰り返し測定によって得られる分析値群には，もはや制御できないと思われる不規則な誤差，すなわち偶然誤差が依然として含まれていることに気づく．それまで偶然誤差と考えられていたものの中には，測定技術の進歩や直感などにより原因が明らかにされて除去されるものもある（天秤の油切れなど）が，究極的には偶然誤差は分子運動によるドップラー広がりなどで自然界のあらゆる事象がゆらぎをもっていることと関係して，完全な除去はなし得ない．

以上 2 つの種類の誤差のほかに，反応溶液をこぼしたりする重大な操作ミスや目盛のスケールの読み違いなどにより，ときには桁数が異なるような大誤差（gross error）とよばれる誤差に遭遇することがあるため，測定者にはつねに細心の注意を払うことが要求されている．

7・2　正確さと精度

正確さと精度という 2 つの用語は，日常的な用途では同義語として用いられているようであるが，科学的な測定値の取扱いにさいしては，はっきり区別して用いられていることに注意しなければならない．正確さとは，個々の測定値あるいは測定値群の平均値が真の値にどれだけ近いかの尺度である．一方精度とは測定値群の個々の値がその平均値のまわりにどの程度集合しているか（逆にばらついているか）の尺度であり，測定の再現性（reproducibility）の尺度でもある．正確さ，精度ともに優れている測定値群を信頼性（reliability）の高いデータという．図 7・1 には 4 つの測定値群の分布により，測定の精度と正確さの相対的な良し悪しを図示した．

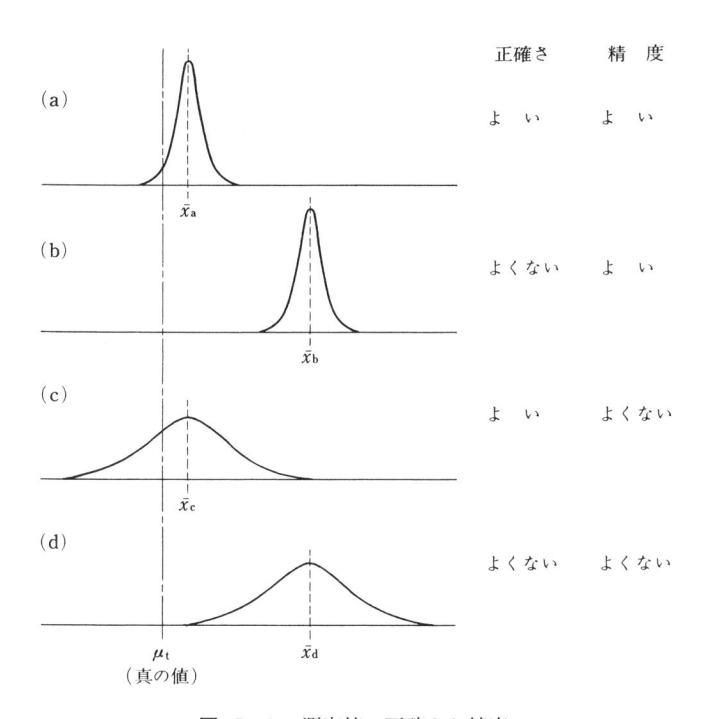

	正確さ	精度
(a)	よい	よい
(b)	よくない	よい
(c)	よい	よくない
(d)	よくない	よくない

図 7・1　測定値の正確さと精度

7・3　測定値の表示

 a．**測定値の有効数字**(significant figures)：科学上の測定値では有効数字の桁数に注意しなければならない．例えば，有効数字4桁で 10.78 と表示されている測定値は，何の断りもなければ，表示されている上3桁は信頼性のある値であり，最終桁に少なくとも±1の不確実さを含んでいると考えて差し支えない．したがって 5.00 ml という有効数字3桁の表示は 4.99〜5.01 ml の範囲を暗示しており，有効数字2桁の 5.0 ml (4.9〜5.1 ml) とは異なった内容を意味している．したがって，測定精度を越えてむやみに桁数を多くとったり，余分な0をつけたりしてはいけない．例えば分析の最終報告値が2.5mgである場合，これを 2500 μg と表現することは誤りである．この場合は有効数字が2桁である

から，$2.5 \times 10^3 \mu g$ と書くべきである．

b．測定値群の代表値：ある対象物についての繰り返し測定で得られた測定値群は一般に分布をもっており，それらの代表値として平均値，中央値，最多値などが適宜用いられているが，分析の測定値群については次式で定義される平均値（$\bar{x}$）が最も一般的に用いられる．

$$\bar{x} = \frac{\sum_{i=1}^{n} x_i}{n} \tag{7・1}$$

7・4　正確さと精度の表示

a．正確さの表示：正確さの表示はとりもなおさず誤差の表示のことであり，次式で表現される絶対誤差（absolute error）または相対誤差（relative error）のいずれかが用いられる．

$$絶対誤差 = x - \mu_t \quad (単位はグラム，モルなど，ときに\%) \tag{7・2}$$

$$相対誤差 = \frac{|x - \mu_t|}{\mu_t} \times 100 \ (\%) \tag{7・3}$$

ここで x は測定値または測定値群の代表値，μ_t は真の値

b．精度の表示：測定回数 n が十分大きい測定値群のばらつきの尺度として用いられる最も基本的な値は次式で定義される標準偏差（standard deviation, σ_n）である．

$$\sigma_n = \sqrt{\frac{\sum_{i=1}^{n}(x_i - \bar{x})^2}{n}} \tag{7・4}$$

しかしながら，統計学的には有限回数の測定（n の値がそれほど大きくない）で得られた測定値群については n のかわりに自由度（$n-1$）を用いた標準偏差（σ_{n-1}）を用いるのが妥当である*．

$$\sigma_{n-1} = \sqrt{\frac{\sum_{i=1}^{n}(x_i - \bar{x})^2}{n-1}} \tag{7・5}$$

＊　n 回の測定によって得られた測定値群の自由度は n であるが，その総和（Σx_i）あるいは平均値（$\bar{x}$）を含む計算量の自由度は（$n-1$）となるため．

また，標準偏差の代表的な測定値に対する割合である相対標準偏差(relative standard deviation) は別名変動係数 (coefficient of variance, $C.V.$) とよばれ，異なった測定値群相互のばらつきを比較する尺度としてよく用いられる．

$$C.V.(\%) = \frac{\sigma_{n-1}}{\bar{x}} \times 100 \qquad (7 \cdot 6)$$

この他，測定値群中の最大値 (x_{max}) と最小値 (x_{min}) の差を範囲 (range, R) とよび，ばらつきの一つの表示法として用いられることがある．

$$R = x_{max} - x_{min} \qquad (7 \cdot 7)$$

7・5 誤差の伝播

誤差を含む測定値の平方，平方根，対数あるいは複数の数値相互の加減乗除などの演算を行って，最終的な分析値を得る場合には，それぞれの数値が含む誤差が最終結果に複雑に伝播していき，有効数字の桁数にも影響することに注意しなければならない．この問題の詳細をここで論ずることはできないが，二，三の例をみておこう．

加減算における複数の測定値の結合では，一般に測定値中最低の精度をもった値が演算結果の精度を規定する．例えば $A=23.7\,\mathrm{cm^3}$, $B=2.35\,\mathrm{cm^3}$ と $C=0.421\,\mathrm{cm^3}$ の総和 $(A+B+C)$ は，$26.471\,\mathrm{cm^3}$ ではなく，小数点以下1桁に不確かな数値をもつ A の測定精度から $26.5\,\mathrm{cm^3}$ と報告されるべきである．

既知の誤差を含む2つの数値 ($A=a\pm\delta a$, $B=b\pm\delta b$) の積 (AB) では次式から，$\pm(a\delta b+b\delta a)$ の誤差が伝播していくことがわかる．

$$AB = (a\pm\delta a)(b\pm\delta b) \fallingdotseq ab \pm (a\delta b + b\delta a) \qquad (7 \cdot 8)$$

また同様にして A の平方 (A^2) では $\pm 2a\delta a$ の誤差が伝わることが予測できる．

7・6 かけ離れた測定値の棄却

同一試料について，繰り返し測定を行って得られた測定値群の中で1つだけかけ離れた値がある場合に，当該データの測定操作上に明らかなミスが指摘で

きるときは，そのデータを異常値として棄却することはありうるが，一般的には特定のデータを主観的な判断で棄却することは正しくない．こうした場合には統計学的手法により確立されている種々の検定法を適用して，データ棄却の可否を客観的に決定することがよく行われる．ここではその一例として，DeanとDixsonによって考案されたQ-テストの概要を説明することにしよう．

Q-テスト：特別な誤差を含んでいると疑われる測定値を含む一連の測定値群について，次式で求められるQ-値が，統計的にある信頼度を仮定して算出されたQ-テスト表の対応する値よりも大きければ，その信頼度をもって当該データを棄却することができ，小さければその信頼度では棄却できない．

$$Q = \frac{|(疑わしい値) - (疑わしい値に最も近い値)|}{(最大値 - 最小値)} \tag{7・9}$$

表 7・1 信頼度 90 % における棄却係数値 ($Q_{0.90}$)

測定回数(n)	3	4	5	6	7	8	9	10
$Q_{0.90}$	0.94	0.76	0.64	0.56	0.51	0.47	0.44	0.41

R. B. Dean, W. J. Dixson, *Anal. Chem.*, **23**, 636 (1951).

例えば，ある滴定を5回繰り返して，30.22, 30.56, 30.23, 30.22, 30.32という測定値群を得たとき，30.56というかけ離れた値の棄却の可否をQ-テストで検定すると，式 (7・9) より $Q = (30.56 - 30.32)/(30.56 - 30.22) = 0.71$ となる．この値は $n = 5$ の $Q_{0.90}$ の値 0.64 より大きいので，90 % 以上の信頼性をもって，30.56 というデータを特別の誤差を含む異常値として棄却できると結論できる．

7・7 最小二乗法

定量分析を行うさいに n 組の観測点 $(x_1, y_1), (x_2, y_2), \cdots\cdots (x_i, y_i) \cdots\cdots (x_n, y_n)$ から，最適の検量関係を決定するのに，最小二乗法 (method of least squares) がよく用いられる．ここではその原理を直線回帰を例に説明しよう．

上述した n 組の観測点群がつぎのような直線で回帰されたとしよう．

$$y = a + bx \tag{7・10}$$

ここで，実測されたy_iの値と，式(7・10)にx_iを代入して回帰直線から推定される$y_i'(=a+bx_i)$との偏差(y_i-y_i')は正，負様々な値をとりうるので，それらの二乗和$[\sum_{i=1}^{n}(y_i-y_i')^2]$をばらつきの総和の尺度と考え，これを最小にするように，式(7・10)の直線関係の係数a, bを定めてやるのが，最小二乗法のやり方である．ここで偏差の二乗和をa, bの関数と考えることにする．

$$F(a, b) = \sum_{i=1}^{n}(y_i-y_i')^2 = \sum_{i=1}^{n}(y_i-a-bx_i)^2 \qquad (7\cdot11)$$

この$F(a, b)$を最小にするようにa, bを決めればよいから，式(7・11)をそれぞれa, bで偏微分して

$$\frac{\partial F}{\partial a} = -2\sum_{i=1}^{n}(y_i-a-bx_i) = 0 \qquad (7\cdot12)$$

$$\frac{\partial F}{\partial b} = -2\sum_{i=1}^{n}x_i(y_i-a-bx_i) = 0 \qquad (7\cdot13)$$

得られる式(7・13),(7・14)の二元連立方程式（正規方程式）を解けば，a, bはつぎのように表現できる．

$$a = \bar{y} - b\bar{x} \qquad (7\cdot14)$$

$$b = \frac{\sum_{i=1}^{n} x_i y_i - n\bar{x}\bar{y}}{\sum_{i=1}^{n} x_i^2 - n(\bar{x})^2} \qquad (7\cdot15)$$

したがって，$F(a, b)$を最小にする検量線の係数a, bは，観測点群(x_i, y_i)から，$\bar{x}$, $\bar{y}$, $\Sigma x_i y_i$, Σx_i^2などを算出して，式(7・14),(7・15)に代入すれば容易に決定することができる．

全く同様にして，直線以外の関数，例えば二次曲線$(y=a+bx+cx^2)$で回帰する場合には偏差平方和の関数$F(a, b, c)$を最小にするために，この式をa, b, cでそれぞれ偏微分して算出される三元の正規方程式を解けばよいことになる．

8 機器分析

8・1 機器分析概論

　沈殿の生成反応を利用する重量分析法や，溶液反応の終点を滴定によって求める容量分析法では，化学反応の平衡論に基づいて生成する化学種（化合物）の化学量論比の関係から分析目的成分の濃度や組成を求めることができる．重量分析法や容量分析法は正確さ（accuracy）および精度（precision）とも優れた分析法であるために，古くから分析化学に利用されてきたので，古典的分析法ともよばれる．

　一方，近年の分析化学においては関連する学問分野が広くなり，広範な種類の試料の分析が求められている．また，単に試料中の元素や成分の定性や定量を行うのではなく，固体，液体，気体状態にある化合物の構造決定，物質集合体（混合物試料）の組成決定や物性データの取得，物質界面（表面を含む）における表面組成や状態（2次元や深さ方向分布），高純度物質や半導体中の不純物分析，大気中の超微量成分の分析，生体中の微量生理活性物質の分離・抽出等々，学問の進歩に呼応した分析（方法）が必要になっている．このような分析では原子や分子レベルでのミクロ構造解析，高感度分析，時間・空間分解能，高機能性分離など高度かつ精密な分析技術が要求されることから，分析法の機器化（instrumentation）が進められている．機器化された分析方法は機器分析法（instrumental analysis）と総称される．本章では，このような機器分析法

の代表的な方法について概説する．

　機器分析法においてはその多くが物理学的原理や現象を応用した測定法が採用されており，また分析データの抽出（分光），検出，増幅演算，データ処理・表示に種々の計測手段が利用され，さらに最近ではほとんどの機器がコンピュータ化されている．したがって，機器分析法の多くが物理計測法ともいわれている．そして，機器分析法を利用して化学物質に関するデータ（情報）を取得することを化学計測といい，そのような学問分野は計測化学とよばれることもある．

8・1・1　機器分析法の分類

　機器分析法はその測定原理に基づいて，1）分光化学分析法（電磁波と物質の相互作用を測定する），2）電気化学分析法（電極表面における電子授受反応の化学的性質を測定する），3）分離分析法（物質の化学的，物理的性質の差異を利用して相互分離を行う），4）その他の分析法（主に物理量の測定を行う），に大別することができる．このような機器分析法の分類に従って，代表的な分析法を類別すると，つぎのようになる．

　（i）　分光化学分析（spectrochemical analysis）
　　(1)　吸光光度分析（visible absorption spectrophotometry）
　　(2)　紫外吸収スペクトル分析（ultraviolet absorption spectrometry）
　　(3)　蛍光分析（fluorometry）
　　(4)　りん光分析（phosphorimetry）
　　(5)　比濁分析（turbidimetry または nephelometry）
　　(6)　原子吸光分析（atomic absorption spectrometry）
　　(7)　原子発光分析（atomic emission spectrometry）
　　(8)　原子蛍光分析（atomic fluorescence spectrometry）
　　(9)　赤外吸収スペクトル分析（infrared absorption spectroscopy）
　　(10)　ラマンスペクトル分析（Raman spectroscopy）
　　(11)　旋光分散法（optical rotational dispersion method）
　　(12)　円偏光二色性（circular dichroism method, CD）
　　(13)　X線分析（X-ray spectroscopy）

(14) 電子分光 (electron spectroscopy)
  (15) 電子線分析 (electron-beam analysis)
  (16) 核磁気共鳴吸収分析 (nuclear magnetic resonance spectroscopy, NMR)
  (17) 常磁性共鳴吸収分析 (electron spin resonance spectroscopy, ESR)
 (ii) 電気化学分析 (electrochemical analysis)
  (18) 電位差分析 (potentiometry)
  (19) 電解分析 (electrolytic analysis)
  (20) 電量分析 (coulometry)
  (21) ポーラログラフ分析 (polarography)
  (22) 電流滴定 (amperometric titration)
  (23) 電導度分析 (conductometry)
  (24) 高周波分析 (oscillometry)
 (iii) 分離分析 (separation analysis)
  (25) ガスクロマトグラフィー (gas chromatography, GC)
  (26) 液体クロマトグラフィー (liquid chromatography, LC)
  (27) 薄層クロマトグラフィー (thin layer chromatography, TLC)
  (28) その他のクロマトグラフィー (other chromatographic methods)
  (29) 電気泳動法 (electrophoresis)
 (iv) その他の分析法 (other analytical methods)
  (30) 質量分析 (mass spectrometry, MS)
  (31) 熱分析法 (thermal analysis)
  (32) 放射能利用分析 (radiochemical analysis)

8・1・2 感度と検出限界

機器分析法では"感度がよい"とか"感度が悪い"という言葉がその評価に使われる．感度 (sensitivity) とはある刺激に対して鋭敏に反応することであるが，機器分析法における感度 (S) とは，図 8・1 に示すように，分析目的成分の濃度とその応答信号の大きさの関係を表わす検量線 (calibration curve) を描いた場合に，単位濃度の変化 (Δc) に対する信号の変化量 Δx の比として定

義される．すなわち，

$$S = \Delta x / \Delta c \qquad (8・1)$$

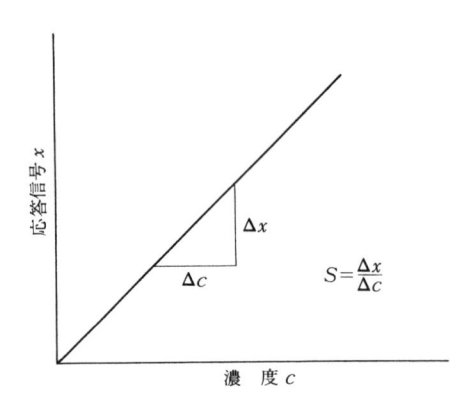

図 8・1 検量線と感度 (S)

これより，感度とは検量線における直線の傾きであり，傾きが大きいほど感度が良く，傾きが小さいほど感度が悪いことを示す．

吸光光度分析法（比色分析法，8・2・3）では，吸光度は入射光と透過光の強度の比として測定されるので，装置によらない定数としてモル吸光係数を求めることができ，化合物に特有の値として感度を比較することができる．しかし，一般的な機器分析法は相対分析法であり，検量線の傾きは装置，測定条件，また測定時間や日によっても変化しうる．したがって，機器分析法においては装置や測定法の感度を式（8・1）の定義によって一般的に比較することは困難である．そこで，機器分析法ではこのような感度の比較の目安として，「検出限界（detection limit）」が利用される．検出限界の求め方には測定される信号の種類によって2種類ある．まず図8・2(a)のように測定信号がアナログ量の定常的な信号として得られる場合には，ベースラインノイズ幅（N，peak-to-peak）と信号の大きさ（S，ベースラインと信号のノイズの中点間を結んだ大きさ）を求め，このときの「S/N＝3に相当する大きさの信号強度を与える分析成分の濃度」がよく用いられる．また図8・2(b)のように，過渡的な信号が測定される場合には，ブランクを10回以上測定してブランク信号の標準偏差 σ を求め，

「3σに相当する大きさの信号強度を与える分析成分の濃度」がよく用いられる．

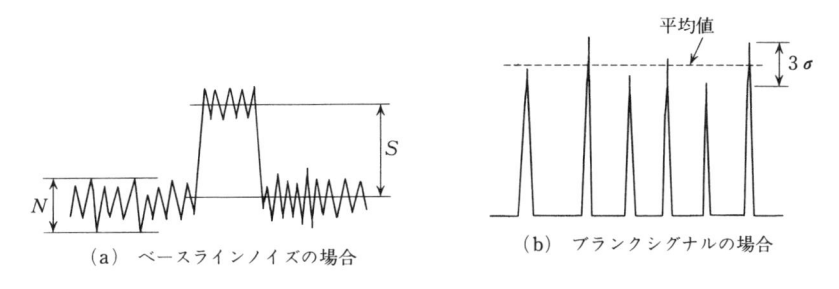

図 8・2 信号とノイズ（ブランクシグナル）の関係と検出限界の求め方

上記のように定義された検出限界はその値が小さいほど装置または測定法が鋭敏であることを示すので，感度の目安として利用できる．ただし，検出限界の濃度で測定を行うと相対標準偏差（繰り返し測定精度）は 50～100％となり，正確な定量値を得ることはできない．すなわち，検出限界は分析成分の存在の有無を判定する最低限濃度として理解しておくのがよい．相対標準偏差 10％以下で定量分析を行うには，一般に検出限界の 5～10 倍以上の濃度のときに可能になる．そこで，検出限界の 5 倍の濃度を「定量下限」と定義して，実際的な定量分析の下限の目安とすることがある．

8・1・3 正確さ，精度，選択性

一般の分析法でも同じであるが，とくに機器分析においては正確さ，精度，選択性は"分析の 3 要素"ともいえる重要な概念である．正確さと精度については"7 章 分析値の取扱い"で詳しく述べられているので精読していただきたい．機器分析における選択性とは分析目的成分の信号を共存成分の信号と分離し，その影響をできるだけ小さくして正確に取り出すことである．すなわち，選択性のよい分析法では共存成分による分析の妨害（干渉）も小さくなり，その結果正確さも精度も優れたデータを得ることができる．分光化学分析では光源光の線幅が小さいこと，分光器の分解能が大きいこと，装置の安定性がよいこと（ドリフトが小さい）などが選択性をよくする条件となる．分離分析ではカラムの理論段数をできるだけ大きくして，選択性のよい分離を行う努力がさ

れている．

　機器分析一般のこととして，正確なデータを得るには装置や測定法の適切な選定とそれに対して習熟することが大切であるが，正確な標準溶液（物質）の作成と適切な試料の前処理も重要である．さらに，試料中の分析成分の濃度が既知である標準試料が入手できる場合には，分析対象となる試料と類似の標準試料について表記された推奨値（または保証値）に近いデータを出せるまで練習実験を行うのが望ましい．

8・1・4　機器分析法を利用する場合の注意

　前記(i)〜(iv)に分類した分析法は，装置の構成，機能，利用目的によってさらに細分化されるほど多くの種類の機器分析法がある．さらに，最近の特徴として，いくつかの分析法を組み合わせた"複合分析法"が感度，正確さ，選択性を向上させるために開発されている（例：GC-MS, LC-MS, MS-MS, GC-IRなど）．このことは分析試料の種類や目的によって，適切な分析法の選定により希望する分析データの取得が可能であることを示す．つぎに機器分析法を利用するにあたっての注意事項と心構えをあげておく．

(1)　分析目的を正確に理解しておく．
(2)　測定試料についてどのようなデータ（化学情報）を必要とするか，その内容を明確にしておく．
(3)　分析目的および必要なデータを得るのに最適な機器分析法を選定する．
(4)　必要ならば，適切な試料の前処理を行う．
(5)　分析の実際的な手順を決めて，実験計画を作成する．
(6)　モデル試料や標準試料を使って，試験分析を行ってみる．
(7)　データの取扱いや誤差の原因を考慮して，適切なデータの評価を行う．

8・2　電磁波および電子線を利用した分析法

　1660年 Newton は，暗室の細孔から太陽光をとり入れ，それをプリズムに通して初めて人工の虹を観察した．Newton はこの虹をスペクトル（spectrum）と命名した．ここで観測された虹は 400〜750 nm に相当する可視領域の光であ

るが，その後1800年代初頭に短波長側に紫外光が，長波長側に赤外光が存在することも発見された．このように光は最初はプリズムを使って，その後は回折格子を使って色の変化として分けられ，それぞれの色は紫～青色側は短波長に，赤色側は長波長に相当することが明らかとなった．すなわち，光を分ける方法が，分光法（spectroscopy）の由来である．

1850年以降はKirchhoffとBunsenによって確立された炎光分析法を中心に原子スペクトルの研究が発展され，個々の原子は固有の波長の原子線を有することが明らかにされた．このような研究はその後原子物理学の発展の端緒となって原子のスペクトル線はエネルギーの異なる電子軌道間の電子の遷移によることが明らかとなり，さらにはBohrによる原子模型，Schrödingerによる量子力学の提唱にと受け継がれたのである．ここで重要なことは，原子は原子核と電子で構成され，電子は不連続の定まった（量子化された）準位に相当する軌道しかとれないことである．このような準位はそれぞれの原子に固有であり，その結果原子に固有の原子線が観測されるのである．

一方，分子では複数の原子が結合した状態にあり，その結合を反映した構造となり，またエネルギー状態をとる．さらに，固体，液体，気体の状態では複雑な分子間の相互作用が起こり，その性質も異なる場合が多い．ここでは，単一の分子のみを考えると，分子は運動エネルギーの他に，電子（E_{ele}），振動（E_{vib}）および回転（E_{rot}）エネルギーといった内部エネルギー（E_{int}）をもち，これらは次の関係式で表わされる．

$$E_{int} = E_{ele} + E_{vib} + E_{rot} \tag{8・2}$$

E_{ele}は電子のポテンシャルエネルギーで分子全体の結合状態によって決まる．E_{vib}は原子または原子団の間の振動によって決まるエネルギー，E_{rot}はいろいろの分子軸のまわりの回転によって決まるエネルギーである．このようなエネルギー状態もすべて量子化されており，その結果いずれも分子に固有のエネルギー準位となるので，後述のように，種々の分光分析法によって測定されるエネルギーの値も分子に固有なものとなる．

なお，一般的にE_{ele}は可視紫外領域，E_{vib}は赤外領域，E_{rot}は遠赤外およびマイクロ波領域のエネルギーの変化を測定する．

表 8・1 電磁波の波長,振動数,波数,エネルギーの関係と分光化学分析法の分類

電磁波		波長 λ		振動数 ν Hz	波数 $\bar{\nu}$ cm^{-1}	エネルギー ε eV	物理現象	分析法
X 線		10^{-8}cm	0.1nm	3×10^{18}	10^8	1.2×10^4	電子散乱 / 原子殻内電子放射	電子線回折
		10^{-7}	1nm	3×10^{17}	10^7	1.2×10^3		X線回折
		10^{-6}	10nm	3×10^{16}	10^6	124		X線吸収分析
紫外線	真空紫外	10^{-5}	100nm	3×10^{15}	10^5	12.4		XMA
								蛍光X線分析
		2×10^{-5}	200nm	1.5×10^{15}	50 000	6.2		X線光電子分光法
								真空紫外光電子分光法
	近紫外							旋光分散
		4×10^{-5}	400nm	7.5×10^{14}	25 000	3.1		円偏光二色性
可視光線	紫		420nm	7.1×10^{14}	23 800	3.0	電子運動	蛍光スペクトル
								吸収スペクトル
	青		490nm	6.1×10^{14}	20 400	2.5		紫外可視吸光光度法
								光音響分光法
	緑		530nm	5.7×10^{14}	18 900	2.3		原子吸光分析
	黄		590nm	5.1×10^{14}	17 000	2.3		発光分光分析
								原子蛍光分析
	橙		650nm	4.6×10^{14}	15 400	1.9		
	赤		750nm	4.0×10^{14}	13 300	1.6		
赤外線	近赤外	10^{-4}	1 μm	3×10^{14}	10 000	1.2	振動	
	中赤外	10^{-3}	10 μm	3×10^{13}	1 000	0.12		赤外線吸収
	遠赤外	10^{-2}	100 μm	3×10^{12}	100	0.012		ラマン分光
		10^{-1}	1 mm	3×10^{11} (300 GHz)	10	1.2×10^{-3}	分子回転	
マイクロ波		1	10 mm	3×10^{10} (30 GHz)	1	1.2×10^{-4}		マイクロ波吸収
							電子スピン運動	電子スピン共鳴
		10	100 mm	3×10^9 (3000MHz)	0.1	1.2×10^{-5}		
電波	超短波	10^2	1 m	3×10^8 (300MHz)	0.2	1.2×10^{-6}	核磁気運動	超音波吸収
		10^3	10 m	3×10^7 (30 MHz)	0.3	1.2×10^{-7}		核磁気共鳴
	中波	10^4	100 m	3×10^6 (3 MHz)	0.4	1.2×10^{-8}		高周波滴定

8・2・1 電磁波の性質と単位の関係

分光分析法で用いられるX線,紫外線,可視光線,赤外線,マイクロ波,電波は総称して電磁波とよばれる.このような電磁波は波長または振動数が異なるものであるが,いずれも進行方向に垂直な電場と磁場の周期的変化をもつ横波である.電磁波はこのような波の性質を示す波動性と,エネルギー量子(光子)として作用する粒子性を併せもつ.したがって,電磁波は速度 c, 振動数 ν, 波長 λ, 波数 $\bar{\nu}$, エネルギー量子 ε などによって記述されるが,それらの関係,単位,換算法を以下にまとめおく.

(1) 電磁波の速度:
$$c = 2.99793 \times 10^{10} \mathrm{cm\ s^{-1}} = 3.0 \times 10^{10} \mathrm{cm\ s^{-1}} \qquad (8・3)$$

(2) 振動数と波長の関係:
$$\nu = c/\lambda \qquad (8・4)$$

(3) 波長と振動数,波長の関係:
$$\bar{\nu} = \nu\,/\,c = 1/\lambda\ \mathrm{cm^{-1}} \qquad (8・5)$$

(4) 電磁波のエネルギー*:
$$\varepsilon = h\nu = hc/\lambda = hc\bar{\nu} \qquad (8・6)$$

(5) 波長の単位の関係:
$$1\ \mathrm{nm} = 10\ \mathrm{Å} = 10^{-9}\ \mathrm{m} = 10^{-7}\mathrm{cm} = 10^{-6}\ \mathrm{mm} = 10^{-3}\mu\mathrm{m}$$

(6) 振動数の単位の関係:
$$1\ \mathrm{Hz} = 1\ \mathrm{cps}\ \mathrm{(cycle/s)} = 10^{-3}\mathrm{kHz} = 10^{-6}\mathrm{MHz} = 10^{-9}\mathrm{GHz}$$

(7) エネルギー単位の換算法:
$$1\ \mathrm{eV} = 1.60 \times 10^{-12}\mathrm{erg} = 1.60 \times 10^{-19}\ \mathrm{J} = 3.824 \times 10^{-13}\mathrm{cal} = 8067\ \mathrm{cm^{-1}}$$

8・2・2 電磁波を利用する種々の分光分析法

表8・1には,X線,紫外線,可視光線,赤外線,マイクロ波,電波として区別される電磁波の波長,振動数,波数,エネルギーの範囲を示す.前節で述べ

---

* h はプランク定数で, $h = 6.6252 \times 10^{-34}\mathrm{J\ s}$ である.

た関係から，X線は1～100Åと波長が非常に短いので振動数，波数とも大きくなり，その結果光子としてのエネルギーも非常に大きくなる．紫外線は180 nm より短波長では空気中の酸素による吸収(Schumanバンド吸収)があるために，空気中での分光測定ができないので，この領域は真空紫外領域とよばれる．真空紫外領域では測定系を真空にするか，アルゴンや窒素のように吸収のない不活性ガスを用いて空気を置換する必要がある．可視光線，赤外線，マイクロ波，電波の順に波長は長くなり，それに対応してエネルギーは小さくなる．

表8・1には，それぞれの電磁波の領域において観測される物理現象と，種々の分光分析法がまとめてある．電子散乱とは，X線と物質の相互作用で起るもので，レーリー散乱（干渉性散乱）やコンプトン散乱（非干渉性散乱）であり，X線や電子線の回折現象が分光分析に利用される．原子核内電子放射とは，X線のエネルギーに相当する電磁波が原子に照射されると，原子の内部電子，すなわちK殻，L殻，M殻の電子が放出される現象であり，その結果より大きいエネルギー準位から電子が遷移するのでそのときX線が放射される．これを利用するのが，蛍光X線分析，XMA（X線マイクロアナライザー），X線光電子分光法などである．

紫外から近赤外領域における電子運動とは，式（8・2）のE_{ele}に相当するもので，原子の最外殻電子や分子の軌道電子のエネルギー準位間の遷移による種々の現象が測定に応用される．このような最外殻電子または分子軌道は化合物の化学的性質を直接的に反映するために，多くの分光分析法が開発され，利用されている．赤外線領域の分子振動，マイクロ波領域の分子回転は式（8・2）のE_{vib}，E_{rot}に相当するもので，分子の振動や回転が観測できる．電子スピン運動とは，常磁性物質（不対電子をもつ）中の電子が$s=+1/2$という電子の回転による電子スピンを有することであり，この電子スピンの共鳴吸収を利用する電子スピン共鳴法(ESR)に応用されている．核磁気運動とは，反磁性物質（不対電子をもたない）においては原子核の回転によって生ずる核スピン I が観測されることであり，これを利用した核磁気共鳴（NMR）は化合物の構造決定に欠かすことのできないものであり，現在では人体の断層撮影にまで応用されている．

表8・1に示した分析法の中で，代表的なものについて以下の節で解説する．

8・3 原子スペクトル分析法

8・3・1 原　　理

　原子はそれぞれ固有の原子線を有する．このような原子線の発光，吸光，蛍光現象を測定して，元素の定性，定量を行う分析法は総称して「原子スペクトル分析」とよばれる．図8・3にナトリウム原子のエネルギー準位図を示す．基

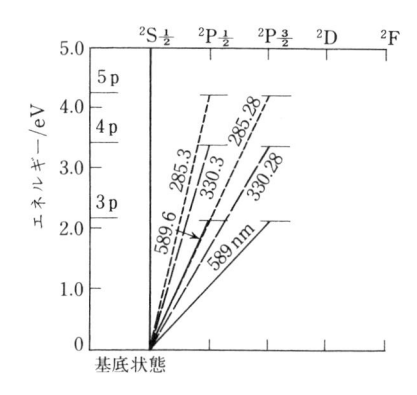

図 8・3 ナトリウム原子のエネルギー準位（グロトリアン図）

底状態のナトリウム原子は $(1s)^2 (2s)^2 (2p)^6 (3s)^1$ の原子配置をもつが，原子スペクトル分析で問題となるのは最外殻の3s電子が図のようにエネルギーの大きな励起状態に遷移する場合である．ナトリウムの場合3p準位とのエネルギー差に相当する原子線である589.0 nmと589.6 nmはD線ともよばれる．このように基底状態と最低の励起状態の間の遷移は共鳴線（resonance line）という．なお図8・3のように表わしたエネルギー準位図はグロトリアン図とよばれる．
　図8・4には原子スペクトルの測定原理を2つのエネルギー準位を使って表わす．発光法は熱的に励起された原子が励起状態から基底状態に戻るときに放射される発光線を測定する*．このとき発光線の波長または振動数とエネルギーの

---

*　励起状態に励起された原子の寿命は 10^{-8}〜10^{-9} 秒で，すぐに基底状態に遷移する．

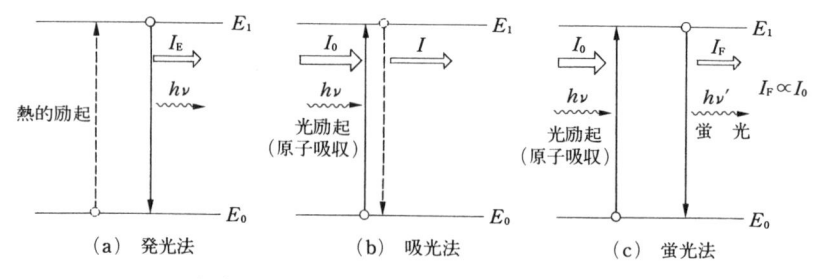

図 8・4 原子発光,原子吸光,原子蛍光法の測定原理

E_0：基底状態,E_1：励起状態,I_0：光源光の入射光強度,I：透過光強度,I_E：発光強度,I_F：蛍光強度

関係は次式で表わされる．

$$hc/\lambda = h\nu = E_1 - E_0 \tag{8・7}$$

E_0,E_1はそれぞれ基底状態,励起状態のエネルギーである．

吸光法では光源からの光を吸収することによって原子が励起される．このとき入射光強度I_0と透過光強度Iの差が光の吸収量であり,この光吸収量と原子数の関係から定量が可能となる．

蛍光法は,光源によって励起された原子が基底状態に戻るさいに放射される蛍光を測定する．すなわち,蛍光法では原子吸収による励起と,原子発光過程による発光現象を利用するのであるが,重要なことは蛍光は光学的励起による二次光を測定することである．一方,発光は熱的に励起された原子の遷移による一次光を測定する．

図8・5には,上記のような原理に基づく原子発光分析法,原子吸光分析法,原子蛍光分析法で利用される測定装置の概略図を示す．発光法では原子化部そのものが発光用励起源となるので光源はいらないが,吸光法と蛍光法では光源が必要となる．吸光法ではできるだけ線幅の狭い光源が必要であり,蛍光法ではできるだけ光強度の大きい光源が有利となる*．

8・3・2 炎光分析法

溶液試料をネブライザーを通してフレーム（炎）中に噴霧,導入すると,試

---

* 蛍光法では,原子,分子いずれの場合でも観測される蛍光強度は光源光強度に比例するので,レーザーなど光強度の大きい光源が有利となる．

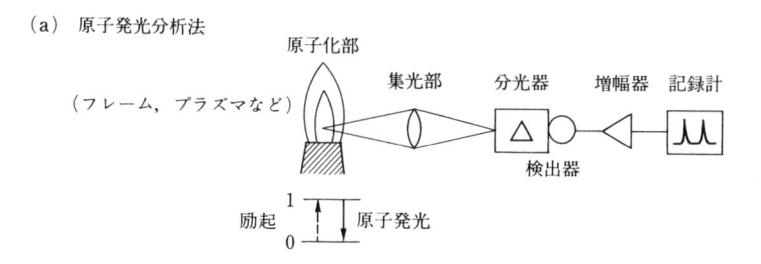

8・3 原子スペクトル分析法　133

(a) 原子発光分析法

原子化部（フレーム，プラズマなど）　集光部　分光器　検出器　増幅器　記録計

励起　原子発光

(b) 原子吸光分析法

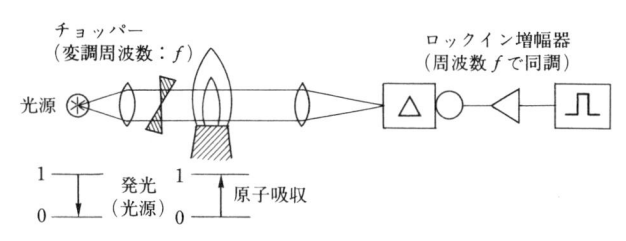

光源　チョッパー（変調周波数：f）　ロックイン増幅器（周波数fで同調）

発光（光源）　原子吸収

(c) 原子蛍光分析法

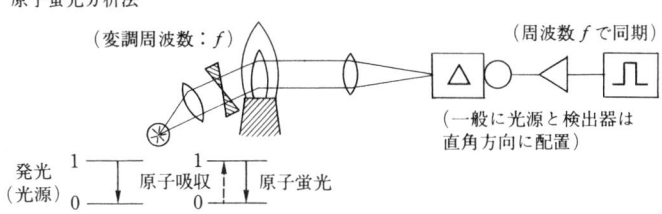

（変調周波数：f）　（周波数fで同期）

（一般に光源と検出器は直角方向に配置）

発光（光源）　原子吸収　原子蛍光

図 8・5　原子スペクトル分析測定システムの概略図

料中の元素は原子化され，その一部は励起されて発光線を与える．このようにフレームを用いて発光分析を行う方法が炎光分析法である．炎光分析法は1850年代にKirchhoffとBunsenによって創始された分析法であり，その後Rb, Cs, Ga, In, Tlがこの方法によって新元素として発見された．この炎光分析法は化学分析に分光分析法が応用された最初であり，分光分析の始まりとされている．

発光分析において一般に測定される発光強度は，発光線の特定振動数 ν において観測される発光エネルギー ε（単位立体角に放射される単位体積当りのエネルギー）としてつぎの式で表わされる．

$$\varepsilon = \int_0^\infty \varepsilon_v \mathrm{d}\nu = (1/4\pi) A_{nm} N_m h\nu \qquad (8\cdot 8)$$

ここで，ε_v：発光係数，A_{nm}：遷移 $E_m \to E_n$ のアインシュタイン係数，である．発光分析では発光エネルギー ε を光強度として測定することにより，定量分析を行う．

表 8・2 励起温度と原子分布

元素	共鳴線	原子分布 (N_i/N_o)*			
		$T=2000$ K	$T=3000$ K	$T=4000$ K	$T=5000$ K
Cs	852.1 nm	4.44×10^{-4}	7.24×10^{-3}	2.98×10^{-2}	6.82×10^{-2}
Na	589.0	9.86×10^{-6}	5.88×10^{-4}	4.44×10^{-3}	1.51×10^{-2}
Ca	422.7	1.21×10^{-7}	3.69×10^{-5}	6.03×10^{-4}	3.33×10^{-3}
Zn	213.9	7.29×10^{-15}	5.58×10^{-10}	1.48×10^{-7}	4.32×10^{-6}

* $N_i/N_o =$（励起状態の原子数）/（基底状態の原子数）

a．フレーム中の原子分布：炎光分析法はフレームによる原子の熱的励起を利用して，励起状態から低いエネルギー状態への遷移が起こるときに放射される発光線の強度を測定して，溶液中の元素の濃度を求める分析法である．式（8・8）からわかるように，発光強度は励起状態における原子数 N_m に比例するので，各エネルギー準位における原子分布が重要となる．

フレームなどの高温雰囲気中に存在する原子は熱的励起過程（分子，イオン，電子との衝突）によって励起され，各エネルギー準位への分布は次式で表わされるボルツマン分布によって決まる．

$$N_i = N_o(g_i/g_o)\exp(-\Delta E/kT) \qquad (8\cdot 9)$$

ここで，N_o と N_i は基底状態 E_o および励起状態 E_i に存在する原子数，g_o と g_i は準位 E_o と E_i の統計的重率，$\Delta E = E_i - E_o$，k はボルツマン定数，T はフレームの温度（絶対温度 K），である．表 8・2 には式（8・9）から計算される原子分布をいくつかの元素の共鳴線に対して，励起温度が 2000, 3000, 4000, 5000 K の場合についてまとめてある．共鳴線の波長が長いセシウムでは 2000 K でも励起状態の分布がかなり多いことがわかる．また，温度 3000 K 以下ではカルシウムの励起状態における原子分布は約 $10^{-5} \sim 10^{-6}$ であるが，カルシウムの場合 2500～3000 K でかなりの高感度（低い検出限界）が得られる．一方，共鳴線が紫

表 8・3 一般に使用されるフレームの温度と燃焼速度

燃料ガス	助燃ガス	温 度/°C	燃焼速度/cm s^{-1}
アセチレン	空 気	2300	160
アセチレン	一酸化二窒素	2800	260
アセチレン	酸 素	3140	1100
水 素	空 気	2050	400
水 素	酸 素	2650	2000
プロパン	空 気	1950	40

外領域にある亜鉛では，励起温度が3000 K以下のフレームでは発光分析は不可能である．

　b．フレームの温度：図8・5に示すように，原子発光分析では原子化部であるフレームやプラズマ自体が熱的励起源となる．表8・3には種々のフレームの温度と燃焼速度をまとめる．励起源としては温度が高いことが重要であるが，燃焼速度およびフレームの酸素分圧も高感度を得るための大きな因子となる．炎光分析ではアルカリ，アルカリ土類元素に対しては空気-アセチレンまたは空気-プロパンフレームが一般に利用され，ppbレベルの十分な感度が得られる．多くの元素の分析では，原子化効率および励起効率がよいことから，原子吸光分析で用いられる一酸化二窒素-アセチレンフレームを利用するのがよい．酸素-アセチレンや酸素-水素フレームは温度は高いが，原子化効率が悪く，一般的な発光分析用励起源としては利用できない．

　なお，炎光分析用のバーナーとしてはベックマンバーナー（全消費型バーナーともいう）が従来使われたが，現在では原子吸光分析で使用されるスロットバーナーが利用される．

　c．装　置：炎光分析装置は使われるフレーム温度が低いために，それほど多くの発光線は観測されないので，簡単な分光測定システムでよい．アルカリ，アルカリ土類元素が主に測定される臨床分析や土壌分析では専用装置も市販されているが，最近では原子吸光分析装置が発光モードで炎光分析に応用できるように設計されているので，これを利用するとよい．

　d．イオン化干渉と自己吸収：炎光分析では原子吸光分析で問題となる化学

表 8・4　アルカリ，アルカリ土類元素のイオン化率

元素	イオン化エネルギー eV	イオン化率 (%) 2000 K	3000 K
Li	5.39	2.4	97
Na	5.14	4.8	99
K	4.34	39	99.95
Mg	7.64	0.007	14
Ca	6.11	0.59	91
Sr	5.59	2.0	98

干渉のほかに，イオン化干渉と自己吸収に注意する必要がある．イオン化干渉とは，高温フレーム中ではつぎのようなイオン化反応が起こり，中性原子の発

$$M \rightleftharpoons M^+ + e^- \qquad (8・10)$$

光強度が減少することによる誤差である．フレーム中でのイオン化率を表 8・4 に示す．実際には標準溶液と試料溶液でイオン化率が異なることによって生じる干渉で，一般には大きな分析値が得られる．イオン化干渉をなくすには，測定元素よりイオン化しやすい元素を濃度にして 100〜1000 倍になるように，標準溶液と試料溶液の両方に添加しておくとよい．イオン化をおさえることをイオン化抑制，添加元素をイオン化抑制剤という．

自己吸収とは中心部の元素の発光がフレーム外側の冷えた（基底状態の）同一元素によって吸収（原子吸収）されるために，観測される発光線の線幅が広がる現象である．自己吸収は濃度が大きくなると顕著であり，発光強度 I は次式で表わされるようになる．

$$I = aN^b \qquad (8・11)$$

ここで，N は発光に関与する原子数，a と b は定数である．一般に $b < 1$ であるので，検量線は高濃度側で曲がり，直線領域が狭くなる．自己吸収を小さくするには，試料をできるだけ希釈して，高濃度での測定を避けることである．

8・3・3　ICP発光分析法

高周波放電によってアルゴンガスプラズマを生成して発光分析に利用する ICP (inductively coupled plasma，誘導結合プラズマ) 発光分析は，1965 年頃から

米国の V. Fassel およびイギリスの S. Greenfield によって始められた分析法である．表 8・2 からわかるように，5 000 K 以上の温度では紫外領域に発光線をもつ亜鉛でもかなり励起されるので，発光分析が可能となる．ICP では励起ゾーンの温度が 6 000〜9 000 K と高温であるのでほとんどすべての元素の分析ができることから，高感度・多元素分析法として広い分野で利用されている．ICP 発光分析法の特長をまとめるとつぎのようになる．

(1) ほとんどすべての元素（H，N，F，Cl，Br を除く）の高感度分析ができる．
(2) 検量線の直線範囲が 4〜5 桁と広い*．
(3) 共存成分による化学干渉やイオン化干渉がほとんどない．
(4) 多元素同時または迅速な分析ができる．

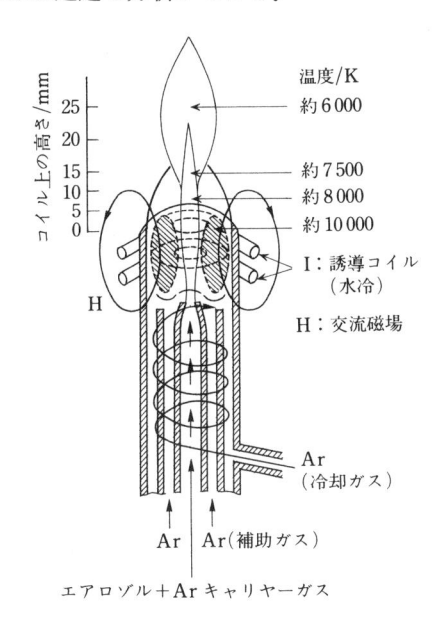

図 8・6　アルゴン ICP の点灯状態と温度分布

a．プラズマの生成とその性質：アルゴン ICP は図 8・6 に示すような石英製

---

*　測定元素はプラズマ中で横拡散がなく，中心部のみで発光するので，自己吸収がないために，検量線の範囲が広くなる．

の三重管トーチに外側ガス(冷却ガス),補助ガス,キャリヤーガスとしてアルゴンをそれぞれ 15～20 l min^{-1},0～2 l min^{-1},0.5～2 l min^{-1} の流速で流し,トーチ上部の誘導コイルを通じて高周波(周波数 27.12 MHz,出力 0.8～2.5 kW)をかけてアルゴンガスを放電させて点灯する.アルゴンガスは,高周波による交流磁場の回りに生じる渦電流によって電子が加速され,Ar＋e$^-$ ⇄ Ar$^+$＋2e$^-$ の電離が起こるのでプラズマ状態が維持される.

ICPの重要な特徴は,プラズマの中心部の温度と電子密度が周囲に比較して低くなっていることである.このプラズマの性質は"ドーナッツ構造"とよばれ,そのためにトーチの中心からキャリヤーガスとともに供給される冷たい試料ミストがプラズマ中に効率よく導入でき,その結果前述した ICP 発光分析の優れた特徴をもたらしている.

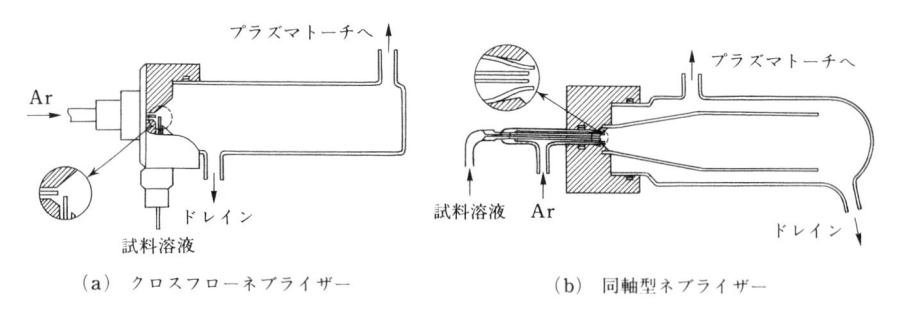

図 8・7 ネブライザーと噴霧室(スプレーチャンバー)

(a) クロスフローネブライザー (b) 同軸型ネブライザー

b.試料導入と励起過程:ICP 発光分析は基本的には溶液試料を測定対象とする分析法である.試料は図 8・7 に示すような,クロスフロー型または同軸型のネブライザーを通してアルゴンガスとともに噴霧室に噴霧導入され,細かいミスト(細滴)のみがトーチの中心管からプラズマに導入される.プラズマ中に導入される試料量は噴霧した量の 1～2 %程度で,残りはドレインとして噴霧室から捨てられる.

プラズマ中に導入された試料は,脱水→固体塩の分解→塩や酸化物の解離(原子化)→イオン化→励起(原子,イオンとも)→脱励起(発光過程)→再結合(M$^+$＋e$^-$ → M,M＋O → MO など)の解離,励起,脱励起などの過程をへる.ICP の特徴として,発光過程が起こるのは誘導コイルの上端からの高さ("プラ

ズマ観測高さ"という）がほとんどすべての元素に対して15～18 mmの範囲にあることである．このことは同じ条件下でほとんどすべての元素について最適条件が得られ，その結果多元素同時（または迅速）分析が可能となるのである．

　解離，原子化，イオン化，励起が起こるプラズマの領域は温度が6 000～9 000 Kと高温である．このような高温領域では多くの元素は90％以上イオン化されるので，ICP 発光分析では同じ元素についてイオン線の方が原子線より高感度である．原子線の発光が測定されるのは，その元素のイオン線が通常の可視・紫外領域に存在しない場合である（分光干渉を避けるために感度の悪い原子線を利用することもある）．なお，ICP 中ではイオン化が起こりやすいので，最近 ICP をイオン源とする ICP-MS（質量分析）が新しい高感度分析法として注目されている．

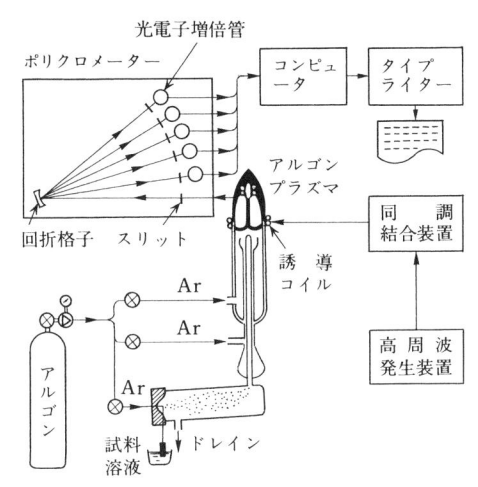

図 8・8　多元素同時分析用 ICP 発光分析装置の概略図

　c．装　置：多元素同時分析型 ICP 発光分析装置の概略図を図8・8に示す．多元素同時型の装置ではローランド円とよばれる円周上に入口スリット，凹面回折格子が配置され，回折格子と反対側の円周上に発光線が焦点を結ぶので，各発光線位置に光電子増倍管を配列して発光強度を同時計測する．このような分光系はポリクロメーターとよばれる．

　波長掃引型の装置ではエバード型またはツェルニ・ターナー型の分光器（モ

ノクロメーター)が使用され,平面回折格子を回転させることによって分光する。一般に分光器は焦点距離が75 cm〜1 m,回折格子は刻線数1800〜2400本/mmのものが使用され,できるだけ高分解能になるように工夫されている。最近では回折格子の回転をステッピングモーターを使って高速制御することによって多元素迅速分析を行うことができるシーケンシャルICP発光分析装置が市販され,主流となっている。

光電子増倍管による光電変換後,信号の増幅,演算,データ処理・表示などはすべてコンピュータ制御により自動的に行うことができる。

表 8・5 ICP発光分析における分析線と検出限界

元素	分析線* (nm)	検出限界 ng ml^{-1}	元素	分析線* (nm)	検出限界 ng ml^{-1}	元素	分析線* (nm)	検出限界 ng ml^{-1}
Ag	I 328.068	1	Ho	II 345.600	1	S	I 180.6	20
Al	I 396.152	5	I	I 206.160	10	Sb	I 206.833	10
As	I 193.696	10	In	II 230.606	20	Sc	II 361.384	0.2
Au	I 242.795	3	Ir	II 224.268	7	Se	I 196.026	15
B	I 249.773	2	K	I 769.896	50	Si	I 251.611	5
Ba	II 455.403	0.2	La	II 408.672	1	Sm	II 359.260	8
Be	II 313.042	0.1	Li	I 670.784	1	Sn	II 189.980	10
Bi	I 223.061	5	Lu	II 261.542	0.3	Sr	II 407.771	0.1
C	I 193.091	10	Mg	II 279.553	0.1	Ta	II 240.063	5
Ca	II 393.366	0.1	Mn	II 257.610	0.3	Tb	II 350.917	5
Cd	I 228.802	1	Mo	II 202.030	1	Te	I 214.281	10
Ce	II 418.660	10	Na	I 588.995	2	Th	II 283.730	15
Co	II 228.616	1	Nb	II 309.418	10	Ti	II 334.941	0.6
Cr	II 205.552	2	Nd	II 401.255	10	Tl	I 276.787	30
Cu	I 324.754	0.5	Ni	II 221.647	3	Tm	II 346.220	2
Dy	II 353.170	2	Os	II 225.585	0.5	U	II 385.958	50
Er	II 337.271	2	P	I 213.618	20	V	II 309.311	1
Eu	II 381.967	0.2	Pb	II 220.353	20	W	II 207.911	10
Fe	II 259.940	0.8	Pd	I 340.458	10	Y	II 371.030	0.4
Ga	I 294.364	7	Pr	II 417.939	10	Yb	II 328.937	0.4
Gd	II 342.247	3	Pt	II 214.423	10	Zn	I 213.856	1
Ge	I 265.118	15	Re	II 227.525	2	Zr	II 339.198	2
Hf	II 339.980	5	Rh	II 233.477	10			
Hg	II 194.227	5	Ru	II 240.272	7			

* I,IIはそれぞれ原子線とイオン線を表わす。

d．分析感度と測定上の問題点：ICP 発光分析で得られる検出限界の値を表 8・5 にまとめる．表中の値は最もよい検出限界を与える発光線についてのものであり，I，II の記号は原子線および 1 価のイオン線であることを示す．

アルゴン ICP は高温であるために各元素について多数の発光線が観測される．ゆえに，ICP 発光分析では測定する分析線に対する共存元素の発光線の重なり，すなわち，"分光干渉"が大きな問題となる．分光干渉の有無については波長表などを使って予知するか，実験的に分光干渉補正係数を求めて補正することが必要となる．マトリックスマッチング（標準溶液中の主成分濃度を試料溶液の組成にあわせること）も有効な場合があるが，不純物の混入による新たな分光干渉の原因となることもあるので注意を要する．

ICP 発光分析で使用されるネブライザーは吸引力が弱いので，試料溶液中の塩や酸の濃度が大きくなると，その粘性のために噴霧量が小さくなり発光強度が低下する．これは"物理干渉"とよばれ，誤差の原因となる．噴霧量の変化分に対する分析値の補正を行うか，内標準法による分析を行う必要がある．

なお，ICP 発光分析では多くの種類の有機溶媒を直接導入することができる．このことはオイルや油試料を有機溶媒で希釈して直接分析するのに利用され，また溶媒抽出試料の分析に有効である．

e．応 用：固体試料は灰化分解，酸分解処理を行って溶液化すれば，ほとんどすべての試料の分析が可能である．溶液試料の場合でも，浮遊粒子や多量の有機物を含有するときは酸分解処理などを行うのがよい．また，海水や湖水試料では金属濃度が非常に低いので，適当な前濃縮を行うことが必要となる．これまで，鉄鋼，金属，岩石，鉱物，植物，生物，食物，天然水，工業製品など多くの試料の分析に応用されている．

8・3・4 その他の発光分析法

フレームやプラズマのほかに，電気的放電を利用して高温雰囲気を生成する直流アーク，交流アーク，交流スパークも発光分析用励起源として利用されてきた．アーク放電やスパーク放電では，2 つの固体電極間（一般にアークでは金属-グラファイト，スパークでは金属-金属）に低電圧または高電圧をかけて放電させる方法であり，アークでは 5000～6000 K，スパークでは約 10000 K の

高温が得られる．このとき，電極自体またはグラファイト電極上に充填された試料も同時に蒸発されて原子やイオンとなり，励起されるので，発光分析が可能となる．しかしながら，放電の安定性や試料中の元素の分別蒸発などのために測定感度，再現性（精度）があまりよくないので，最近では一般分析にはほとんど利用されない．ただし，多くの発光線が観測されるので試料中の元素の定性分析には好適であり，また迅速な測定が可能であることから鉄鋼生産現場の工程管理分析に現在でも利用されている．

8・3・5 原子吸光分析法

1955年オーストラリアのA. Walshによって創始された原子吸光分析法は，多くの元素の高感度定量ができることから，今日最も代表的な微量分析法として広く普及している．原子吸光分析は分光干渉がほとんどないので選択性の高い分析法であるが，共存成分による化学干渉およびバックグラウンド吸収が大きな問題となる．

a．原子吸収の測定（吸光度）：強度 I_0 の入射光が長さ l の原子蒸気層を通過したとき，透過光の強度が I になったとすると I_0 と I の間にはつぎの関係が成立する．

$$I = I_0 e^{-K_\nu l} \tag{8・12}$$

原子吸光分析で測定されるのは吸光度（absorbance）A であり，吸光度は I_0 と I とはつぎの関係にある．ここで，K_ν は振動数 ν における原子線の吸光係数である．

$$A = \log(I_0/I) \tag{8・13}$$

原子吸光の理論によると，吸収線の線幅がドップラー広がりのみで決まる場合には，吸光度 A は次式で表わすことができる．

$$A = \frac{2}{\Delta\nu_D} \lambda_0^2 \sqrt{\frac{\ln 2}{\pi}} \frac{\pi e^2}{mc^2} N_0 fl \tag{8・14}$$

ここで，$\Delta\nu_D$：吸収線のドップラー幅，λ_0：吸収線の中心波長，m：電子の質量，e：電子の電荷，c：光速度，f：振動子強度，N_0：原子吸収に関与する単位体積当りの原子数（基底状態），である．

式（8・14）より，吸光度は原子蒸気層中の基底状態の原子数と比例関係にあ

るので，原子吸収の測定により定量分析ができる．一般に原子吸光分析では溶液試料がフレーム中に噴霧導入されるが，溶液中の分析元素の濃度 C とフレーム中の原子数 N_0 は比例することが知られている．ゆえに，吸光度 A と分析元素濃度はつぎのような簡単な関係となり，定量分析が可能となる．

$$A = \log(I_0/I) = k \cdot C \cdot l \tag{8・15}$$

ここで，k は比例定数である．

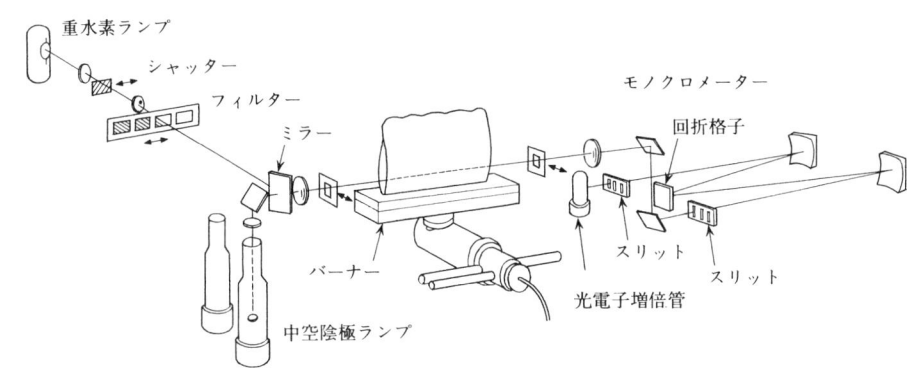

図 **8・9** 原子吸光分析装置の概略図

b．装　置：フレームを使った原子吸光分析装置の概略図を図 8・9 に示す．図 8・10 の装置はシングルビーム型の光学系となっている．光源である中空陰極ランプの光はフレームを通過し，モノクロメーターで分光されて，光電子増倍管によって検出される．バックグラウンド補正用連続光源である重水素ランプの光も中空陰極ランプの光と交互にフレーム中を通過する．フレームの発光(直流成分)を補正するために，光源光はパルス点灯される．

図 8・10 には中空陰極ランプの構造を示す．中空の陰極が発光する金属(または合金)でできており，管内には数〜10 Torr のキセノンまたはアルゴンガスが封入されている．最初陽極と陰極の間に高電圧をかけて，陰極から放出される電子によって希ガスをイオン化させ，その後イオン化した希ガスが陰極を衝撃することによって，陰極材料が蒸発，励起されて，特定金属元素の発光が得られる．このような励起発光過程は陰極スパッタリングとよばれる．なお，中空陰極ランプは定常放電電流 5〜20 mA で点灯される．

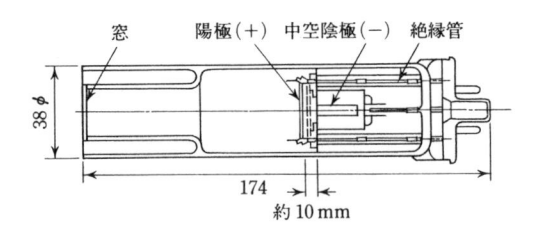

図 8・10 原子吸光分析用中空陰極ランプの構造
(中空陰極が対象元素の成分を含む)

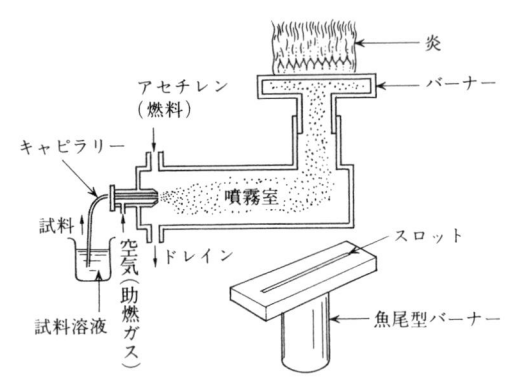

図 8・11 フレーム原子吸光分析で使用される
バーナーと噴霧室の概略図

　フレーム原子吸光分析で使用される試料導入システムを図8・11に示す．ネブライザーから助燃ガス（空気またはN_2O）とともに噴霧された試料溶液ミストは噴霧室で燃料ガス（アセチレン）と混合されてフレームに導入される．この場合，使用されるバーナーはスロットバーナーまたは予混合バーナーとよばれ，スロットの長さは空気-アセチレンフレームでは10 cm，N_2O-アセチレンフレームでは5 cmである．なお，噴霧室に導入された試料溶液（3〜5 ml min^{-1}）の約10％がフレームに導入され，残りはドレインとして捨てられる．

　微少量試料の分析では，図8・12に示すような電気的加熱グラファイト炉が利用される．グラファイト炉法では，5〜50 μl の試料溶液をマイクロピペットを使って上部から注入した後，炉に電流を流して乾燥，灰化，原子化の3段階の加熱を行う．乾燥段階では炉を30秒〜2分間，80〜150℃に保って，溶媒を蒸

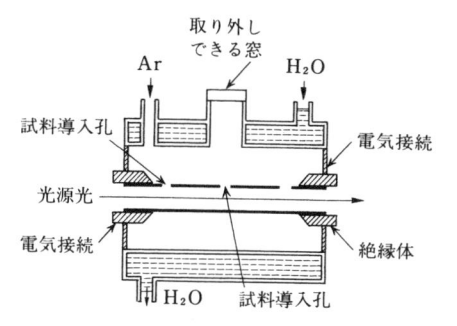

図 8・12 グラファイト炉の構造

発させる．灰化段階は 1 ～ 2 分間, 400 ～ 900°C に設定し, 有機物を灰化（一部塩の蒸発も起こる）させるが，このとき分析目的元素の揮散が起こらないよう注意しなければならない．最後の原子化段階では，5 ～ 10 秒の間グラファイト炉の温度を 2000 ～ 2800°C に急速に昇温加熱して原子化を行って, 原子吸光を測定する．信号はピーク状の吸収プロファイルとなる．

原子吸光分析装置での分光器は焦点距離 30 ～ 50 cm 程度のもので，刻線数 800 ～ 1200 本/mm の回折格子と組み合わせて使用される．ICP 発光分析で使用される分光器に比べると分解能は低いが，これは原子吸光分析では線光源である中空陰極ランプが使用されるためである．検出器としては紫外線領域，可視領域に応答性のよい光電子増倍管を分けて使用することもあるが，通常 R 456（浜松ホトニクス社製）だけで全波長範囲をカバーできる．

c．還元気化法と水素化物発生法：水銀は前述のフレームやグラファイト炉を使う分析では十分な感度が得られない．そこで, 溶液中で Hg^{2+} や Hg^{+} を Sn^{2+} か水素化ホウ素ナトリウム（$NaBH_4$）で還元して，原子状水銀を発生させ，これを吸収セルに導いて室温で原子吸収を測定する還元気化原子吸光分析法が一般的に利用されている．この方法では 0.1 ppb 以下の検出限界で，水銀の定量が可能である．

一方，As, Se, Sn, Sb, Te, Ge などの半金属元素もフレームでは十分な感度が得られない．これらの元素は溶液中で $NaBH_4$ によって還元すると，例えば As の場合のように，水素化物が気体として発生する．そこで，これらの水素化物をアルゴン-水素（-空気混入）フレームまたは加熱石英セル中に導入して原

表 8・6 原子吸光分析の検出限界

元素	分析線 (nm)	検出限界 フレーム法*1 μg ml^{-1}	検出限界 グラファイト炉法 ng	元素	分析線 (nm)	検出限界 フレーム法*1 μg ml^{-1}	検出限界 グラファイト炉法 ng
Ag	328.1	0.001	0.0001	Li	670.8	0.001	0.003
Al	309.3	0.003 a	0.001	Mg	285.2	0.0001	0.00004
As	193.7	0.03	0.008	Mn	279.5	0.0008	0.0002
Au	242.8	0.02	0.001	Mo	313.3	0.03 a	0.003
B	249.7	2.5 a	0.02	Na	589.0	0.008	
Ba	553.6	0.02	0.006	Ni	232.0	0.005	0.009
Be	234.9	0.002 a	0.00003	P	213.6	21 a*2	5
Bi	223.1	0.05	0.004	Pb	283.3	0.01	0.004
Ca	422.7	0.001 a	0.0004	Rb	780.0	0.005	0.001
Co	240.7	0.002	0.00008	Sb	217.5	0.03	0.005
Cr	357.9	0.002	0.002	Se	196.0	0.1	0.009
Cs	852.1	0.05	0.004	Si	251.6	0.1 a	0.0005
Cu	324.7	0.001	0.0006	Sn	224.6	0.05	0.02
Fe	248.3	0.004	0.01	Sr	460.7	0.005 a	0.001
Ga	287.4	0.05	0.001	Te	214.3	0.05	0.001
Ge	265.2	0.1 a	0.03	Ti	364.3	0.09 a	0.04
Hg	253.7	0.5	0.02	Tl	276.8	0.02	0.001
In	303.9	0.03	0.0004	V	318.4	0.02 a	0.003
K	766.5	0.003	0.04	Zn	213.8	0.001	0.00003

* 1 無印は空気-アセチレンフレーム，a 印は一酸化二窒素-アセチレンフレームを使用することを示す．
* 2 246 nm における PO 分子吸収による測定（連続光源を使用）．

子吸収測定を行うと，100～1000倍感度が改善され，約1ppbの検出限界が得られる．

  d．測定上の問題点：表8・6にフレームおよびグラファイト炉原子吸光分析で得られる検出限界をまとめておく．これからわかるようにかなり高感度の分析が可能であるが，原子吸光分析では共存元素（とくにマトリックス成分）による妨害，すなわち"化学干渉"が大きいので十分に注意しなければならない．このように化学干渉がある場合には，適当な化学干渉の抑制（除去）を行う必要がある．一般的には標準添加法による定量が有効である．

  グラファイト炉原子吸光分析法では，共存する塩や酸によるバックグラウンド吸収が大きい．とくに，NaCl，KCl，SO_2，NO などの分子吸収，および未燃

焼の有機物による煙成分によるバックグラウンド吸収は大きな誤差を与えるので，図8・9のように連続光源を用いてバックグラウンド補正を行うことが必要である．バックグラウンド補正法としては，このほかゼーマン原子吸光法，自己反転法なども利用されている．

8・3・6 原子蛍光分析法

光励起による発光成分（蛍光）を測定する原子蛍光分析法は，光源光強度に比例した蛍光強度が得られる特徴があるので，高感度分析法として期待されているが，光源および装置構成上の問題のため現在でも市販の装置はほとんどない．唯一興味ある市販装置はICP原子蛍光分析装置であり，この方法では発光分析に使用されるアルゴンICPを原子化源とし，周囲に光源としてパルス点灯中空陰極ランプを配置して，光学フィルターを用いた非分散型検出器で順次種々の元素の蛍光測定を可能にしている．この方法では最大12元素の同時測定ができる．

8・4　磁気共鳴を利用した分子スペクトル法

磁気共鳴を利用する分光法としては，核磁気共鳴 (nuclear magnetic resonance, NMR) および電子スピン共鳴 (electron spin resonance, ESR) がある*．NMRでは原子核の核スピンが，ESRでは電子スピンが測定対象となるが，測定に用いられる電磁波が電波領域（ESRはマイクロ波領域）であるので，電波分光法ともよばれる．いずれも分子レベルでの物質の研究に有力な手段であり，赤外線吸収法などとともに分子分光法の重要な一部門となっている．とくにNMRは有機化合物や生体関連物質の化合物の構造解析，立体配置や水素結合の解明，分子間相互作用の研究などにきわめて重要な研究手段となっている．最近では，NMRの原理を応用した人体の診断システムNMR-CT(核磁気共鳴コンピュータ断層画像診断法）も開発され，がんの診断などにも利用されている．

　＊　この他に核四極子共鳴 (nuclear quadrupole resonance, NQR) があり，核スピンIが1より大きい核種が測定対象となる．

8・4・1 物質の磁性

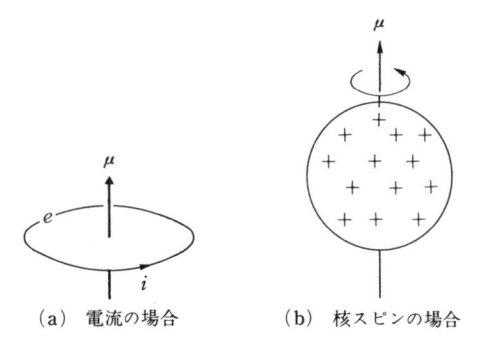

(a) 電流の場合　　(b) 核スピンの場合

図 8・13 荷電体の回転運動による磁気モーメントの生成

図8・13に示すように,円形の導線に電流を流すと,その面に垂直な方向に磁気モーメント μ が誘起される.よく知られているように,原子核は陽電荷,電子は陰電荷をもち,いずれも自転運動をしている.ゆえに,原子核や電子ではそれぞれ磁気モーメント μ_N および μ_e を生ずる.原子核や電子の自転運動は核スピン (I),電子スピン (S) で表わされ,原子核の種類および電子に固有の性質である.核スピン I は表8・7に示すような整数または半整数の値をとるが,電子スピン S は $\pm 1/2^*$ の2つの値だけである.

(i) 核スピン I によって生じる磁気モーメント μ_N

$$\mu_N = g_N I(e\hbar/2m_N c) = g_N I \beta_N = \gamma I \hbar \qquad (8・16)$$

ここで,β_N:核磁子 ($=5.0493\times 10^{-24}$ erg gauss^{-1};プロトン),g_N:Landé の g因子 ($=5.5849$;プロトン),e:電荷,m_N:原子核の質量,c:光速度,$\hbar = h/2\pi$ (h:プランクの定数).

なお,γ は磁気回転比とよばれるもので,回転運動の速さを表わす量である.

(ii) 電子スピン S によって生じる磁気モーメント μ_e

$$\mu_e = -g_e S(e\hbar/2m_e c) = -g_e S \beta_e \qquad (8・17)$$

ここで,β_e:ボーア磁子 ($=9.2712\times 10^{-21}$ erg gauss^{-1}),g_e:Landé の g因子,

---

* 電子スピンが $S=\pm 1/2$ の2つの値しかとらないことは,電子スピンは空間的に逆向きの2方向しかとれないことを示す.古典的には,時計まわりと反時計まわりの2種類の回転だけが可能となる.

m_e：電子の質量.

なお，電子の場合の g 因子 g_e は全角運動量に対する電子スピンおよび軌道角運動量の寄与を表わす量であり，通常は自由電子からのずれとして測定される.

電子の質量はもっとも小さい水素の原子核の質量の約 1/1800 であるので，式（8・16）と（8・17）の比較から，$\mu_e \gg \mu_N$ である．このことは，物質の磁性は第一義的には電子の磁気モーメントによって決まることを示す．物質の磁気的性質としては，強磁性，反強磁性，常磁性，反磁性に分類される．最初の3つは

表 8・7 NMR の測定対象となる主な原子核の性質

同位体	10^4gauss における NMR 周波数/MHz	同位体存在比	相対感度* (一定周波数における)	磁気モーメント μ ($e\hbar/2m_Nc$)	スピン	四極子能率 Q ($e \times 10^{-24}$ cm²)
^{1}H	42.577	99.9844	1.000	2.79270	1/2	—
^{2}D	6.5356	1.56×10^{-2}	0.409	0.857386	1	2.77×10^{-3}
^{6}Li	6.265	7.43	0.392	0.82192	1	4.6×10^{-4}
^{7}Li	16.547	92.57	1.94	3.2560	3/2	-0.1
^{9}B	4.575	18.83	1.72	1.8006	3	0.111
^{10}B	13.660	81.17	1.60	2.6880	3/2	3.55×10^{-2}
^{13}C	10.705	1.108	0.251	0.70220	1/2	—
^{14}N	3.076	99.635	0.193	0.40358	1	7.1×10^{-2}
^{17}O	5.772	3.7×10^{-2}	1.58	-1.8930	5/2	-4×10^{-3}
^{19}F	40.055	100	0.941	2.6273	1/2	—
^{23}Na	11.262	100	1.32	2.2161	3/2	0.1
^{27}Al	11.094	100	3.04	3.6385	5/2	0.149
^{31}P	17.236	100	0.405	1.1305	1/2	—
^{35}Cl	4.172	75.4	0.490	0.82091	3/2	-7.9×10^{-2}
^{37}Cl	3.472	24.6	0.408	0.68330	3/2	-6.21×10^{-2}
^{51}V	11.193	~ 100	5.52	5.1392	7/2	0.2
^{55}Mn	10.553	100	2.89	3.4611	5/2	0.6
^{59}Co	10.103	100	4.98	4.6388	7/2	0.5
^{63}Cu	11.285	69.09	1.33	2.2206	3/2	-0.16
^{65}Cu	12.090	30.91	1.42	2.3790	3/2	-0.15

* 相対感度の定義：核種Aと核種Bの比

$$\left\{\frac{\mu(A)}{\mu(B)}\right\}^n \times \frac{I(A)[I(A)+1]}{I(B)[I(B)+1]}, \quad \begin{cases} \mu(A), \mu(B) \text{はA, Bの磁気モーメント} \\ I(A), I(B) \text{はA, Bの核スピン} \end{cases}$$

$$n = \begin{cases} 1：周波数一定の場合 \\ 3：磁場一定の場合 \end{cases}$$

実際には，二つの核種の同位体存在量の比がつけ加わる.

不対電子が存在する場合で，電子によって磁気的性質が決まる．反磁性物質では，電子はすべて対となっているので，電子による磁性は無視できるほど小さく，原子核の磁気モーメントの測定が可能となる．ゆえに，NMRでは反磁性物質，ESRでは常磁性物質が測定対象となる．

反磁性物質においては，質量数（A）と原子番号（Z）が偶数-奇数，奇数-偶数，奇数-奇数の組合せの原子核は$I \neq 0$であるので，原理的にNMRの測定が可能である*．A-Zが^{12}Cや^{16}Oなどのように偶数-偶数の場合には$I = 0$であるので，核磁気がなく，NMR測定はできない．表8・7にはNMR測定が比較的容易な原子核の性質をまとめてある．

ESRでは不対電子をもつつぎのような常磁性物質が測定対象となる：遊離基（ラジカル），遷移金属や希土類元素，奇数個の電子をもつ原子および分子（H，N，NOなど），三重項状態分子（偶数個の電子をもつが，不対電子の配置になっている：例 酸素分子：Ö：：Ö：），金属および半導体，色中心（結晶格子中の電子または空孔）．一般的には多種多様なラジカル分子や遷移金属イオンに関する研究例が多い．

8・4・2 核磁気共鳴

a．核磁気共鳴吸収の原理：磁気モーメントμをもつ核スピンが磁場の強さHの中におかれると，次式で表わされる磁気エネルギーを生じる．

$$E = -\mu \cdot H = -\mu H \cos\theta \tag{8・18}$$

式（8・18）でθはμとHのなす角で，図8・14のように，磁気モーメントμはHとθの角を保ってHのまわりを回転運動する．この回転運動をラーモアの歳差運動という．

いま核スピンをIとすると，その成分mは，I, $I-1$, ……, $-I$であるから$\cos\theta$は次式で表わされる．

$$\cos\theta = m/\sqrt{I(I+1)} \tag{8・19}$$

ゆえに，^{1}Hや^{13}Cのように$I = 1/2$の場合には，$m = \pm 1/2$であるから，$\theta = 35°15'$

---

* 実際に測定される信号強度に対しては，磁気モーメントμ_Nの大きさと同位体存在比が問題となる．核種に対する相対感度（強度）については表8．7の注を参照．

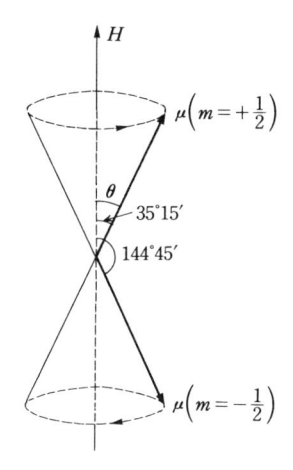

8・4 磁気共鳴を利用した分子スペクトル法　　151

図 8・14 磁場中での核スピンの歳差運動と許容されるスピンの配向

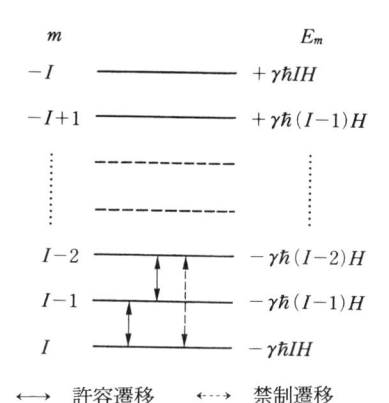

m	E_m
$-I$	$+\gamma\hbar IH$
$-I+1$	$+\gamma\hbar(I-1)H$
⋮	-------

$I-2$	$-\gamma\hbar(I-2)H$
$I-1$	$-\gamma\hbar(I-1)H$
I	$-\gamma\hbar IH$

⟵⟶ 許容遷移　　⟵⋯⟶ 禁制遷移

図 8・15 ゼーマン分裂とエネルギー準位

と144°45′となる. このことは, 核スピンが1/2の場合には, μ が磁場の中でとりうる方向は図8・14のように2つの方向だけである.

一般に核スピンが I の原子核では, 磁場の中でそのエネルギー準位がゼーマン効果により, 図8・15のように ($2I+1$) 本に分裂する. 核スピンの遷移の選択則は $\Delta m = \pm 1$ であるから, $\Delta m = \pm 1$ に相当する準位間の核スピンの遷移が観測される. このような核スピンの遷移が核磁気共鳴の現象であり, 核スピンによる電磁波エネルギーの吸収を共鳴吸収という.

いま磁場 H を z 方向にかけたとすると，核スピン I の z 成分 m による核磁気モーメント μ_N のエネルギー準位はつぎのようになる．

$$E = -g_N m \beta_N H = -\gamma \hbar m H \tag{8・20}$$

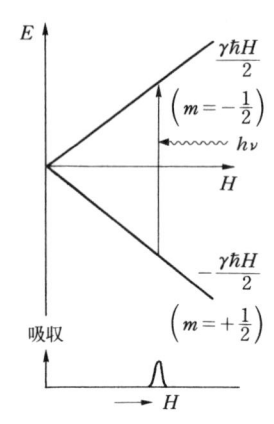

図 8・16 NMR におけるエネルギー準位分裂の磁場（H）依存性と共鳴吸収

ゆえに，$I=1/2$ のときのエネルギー準位は図 8・16 のようになり，磁場 H が大きくなるとそのエネルギー差 $\Delta E = \gamma \hbar H$ も比例して大きくなる．このとき，ΔE に相当する電磁波を照射すると，核磁気共鳴吸収が観測されるので，つぎの"共鳴条件"が得られる．

$$h\nu = \gamma \hbar H_0 \longrightarrow \nu = \gamma H_0 / 2\pi \text{ または } H_0 = 2\pi\nu/\gamma \tag{8・21}$$

ν を NMR の共鳴周波数（振動数），または H_0 を共鳴磁場という．

b．NMR 装置：図 8・17 に NMR の測定に用いられる装置の概略図を示す．

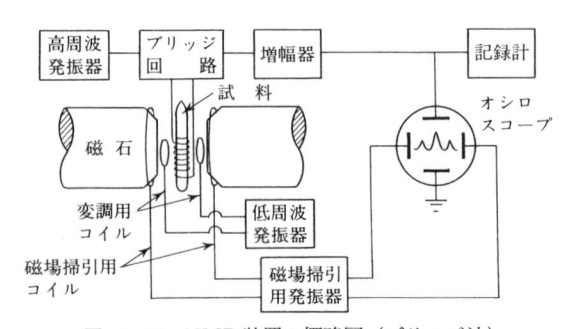

図 8・17 NMR 装置の概略図（ブリッジ法）

基本的には，電磁波放射源，試料部，磁場(分光部)，検出部，記録部から構成される．

電磁波放射源としては，水晶発振器からの高周波が利用される．通常の電磁石を利用する場合にはプロトンについて 60～100 MHz の高周波が用いられるが，最近の高分解能 NMR 装置では超伝導磁石が利用され，最高 600 MHz の装置も市販されている．NMR 周波数が大きくなると，測定されるスペクトルの分解能および信号強度が大幅に改善される利点がある．

高周波発振器からのエネルギーはコイルを通して試料に照射される．試料中の核スピンによる共鳴吸収は，1) ブリッジ法，2) インダクション法のいずれかによって検出される．ブリッジ法では試料コイルがブリッジ回路の一端に組み込まれていて，試料によるエネルギー吸収がブリッジ回路の平行のずれとして検出される．インダクション法では，試料コイルおよび磁場の双方に直角な方向にコイルをセットし，共鳴吸収のさいに誘起される磁気モーメントの変化（磁気モーメントの方向が逆転される）が検出される．試料は通常内径 1～20 mm のガラス管または石英管に封入する．

原子核の核スピンによる高周波エネルギーの吸収は式 (8・21) の共鳴条件に従って観測されるが，試料中では同じ核種でもその化学的な環境（化合物，結合状態，官能基の種類など）の違いによって，共鳴周波数または共鳴磁場の位置がずれて観測される．これは"化学シフト"とよばれる．一般には周波数一定として，磁場を掃引しながらスペクトルを測定する．この測定法が CW-NMR （連続掃引法）である．すなわち，磁場は通常の分光法の分光器の役割をしている．

試料による高周波エネルギーの吸収として測定される信号は微弱であり，増幅検出される．そこで，NMR では数 kHz の低周波で高周波の変調を行い，この低周波成分を位相検波回路で検出して，増幅・記録する工夫がなされている．低周波による変調方式は，結果的には主磁場の強さをわずかに振動させる磁場変調を行っているので，核スピンによるエネルギーの吸収（直流成分）が磁場の振動に伴って交流成分に変換される．ゆえに，低周波変調方式では信号の交流増幅が可能になり，微弱信号の検出・増幅が容易となっている．

$-\exp(-t/T_2)$

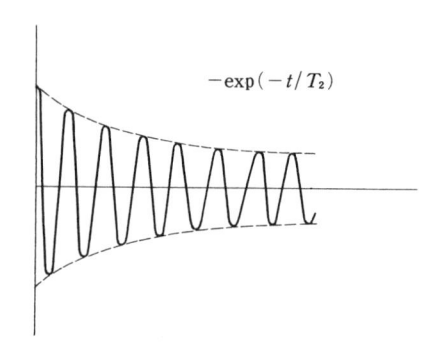

図 8・18 FT-NMR で測定される自由誘導減衰曲線の例

最近の超伝導磁石を利用する NMR 装置では，パルス法を応用した FT-NMR （フーリエ変換-核磁気共鳴吸収法）が一般的になっている．FT-NMR では高周波に測定対象に信号の共鳴周波数全域をカバーする大きなパルスを重畳させ，核スピンを反転した後，その自由誘導減衰 (free induction decay) を測定する．自由誘導減衰曲線の例を図 8・18 に示す．時間の関数である減衰曲線をコンピュータで周波数の関数に変換（フーリエ変換）し，NMR スペクトルを得る．FT-NMR では数秒で減衰曲線の測定ができ，かつ安定な測定が可能であるので，短時間のうちに数千回から数万回のスペクトルの積算ができる．ゆえに，^{13}C のように同位体比 (1.108 %) の小さい核種や，$I \geqq 1$ である他核種のスペクトル測定も容易になり，NMR による分子構造の研究は著しい発展をとげた．

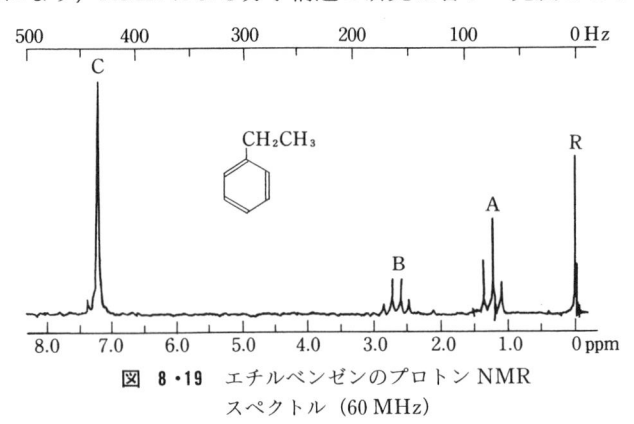

図 8・19 エチルベンゼンのプロトン NMR スペクトル (60 MHz)

c. **NMR スペクトル**：図 8・19 に 60 MHz で測定されたエチルベンゼンのプロトン (^{1}H) NMR スペクトルを示す．スペクトル中，R は化学シフトの基準となる TMS (tetramethylsilane, (CH$_3$)$_4$Si) のメチル基のシグナル，A はエチルベンゼン中のメチル基，B はメチレン基，C はベンゼン環のシグナルである．以下に，NMR スペクトルの解析法を図 8・19 を例に考えてみる．

(i) 化学シフト　　NMR スペクトルではまずシグナルの位置が問題となる．前述のように，同じ核種でもその化合物中で存在する化学環境の差異によって，測定されるシグナルの位置が異なり，これは化学シフトとよばれる．化学シフトは，その絶対的基準はないので，それぞれの核種について測定が容易で，かつ強いシグナル強度を与える化合物が基準物質として利用される．プロトン NMR の場合には TMS が最も一般的に使われ，その TMS のシグナルからどれだけ離れているかで表わされる．化学シフト δ はつぎのように定義される．

磁場掃引　　$\delta = \dfrac{H_0 - H}{H_0} \times 10^6 \text{ppm}$　　　　（8・22）

周波数掃引　　$\delta = \dfrac{\nu - \nu_0}{\nu_0} \times 10^6 \text{ppm}$　　　　（8・23）

H_0 または ν_0 は，基準物質である TMS のシグナル位置の磁場強度または共鳴周波数である．H または ν は測定対象のシグナル位置であり，通常 δ は小さいので 10^6 倍して，ppm 単位で表わされる．図 8・19 の例ではスペクトルの上側の横軸に周波数単位の目盛があるので，測定シグナル位置から ($\nu - \nu_0$) を読み取り，$\nu_0 = 60 \times 10^6$ Hz から δ を計算して化学シフトの値を得る．ただし，一般には，チャート用紙の下側の横軸に化学シフトの目盛があるので，直接読み取ることができる．エチルベンゼンの場合，$-$CH$_3$ は $\delta = 1.25$ ppm，$-$CH$_2$ は $\delta = 2.68$ ppm，$-$C$_6$H$_5$ は $\delta = 7.23$ ppm である．

なお，プロトン NMR で水溶液試料を測定する場合 TMS は溶けないので，DSS[2, 2-ジメチル-2-シラペンタン-5-スルホン酸ナトリウム：(CH$_3$)$_3$$-Si-CH_2CH_2CH_2SO_3$Na・H$_2$O] が利用される．このように基準物質を試料溶液に溶かして化学シフトを測定する方法は内部基準とよばれる．他核種の NMR では，内部基準法による測定が難しいことが多いので，試料管を二重管として，

試料溶液と基準物質溶液を別々にして測定する外部基準法を利用することが多い。

化学シフトとして、δ の代わりに τ 値が用いられることがある。τ 値は $\delta=10$ ppm を $\tau=0$、$\delta=0$ ppm を $\tau=10$（τ は無名数）として表わされる（$\delta+\tau=10$）。

化学シフトは測定核種の化学環境、すなわち電子状態によって決まるので、

表 8・8 プロトン NMR における各種官能基の化学シフト

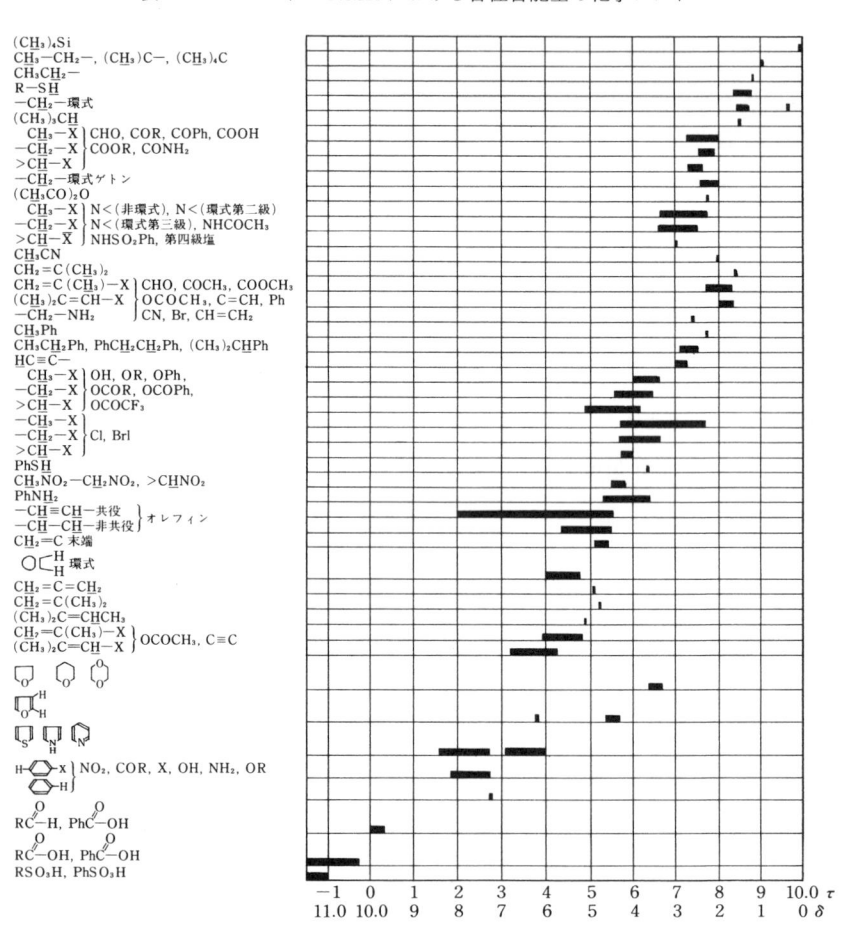

類似の化学構造または官能基ではわずかな差異はあるが、同じような化学シフトの値を与える。プロトンNMRの場合について、各種官能基の化学シフトの範囲を表8・8にまとめておく。表8・8を利用して、測定されたシグナルの化学シフトの値から官能基を類推し、さらに下記のようなスピン結合、スピンの等価性、等価なプロトンのシグナル強度比などを検討して、官能基および化合物全体の構造を決定する。

　(ii) スピン-スピン結合とスピンの等価性　　図8・19のスペクトルでメチル基は3本、メチレン基は4本にシグナルが分裂している。このような分裂はスピン-スピン結合によって生じるもので、最隣接原子上に等価なプロトンが n 個ある場合には $(n+1)$ 本に分裂する。スピン-スピン結合による分裂の規則と分裂線の強度比を図8・20に示す。図8・20で線の数は分裂線の相対的強度を表わす。この場合の強度比は $(1+x)^n$ の二項定理の展開係数に等しい。

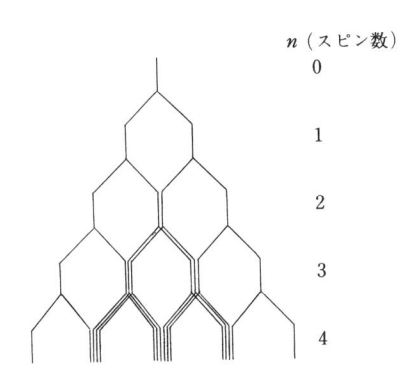

図 8・20　スピン-スピン結合の分裂規則と強度比（分裂後の線の数が強度比を与える）

　分裂の間隔はスピン-スピン結合定数とよばれ、記号 J(Hz)で表わされる。J の値はスピン結合しているプロトンの間では等しい。すなわち、エチルベンゼンではメチル基とメチレン基の J 値はいずれも 7.6 Hz である。この場合、メチル基の3個のプロトンはメチレン基のプロトンとスピン-スピン結合して同じ J 値を与える。このように化学シフトが同じで、かつスピン-スピン結合定数が同じであるプロトン（核スピン）を互いに等価であるという。同様にメチレン基の2個のプロトンも等価である。ベンゼン環のプロトンは見かけ上1本のシグ

ナルを与えているが,これはスピン-スピン結合定数が小さく5個のプロトンが等価に近いためである.

スピン-スピン結合が生じるのは,原子間の結合電子中のs電子成分が原子核の位置に存在することができるので(フェルミ接触相互作用),互いに隣接する原子核どうしがそれぞれの核スピンの磁場を感じることができるためである.

(iii) 定量分析　これまでに述べた化学シフト,スピン-スピン結合定数およびスピンの等価性についてスペクトル中のシグナルそれぞれに関して検討することによって,化合物や官能基の同定ないしは確認が可能である場合が多い.すなわち,定性分析が可能である.

一方,エチルベンゼンのメチル基,メチレン基,ベンゼン環のシグナルの面積をとれば,3：2：5となっている.これはそれぞれの官能基のプロトン数の比に等しい.このように,等価なスピンのシグナルの吸収面積はプロトン数

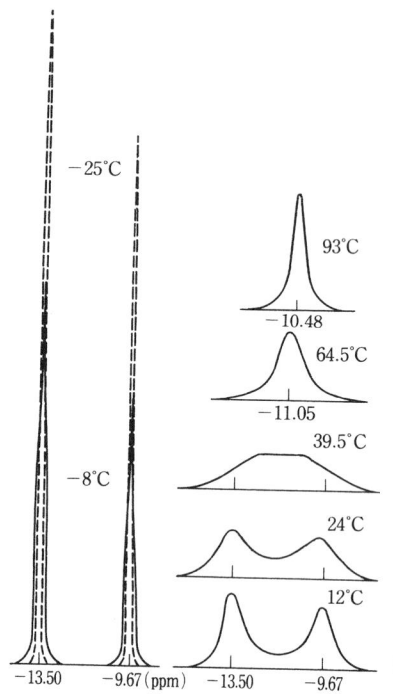

図 8・21　アセチルアセトンのプロトンNMRスペクトルの温度依存性

に比例するので，化合物や官能基の定量分析が可能となる．なお，シグナルの面積はスペクトル上で装置的に積分して表示できるようになっている．

(iv) 化学交換　アルコール中の-OH，アミノ酸の-NH$_2$や-COOHのプロトンは，水溶液中の水のプロトンと非常に速い速度（10^{-3}s以下）で互いの位置を交換している．このような現象は化学交換とよばれる．化学交換が存在すると，NMRではそれぞれのシグナルは区別できず，交換のない場合のそれぞれの化学シフトの位置の平均の位置に1本のシグナルを与える．ゆえに，交換性のプロトンが存在する系では，スペクトルの解釈に注意する必要がある．

化学交換の例として，アセチルアセトンの酢酸溶液のプロトンNMRスペクトルの温度変化を図8・21に示す．図中低温スペクトルで低磁場側がアセチルアセトン，高磁場側が酢酸のOH基のシグナルである．温度が高くなると，それぞれの化学シフトの位置でスペクトルの線幅が広がり，24℃以上ではそれぞれのスペクトルの位置が動きはじめ，ついには1本のスペクトル線を与える．このようなスペクトル線の広がりから，交換速度を求めることができる．なお，アセチルアセトン（CH$_3$COCH$_2$COCH$_3$）でOH基が観測されるのは，つぎのようなケト-エノール平衡が存在するためである．

$$\mathrm{CH_3-\underset{\underset{O}{\|}}{C}-CH_2-\underset{\underset{O}{\|}}{C}-CH_3 \rightleftharpoons CH_3-\underset{\underset{OH\cdots\cdots O}{}}{C}=CH-C-CH_3} \qquad (8\cdot24)$$

(v) ^{13}C-NMR　FT-NMRの発展は超伝導磁石を用いてプロトンに対して最大600MHzまでの高分解NMR装置が開発されたことによって，同位体存在比が小さく，または相対感度が小さいプロトン以外の核種のNMRスペクトルの測定はかなり容易になってきた．とくに，FT-NMRでは多数回のスペクトル積算が可能であるので，シグナルの強度比を大幅に改善することができる．

^{13}C-NMRはこのような測定法の進歩によって現在では日常的な測定法となり，有機化学や生物化学の研究の発展に大きな貢献をしている．

図8・22には，一例として核酸構成成分である5′-アデノシン一リン酸（5′-AMP）の^{13}C-NMRスペクトル(a)を示す．核酸塩基および糖部分の炭素の信号が観測されている．スペクトル中で炭素の信号強度比がかなり異なっているの

は，隣接する水素や窒素との相互作用のために，それぞれの炭素の緩和時間が違うためである．

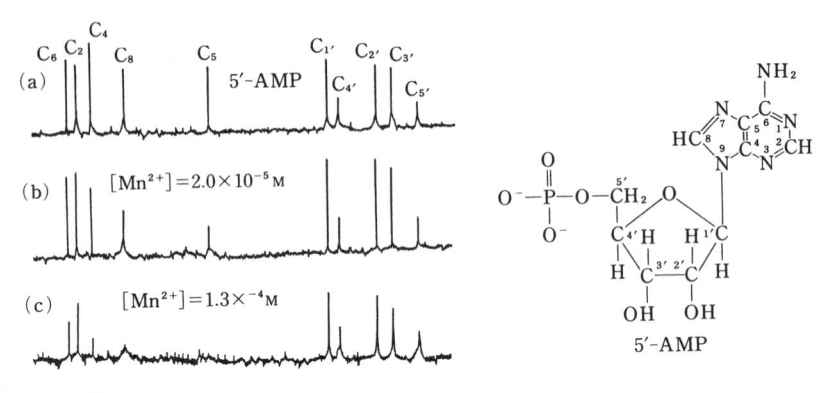

図 8・22 ^{13}C-NMR スペクトルに対する Mn^{2+}の影響（重水中，pD 7.4）

図 8・22 では 5′-AMP と Mn^{2+}の錯形成などの相互作用を調べるために，常磁性イオンである Mn^{2+}を 2.0×10^{-5}M(b)，1.3×10^{-4}M(c)加えたときのスペクトルも示してある．Mn^{2+}が共存すると，塩基部分の炭素の信号が小さくなり，とくに C$_5$ と C$_8$ の信号強度の低下が著しい．これは Mn^{2+}が N-7 に配位したために，常磁性イオンの大きな磁気モーメントの影響を受けて，近傍位置の炭素ほど信号の消滅が起こりやすいためである．なお，別の研究例では，Mn^{2+}はリン酸基にも配位していると考えられている．

(vi) 他核の NMR　表 8・7 の原子核の性質の中で，$I \geqq 1$ の原子核では核四極子モーメント Q の値が与えてある．核四極子モーメントとは，$I \geqq 1$ の原子核は球対称ではなくて，ラグビーボール状に歪んだ構造をしているために生じる性質である．このように原子核が球対称でない場合には核の周囲の電荷が核の位置につくる電場勾配と核四極子モーメントの間に電気的核四極子相互作用とよばれる大きな相互作用を生じる．核四極子相互作用は，周囲の電荷分布が球対称のときにはゼロであるが，電荷分布が球対称よりずれるほど大きくなる．ゆえに，他核の NMR は，測定対象となる原子核周囲の構造研究に有効な場合があり，とくに溶液中の金属錯体の存在状態の研究に応用されている．一例として，^{27}Al-NMR によるアルミニウム錯体の測定結果を表 8・9 に示す．

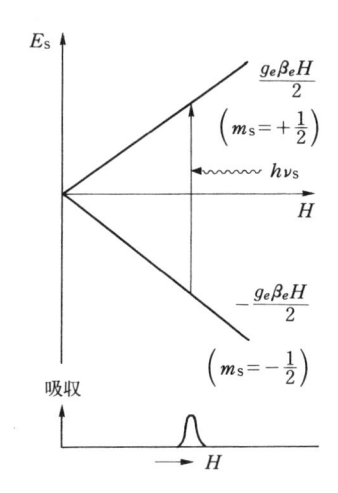

図 8・23 電子スピンのエネルギー準位の磁場（H）依存性と共鳴条件

表 8・9 ^{27}Al-NMR の化学シフトおよび線幅

錯体	化学シフト(ppm)	線幅/Hz
Al(H$_2$O)$_6^{3+}$	0 (基準)	40
Al(acac*)$_3$	〜0	93
Al(CH$_3$CN)$_6^{3+}$	+34	73
Al(C$_2$H$_5$NCS)$_6^{3+}$	−20	58
LiAlH$_4$	−100	420
Al(OH)$_4^-$	−80	60〜100
Al$_2$Cl$_6$	−105	126
AlCl$_4^-$	−102	33
AlBr$_4^-$	−80	35
AlI$_4^-$	+28	58

＊ acac：アセチルアセトン．

8・4・3 電子スピン共鳴

　常磁性物質を測定対象とする ESR は，その対象とする物質に由来して「常磁性共鳴吸収 (electron paramagnetic resonance, EPR)」ともよばれる．ESR はラジカルや常磁性金属イオンに対して適用され，NMR ほど一般的には利用されないが，ラジカルが関与する反応中間体や放射線照射生成物，または金属イ

オンの溶液構造や固体存在状態の研究に有益な情報を提供することがある．

a．ESR の共鳴条件：電子は負電荷をもっており，原子核と符合が逆であるので，原子核の場合と同じ方向の回転運動によって生成される磁気モーメントの向きが逆となるほかは，式（8・18）で表わされる核磁気エネルギーの取扱いと同じである．すなわち，磁気モーメント μ_e をもつ電子の磁場中におけるエネルギー準位 E_s は次式で表わされる．

$$E_s = g_e m_s \beta_e H \qquad (8・25)$$

式（8・25）で m_s は電子スピンの成分であり，$\pm 1/2$ の値をとる．式（8・25）のエネルギー準位の磁場依存性と共鳴吸収の原理を図 8・23 に示す．電子スピンの場合 $m_s = -1/2$ が安定なエネルギー準位となる（核スピンの場合には $m = +1/2$ が安定化する）．$m_s = \pm 1/2$ のエネルギー差 ΔE に相当するマイクロ波を照射すると，NMR の場合と同様につぎの共鳴条件において電子スピンによる共鳴吸収が起こる．ν_s が ESR の共鳴周波数である．

$$h\nu_s = g_e \beta_e H \longrightarrow \nu_s = g_e \beta_e H / h \qquad (8・26)$$

標準的な ESR 装置では $H = 3330$ gauss 程度であるので，$\nu_s = 9000$ MHz（波長約 3 cm）のマイクロ波が利用される．

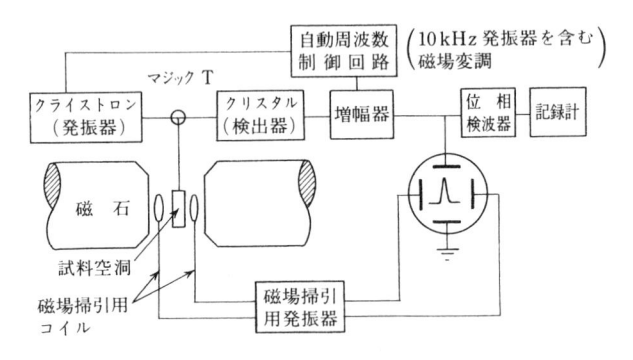

図 8・24 ESR 装置の原理図

b．ESR 装置：ESR 装置の原理図を図 8・24 に示す．ESR の共鳴周波数はマイクロ波領域にあり，そのマイクロ波の発生には空洞共振を利用するクライストロン発振器が用いられる．マイクロ波は損失が大きいためにケーブル送信ができないので，導波管を用いて試料に照射される．ESR の導波管はマジック T

とよばれる三導波管回路となっており，試料はその導波管の一端にセットして，磁場中に入れられる．マジックTは一種のブリッジ回路となっているので，電子スピンによるマイクロ波エネルギー吸収が起こるとブリッジ回路の平衡のずれとして検出される．ESR信号も微弱であるので，マイクロ波を10 kHzの低周波で変調し，この変調成分をクリスタル検波して増幅し，微分波形で表示される．一般的なESRスペクトルの測定では，マイクロ波周波数を一定にして，磁場掃引を行う．

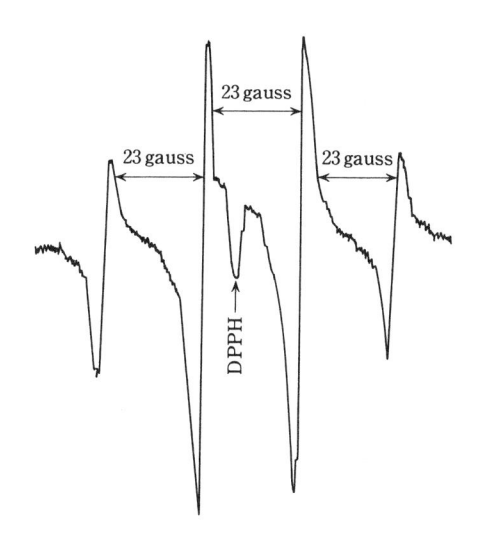

図 8・25 メチルラジカルのESRスペクトル
（$\nu_s = 9\,177.85$ MHz で測定）

c．ESRスペクトル：図8・25にメチルラジカルCH_3のESRスペクトルを示す．このスペクトルを中心にして，ESRスペクトルの見方を説明する．

（i）*g*値　　ESRでは，NMRの化学シフトに相当する値として，*g*値が用いられる．*g*値はESRシグナルを与える電子が自由電子（$g_e = 2.0023$）からどれだけずれているかを示す量であり，基準物質と測定物質の共鳴磁場をそれぞれH_0，Hとすると，*g*値は次式より計算される．

$$g = \frac{H}{H_0} \times 2.0023 \qquad (8 \cdot 27)$$

ESR 測定の基準物質としてはつぎのような構造をもつ DPPH (1,1-diphenyl-2-picrylhydrazyl) が用いられる．

図 8・25 のメチルラジカルでは，$\nu_s = 9177.85$ MHz で測定し，シグナルの中心である共鳴磁場は H = 3274.43 gauss であるから，$g = 2.0024$ である．

試料が固体，とくに結晶状態である場合には，電子の環境が磁場方向（または結晶軸）に対して非対称であるために，それぞれの方向の電子状態を反映するシグナルが観測される．この場合，ESR スペクトルの g 値に異方性があるという．磁場 H を Z 方向にかけ，結晶の座標を x，y，z としたときの g 値を g_x，g_y，g_z とすると，電子のエネルギー状態を表わす $\mathcal{H}$（ハミルトニアン）は次式で表わされる．

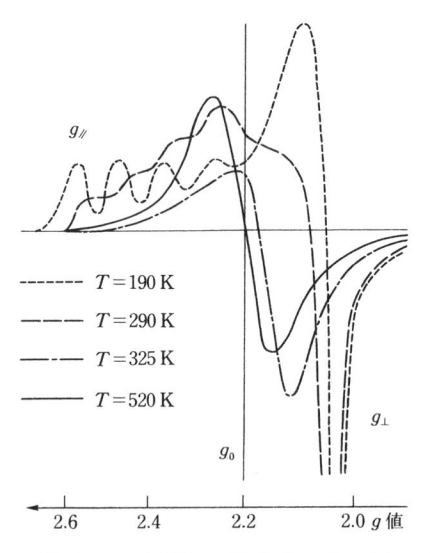

図 8・26　$CuSO_4 \cdot xH_2O$（$x = 0 \sim 5$）の ESR スペクトルの温度変化

$$\mathcal{H} = \beta_e (g_x S_x + g_y S_y + g_z S_z) H \tag{8・28}$$

式（8・28）で S_x, S_y, S_z は電子スピン S の x, y, z 成分であり，g_x, g_y, g_z が g 値の異方性を表わす値である．

g 値の異方性の例として，図 8・26 に Cu^{2+} の ESR スペクトルを示す．低温スペクトルでは $g_{//}$ と $g_\perp$ で表示した異方性が観測されている．Cu^{2+} は凍結されて $Cu(H_2O)_6^{2+}$ の状態で存在し，Z 方向に伸びた八面体構造をとっているために電子状態は $g_x = g_y \neq g_z$ となり，それに相当して $g_{//} = g_z$, $g_\perp = g_x = g_y$ の 2 種類の g 値をもったシグナルが観測される．なお，$//$ と $\perp$ はそれぞれ磁場に平行および直角の成分であることを示す．

図 8・26 のスペクトルで高温になると，試料が溶液状態となり異方性は平均化されて $g = 1/3\ (g_{//} + 2\ g_\perp)$ の位置に 1 本のシグナルになる．

(ii) 超微細構造　図 8・25 のメチルラジカルのスペクトルでは 4 本に分裂したシグナルが観測されている．このシグナルの分裂は，電子スピンが 3 個のプロトンの核スピンがつくる磁場を感じたために生じたものである．このような電子スピンと核スピンの相互作用は超微細結合とよばれ，超微細結合によるシ

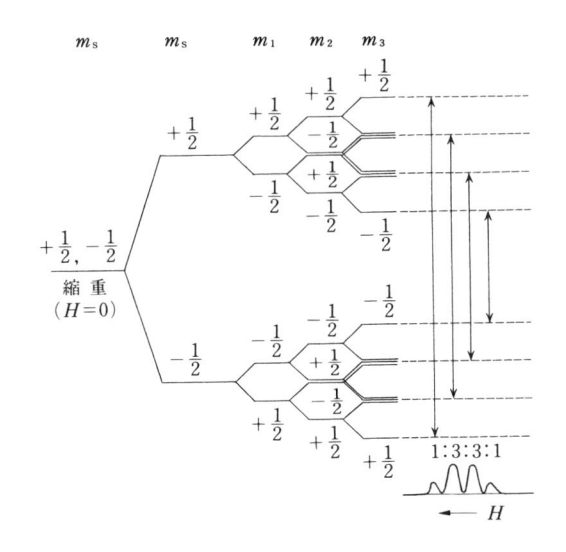

図 8・27　超微細構造の分裂規則と観測されるスペクトルの強度比

グナルの分裂を超微細構造（hyperfine structure, hfs と略記）という．

プロトンは $I=1/2$ であるから，電子スピンは $+1/2$ と $-1/2$ に相当する小さな2種類の磁場を感じることになる．メチルラジカルでは3個のプロトン ($n=3$) は等価であるので，電子スピンのエネルギー準位は3個の核スピンのために図8・27のように変化する．電子スピンの超微細結合における共鳴吸収がおこる場合の遷移の選択則は，電子スピンについて $\Delta m=0$，核スピンについて $\Delta m_s = \pm 1$ であるので，$n=3$ の場合 (m_3 のとき) 図中の矢印に示すように4本の遷移が許容される．その結果，スペクトルは4重線となり，各線の強度比は図の分裂準位の数に相当する 1：3：3：1 となる．

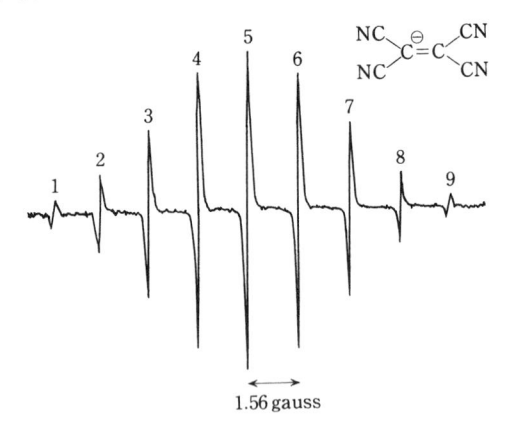

図 8・28 テトラシアノエチレン陰イオンラジカルのESRスペクトル

超微細構造においては，一般に等価な核スピンの数が n で，その核スピンが I のとき，その分裂の数は $(2nI+1)$ 本になる．超微細結合の大きさは分裂の間隔で表わされ，超微細結合定数 A（単位は gauss または Hz）として示す．メチルラジカルの場合は $A=23$ gauss である．

超微細結合は有機ラジカルの同定や解析をするのに重要であるので，別の例として，テトラシアノエチレン (TCE) 陰イオンラジカルの ESR スペクトルを図8・28に示す．この場合には，シグナルは9本に分裂し，その強度は 1：4：10：16：19：16：10：4：1 となる．TCE ラジカルの超微細構造は等価な4個の ^{14}N ($I=1$) と電子スピンの結合によるもので，$(2 \times 4 \times 1 + 1) = 9$ 本に

分裂する．これは，4個の^{14}N核の全磁気量子数Jが4，3，2，1，0，-1，-2，-3，-4の9通りの状態をとるためである．^{14}Nの核スピンは1，0，-1の3つの状態をとるので，$J=4$の状態は(1111)のみ，$J=3$の状態は(1110)，(1101)，(1011)，(0111)の4通りになる．このような全量子数の状態を決める組合せの数がシグナルの強度比に相当する．

なお，図8・26のCu^{2+}のスペクトルで低温の$g_{//}$に相当するシグナルが4本に分裂しているのは，Cu^{2+}の核スピン($I=3/2$)との超微細結合のためである．同様に，Mn^{2+}(^{55}Mnの核スピン$I=5/2$)，VO^{2+}(^{51}Vの核スピン$I=7/2$)のESRスペクトルでは，それぞれ6本と8本に分裂したシグナルが観測されることが特徴的である．

8・5 光を利用した分子スペクトル分析法

8・5・1 分子のエネルギー状態

複数の原子より構成される分子，すなわち多原子分子は式(8・2)に示したように，その内部エネルギーE_{int}として，電子エネルギーE_{elc}，振動エネルギーE_{vib}，回転エネルギーE_{rot}を有する．このような分子のエネルギーの関係を図8・29に示す．図からわかるように$E_{elc}>E_{vib}>E_{rot}$の順にエネルギーは小さくなる．電子エネルギーは，分子の軌道電子のエネルギー状態を示すもので，紫外・可視領域のエネルギーをもつ電磁波の吸収，発光現象によって観測される．振動エネルギーは，分子の振動状態を示すもので，赤外領域の電磁波エネルギーに相当する．回転エネルギーは，分子の重心軸回りの回転によって決まるエネルギー状態であり，マイクロ波領域のエネルギーに相当する．図8・29からわかるように，電子エネルギーの基底状態，励起状態のそれぞれに振動エネルギー準位が存在し，さらにそれぞれの振動エネルギー準位の間に回転エネルギーが量子化された状態で存在する．分子の電子エネルギー状態では，光の吸収によって，基底状態から励起状態への遷移が起こる．この光吸収を測定するのが紫外・可視吸収スペクトルであり，光吸収量から分子や金属イオンの定量を行う分析法が分光光度分析である．さて，励起状態に励起された分子は電子エネルギー準位

およびその振動エネルギー準位から低いエネルギーに無放射遷移(熱的に失活)によって遷移し,さらに基底状態に遷移する.このとき観測されるのが蛍光スペクトルであり,特定波長における蛍光強度を測定して定量分析を行うのが蛍光分析法である.

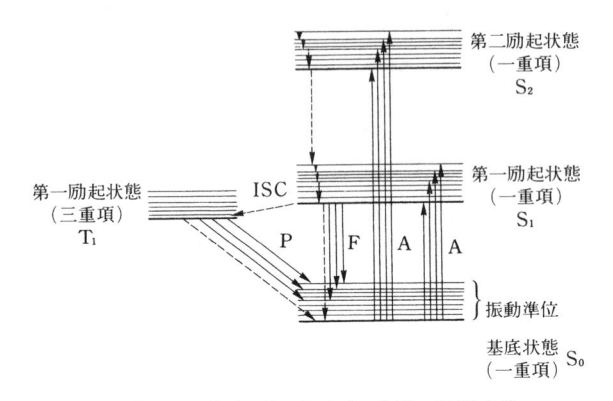

A:吸収,F:蛍光,P:りん光,ISC:項間交差
──→は放射遷移,--→は無放射遷移
図 8・29 分子のエネルギー準位と遷移過程

分子軌道に存在する電子は通常逆向きの電子スピンをもつ電子がそれぞれ1個ずつ各軌道に入る.この状態は,一重項状態(S: singlet)という.一方,分子によっては同じ向きの電子スピンをもつ不対電子が2個ある三重項状態(T:triplet)が存在する.このような分子では,一重項状態から三重項状態への遷移が起こる場合があり,その三重項状態から一重項基底状態への遷移によってエネルギーが放射されることがある.このとき観測されるのがりん光スペクトルである.前述の蛍光とりん光の差異は,蛍光寿命は10^{-9}秒のオーダーであるのに対して,りん光の寿命は10^{-3}〜10秒のオーダーと長い点である.

8・5・2 分光光度分析法

a.吸収スペクトル:図8・29のエネルギー準位図において電子エネルギー準位間の遷移を測定する方法は電子スペクトル法という.電子スペクトル法は紫外領域(185〜370 nm)と可視領域(370〜780 nm)に相当する電磁波と物質の相互作用を測定する分光法である.その中で吸収を測定する方法が電子吸収スペクトル法であり,一般に可視領域では吸光光度分析法,紫外領域の吸収法を

紫外吸収スペクトル分析法とよぶ．また，これらの分光法を総称して，分光光度分析法という．

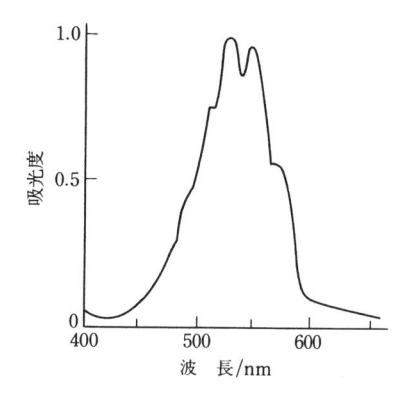

図 8・30 過マンガン酸カリウム溶液の吸収スペクトル
(Mn : 22.5 mg ml^{-1})

図8・30に過マンガン酸カリウム溶液の吸収スペクトルを示す．この場合525 nm と 545 nm に吸収最大を示すピークが観測されており，この吸収を吸収極大という．吸収極大は測定物質に特有なものであり，一般にはこの吸収極大を示す波長付近でその物質の濃度を測定する．

表 8・10 可視光の色と補色の関係

波長／nm	色	補色
380〜435	すみれ	黄緑
435〜480	青	黄
480〜490	緑青	橙
490〜500	青緑	赤
500〜560	緑	紫
560〜580	黄緑	すみれ
580〜595	黄	青
595〜650	橙	緑青
650〜780	赤	青緑

表8・10には可視領域の波長域における光の色とその補色を示す．補色とは，白色光がある物質を通過するとき，その物質に特有な波長領域の光を吸収して

しまうためにその残りの色が補色として我々の眼に感じられるのである．過マンガン酸カリウムの場合，525 nm と 545 nm の吸収極大を示す波長域は本来緑色であるが，白色光のもとでは緑色が吸収されてしまうために，その残りの色，すなわち補色として紫色の溶液としてみえることになる．

つぎに述べるように，着色物質では吸収極大における光の吸収量を測定して濃度を求めることができる．多環芳香族化合物，タンパク質，核酸などでは眼にみえる着色はないが，紫外領域に強い吸収があるので，同様に定量分析が可能である．定量成分が着色していない場合には，発色試薬と反応させて（発色反応）呈色化合物を生成させ，定量を行う．金属イオンでは呈色していないか呈色が小さいことが多いので，適当な発色試薬を用いて，選択的に吸収の大きい呈色化合物を生成することが，高感度の分析を行う条件となる．

b．装　置：分光光度分析法で用いられる装置としては単光束型と複光束型のものがあり，それぞれの装置の概略図を図8・31と図8・32に示す．いずれの場合も，光源，分光器，検出器，増幅・演算回路，表示・記録計よりなる．

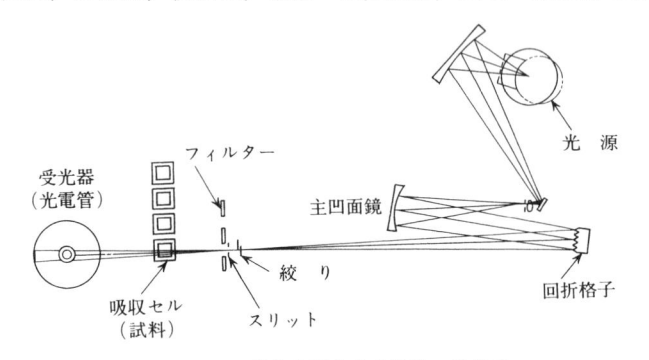

図 8・31　単光束型分光光度計の光学系

光源としては，可視部にはタングステンランプ（350～850 nm），紫外部には水素または重水素放電管が連続光源として使用される．タングステンランプはその寿命を長くするためにヨウ素などのハロゲンガスが封入されたものであり，このタイプのものはハロゲンランプとよばれることがある．

分光器としては，プリズムまたは回折格子を用いて波長を分散させる分光器（モノクロメーター）が利用される．分光器で測定波長の単色光になった光は吸

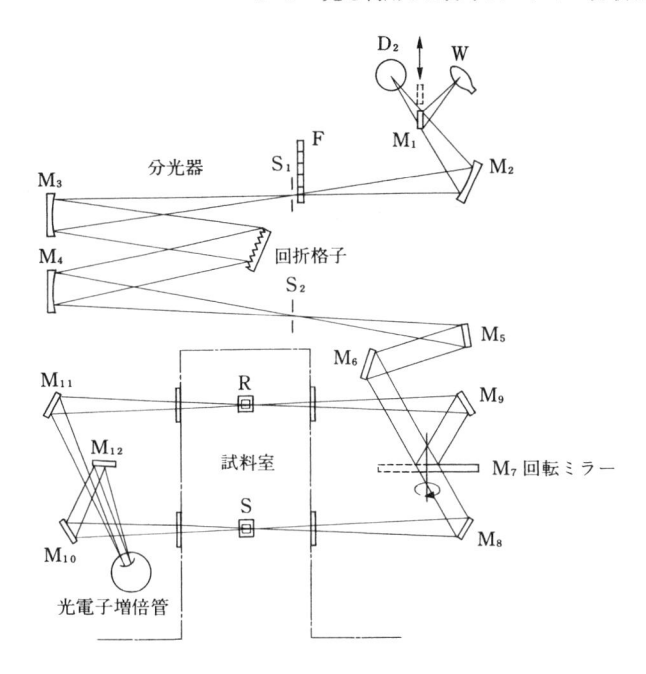

8・5 光を利用した分子スペクトル分析法　171

D₂：重水素ランプ，W：タングステンランプ，F：フィルター，S₁,S₂：スリット，M₁〜M₁₂：ミラー，S：試料セル，R：対照セル

図 8・32 複光束型分光光度計の光学系

収セルに導かれて試料を照射する．単光束型の場合には，吸収セルを複数個並べて，対照試料（ブランク）と測定試料を入れたセルを移動させて交互に測定し，両者の吸収の差から測定物質の吸収量を求める．複光束型の装置では，対照セルと試料セルを並べておき，単色光が交互に両方のセルに入るようにして，検出器でそれぞれの光強度を測定する．この場合試料セルと対照セルを通過した光の強度の比が，増幅・演算回路で数値処理され，後で述べる吸光度に自動的に変換される．複光束型装置は，自記分光光度計ともよばれ，図8・30に示したような，波長と吸光度の関係を表わすスペクトルを自動的に測定することができる．

ここで，回折格子による分光の原理について簡単に触れておく．分光光度計で用いられる回折格子は，刻線数（回折格子表面1 mm当りの刻線の数）が600〜1200本/mm程度のものであるが，原子スペクトル分析で使用される高分

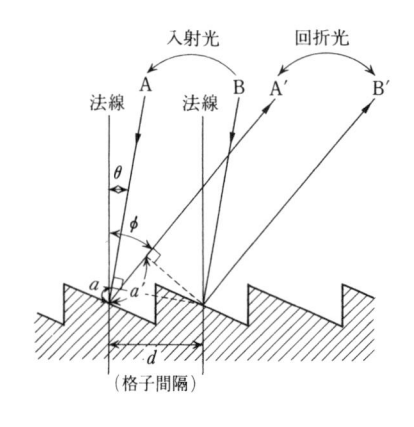

θ：入射角，ϕ：回折角

図 8・33 回折格子における干渉の原理

解分光器では刻線数 1800～3600 本/mm の回折格子が用いられることがある. いま回折格子断面の拡大図を図 8・33 に示す. 回折格子の法線 NG に対して入射角 θ で白色光 A, B が入射し, 格子面で回折角 ϕ で反射された回析光を A′, B′ とする. このときの光路差を考えてみると, A と B では回折格子面に到達するのに距離 a だけ, また A′ と B′ では a' だけの差を生じる. 故に, 両方あわせると $(a+a')$ の光路差となり, その分だけ光の位相がずれることになる. ただし, この光路差が波長の整数倍のときは光は強めあい, そうでないときは弱めあう. 格子間距離を d とすると, 次式の条件のとき光が強めあい, その波長の光だけが分光される.

$$d\,(\sin\theta + \sin\phi) = m\lambda \tag{8・29}$$

このとき, m は回折の次数, λ は光の波長である.

図 8・31, 8・32 に示した分光器の光学系はエバート型またはツェルニ・ターナー型とよばれるもので, 一般の分光器で最もよく使用されている. 回折格子面を回転させることによって, 波長を選択 (分光) することができる.

試料または対照セルを通過した光は一般に光電子増倍管または光電管に導かれて, 検出される. いずれの検出でも, 光電面で光信号が電気信号に変換され, 電気的に増幅される. 光電子増倍管は図 8・34 のようになっており, 光電陰極面に光が照射されて, 光電子が放出される. D_1～D_9 のダイノードには数百ボルトの電位差がかけられており, 各段で光電子が増殖されて最終段の陽極で検出される. 全体的には陰極と陽極の間には 400～900 V の電圧がかけてあり, 最大 10^6

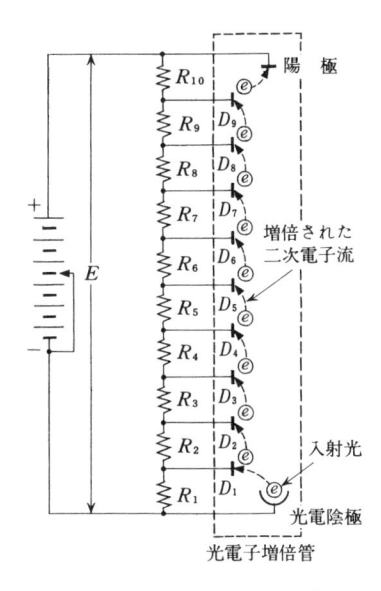

8・5 光を利用した分子スペクトル分析法 173

図 8・34 光電子増倍管の動作原理

倍程度の増幅ができる．

　光電子増倍管は使用する陰極の種類により，感応する波長領域が異なる．図8・35に光電陰極面の種類と分光感度特性の例を示す．Na-K-Sb-Cs を光電面に用いた R 456（浜松ホトニクス社製）は広い波長範囲の検出に利用される．

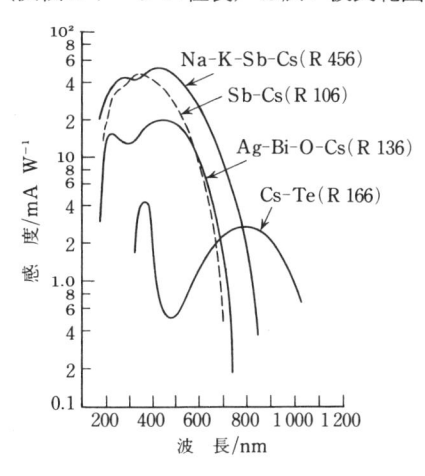

図 8・35 代表的な光電子増倍管とその分光感度特性

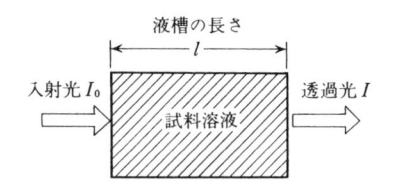

図 8・36 試料溶液層を通過する入射光と透過光の関係

c．ランベルト・ベールの法則：光が図8・36に示すような吸収する物質を含む長さlの液層を通過するさいには，その強度は指数関数的に減衰する．これはランベルトの法則として知られているもので，いま入射光強度をI_0，透過光強度をIとすると次式のように表わすことができる．

$$I = I_0 e^{-k_1 l} \tag{8・30}$$

または
$$-\ln(I/I_0) = k_1 l \tag{8・31}$$

図8・36において，溶液が均一である場合には，光の透過単位断面積に含まれる分子の数nは液層の長さlに比例する．ゆえに，式(8・31)はつぎのように書くことができる．

$$-\ln(I/I_0) = k_2 n \tag{8・32}$$

溶液中で溶質間の相互作用がない場合には分子数nは溶液濃度cに比例するので，式(8・32)は式(8・33)のように書ける．すなわち，透過光は溶液濃度cが増加するにつれて指数関数的に減衰する．これはベールの法則として知られている．

$$-\ln(I/I_0) = k_3 c \tag{8・33}$$

上記のように，物質層を通過する光の関数$-\log(I/I_0)$は，長さlと濃度cのいずれにも比例するので，これをまとめ，常用対数を用いてつぎのように書くことができる．

$$-\log(I/I_0) = klc \tag{8・34}$$

式(8・34)が光の吸収に関するランベルト・ベールの法則である．式(8・34)の$-\log(I/I_0)$は吸光度A(absorbance)と定義され，吸収スペクトル測定による定量の基礎となる．すなわち，つぎの関係式が重要となる．

$$A = -\log(I/I_0) = \log(I_0/I) = klc \tag{8・35}$$

なお，入射光（I_0）と透過光（I）の間の関係は，上記の吸光度のほかに，つぎの透過率（transmittance）の関係で表わされることもある．

$$透過率 \quad T = I/I_0 \quad (8 \cdot 36)$$
$$パーセント透過率 \quad T(\%) = (I/I_0) \times 100 \quad (8 \cdot 37)$$

式(8・34)で比例定数 k は吸光係数(absorption coefficient または extinction coefficient)とよばれ，とくに濃度 c をモル濃度 M で表わしたときには ε と書き，モル吸光係数（molar absorption coefficient）という．後述するように，モル吸光係数は分子に固有の値を示し，それが大きいほど吸光光度分析法の感度がよく，定量分析の基本的な定数と考えられている．

d．分光測光誤差：分光光度計によって透過率または吸光度を測定する場合，吸収のないときの入射光強度 I_0 を 100，また光が入らないときを 0 として光度計のメーターをまず調整する．このときの操作を 100 あわせ(透過率 100 %)，0 あわせ（透過率 0 %）といい，単光束型の分光器による定量操作ではつねに必要な操作である．なお，100 あわせはブランク溶液を通過したとき，0 あわせは入口または出口シャッターを閉じることによって調整する．

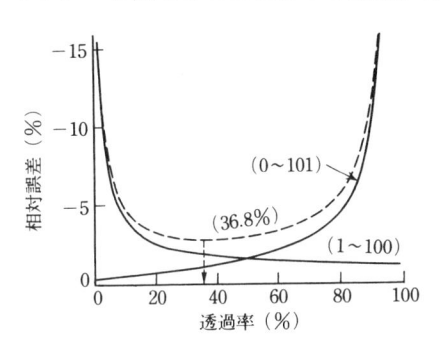

図 8・37 分光光度計の調整誤差（――）と読取り誤差（……）

分光光度計の 100 あわせと 0 あわせの目盛りの調整を間違えたときの測定誤差を図 8・37 に示す．すなわち，相対誤差を dc/c(dc は測定される濃度誤差)と定義し，目盛り調整を 1～100 %，および 0～101 %にあわせたときの各透過率（%）における誤差をまとめたものである．

つぎに測光における目盛りの読取り誤差を考えてみる．ベールの法則を表わ

す式（8・35）から，dA を吸光度の読取り誤差とすると，次式が得られる．

$$\frac{dc}{c} = \frac{dA}{A} \tag{8・38}$$

式（8・38）を書き換えると，

$$dA = \frac{1}{2.30} d\ln\left(\frac{I_0}{I}\right) = \frac{1}{2.30}\left(\frac{I}{I_0}\right)\left(-\frac{I_0}{I^2}\right)dI = -\frac{dI}{2.30\,I} \tag{8・39}$$

故に，両辺を A で割ると，

$$\frac{dA}{A} = -\frac{dI}{2.30\,IA} = -\frac{dI}{2.30\,I_0 A\,10^{-A}} = \frac{dc}{c} \tag{8・40}$$

式（8・40）で dc/c が最小になるのは，分母が最大のときであるから，分母を A で微分して極大値を与える A の値を求めればよい．

$$\frac{d\,(2.30\,A\,10^{-A})}{dA} = 2.30\,(10^{-A} - 2.30\,A\,10^{-A})$$
$$= 2.30 \times 10^{-A}\,(1 - 2.30\,A) \tag{8・41}$$

故に，$A = 1/2.30$ のとき最小値となる．これは吸光度 0.43（透過率 36.8 %）に相当するので，このときの相対誤差は式（8・40）に $A = 0.43$, $I_0 = 100$ を代入して求めることができる．

$$\frac{dc}{c} = -2.72 \times 10^{-2} dI \tag{8・42}$$

これより透過率の読取り誤差が 1 % のとき，濃度の相対誤差は最もよくて 2.72

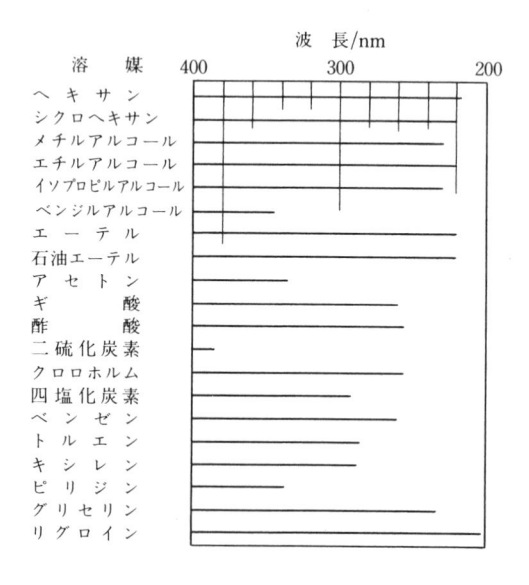

溶媒	波長/nm

ヘキサン
シクロヘキサン
メチルアルコール
エチルアルコール
イソプロピルアルコール
ベンジルアルコール
エーテル
石油エーテル
アセトン
ギ酸
酢酸
二硫化炭素
クロロホルム
四塩化炭素
ベンゼン
トルエン
キシレン
ピリジン
グリセリン
リグロイン

図 8・38　溶媒の使用可能な波長領域

%と最小になる．透過率の読取り誤差が1%のときの相対誤差を式(8・40)より計算した値をプロットしたものを図8・37に点線で示す．これにより，透過率で10〜80%，吸光度で0.1〜1.0が相対誤差が小さい実用的な測定の範囲であることが理解できる．

e．その他の誤差の原因：吸光度または吸収スペクトルの測定においては，上記の調整誤差や読取り誤差のほかにも誤差となる原因が多くある．まず，使用する溶媒の吸収の問題がある．図8・38には吸収スペクトル測定に使用できる溶媒と，その使用できる波長範囲（実線部分）を示す．多くの有機溶媒は紫外領域に吸収をもつもので十分な注意が必要である．このような溶媒による吸収は，ブランクの対照溶液に同じ溶媒を用いることによって補正する．また，測定物質の吸収極大や吸収スペクトルが溶媒によって変化すること（溶媒効果）があるので，注意しなければならない．

装置の問題としては，分光器のスリット幅が大きいと光源光の単色性が悪くなり，ベールの法則が見かけ上成立しなくなるために，検量線が曲がりやすくなる．また，増幅器の非直線性，不安定性，応答時間の長短なども誤差の原因となる．

化学的な問題としては，測定物質が化学的に変化する，錯形成や酸塩基解離平衡がずれる，発色化合物が不安定である，とくに発色が時間とともに小さくなる（退色効果）などがある．溶液試料ではとくにpHに注意する必要がある．また，発色に時間がかかるもの，または退色効果があるものについては，試料調製後一定の時間に吸収測定することが肝要である．

f．発色試薬：吸光光度分析で定量される物質はそのままで呈色しており，定量可能なものもあるが，多くの物質は何らかの方法で吸収測定が可能となる呈色化合物に変換する必要がある．このような呈色化合物に変える反応を発色反応，発色に用いる試薬を発色試薬という．発色反応としては，酸化，キレート生成，イオン会合，付加，ヘテロポリ酸生成などがある．
表8・11には，キレート反応を利用する発色試薬の例を示す．

吸光光度分析法における定量分析に応用される場合の発色試薬の条件としてはつぎのようなことを考えておく必要がある．

表 8・11 代表的なキレート発色試薬

配位の種類	試薬	構造式	呈色反応を示す主な金属
N, N	ジメチルグリオキシム	$H_3C-C-C-CH_3$ $\|$ $\|$ $HO-N$ $N-OH$	Ni, Pd
	1,10-フェナントロリン	表8・12参照	Fe
N, O	ニトロソR塩	(構造式)	Co
	8-キノリノール（オキシン）	(構造式)	Al, Fe ほか多くの金属

O, O	アセチルアセトン	$CH_3-C-CH_2-C-CH_3$
		      $\|\|$ $\|\|$
		      O O
			Be ほか多くの金属

	アリザリンS	(構造式)	Al
N, S	ジフェニルチオカルバゾン（ジチゾン）	(構造式)	Hg, Pb, Cd ほか多くの金属
S, S	ジエチルジチオカルバミン酸塩	$(C_2H_5)_2N-C\genfrac{}{}{0pt}{}{S}{SNa}$	Cu

(1) 鋭敏 (sensitive) であること．
(2) 目的成分とだけ反応するような，選択的 (selective) または特異的 (specific) な試薬であること．
(3) 反応が速く，pH，温度，共存物質などの影響が小さいこと．
(4) 呈色化合物が長時間安定であること．
(5) 呈色化合物が水や有機溶媒に溶けやすいこと．

表8・12には鉄(II)とキレート錯体を生成する配位子であるジピリジルとフェナントロリン誘導体の構造，モル吸光係数，吸収極大波長を示す．配位子が

大きくなるにつれてモル吸光係数が大きくなることがわかる。式(8·35)からわかるように，測定される吸光度はモル吸光係数が大きいほど大きくなり，鋭敏な定量分析ができるので，モル吸光係数の大きい発色試薬の利用や開発がとくに金属イオンの微量分析に必要である。

表 8·12 Fe(II)と錯体を生成する配位子の構造とその錯体のモル吸光係数(ε)および吸収極大(λ_{max})

化 合 物	構 造	$\varepsilon \times 10^3$	λ_{max}/nm
2,2'-ビジリジル		8.0	522
2,2',2''-トリピリジル		11.2	522
1,10-フェナントロリン		11.1	508
4,7-ジフェニル-1,10-フェナントロリン（バトフェナントロリン）		22.4（イソアミルアルコール）	533
2,4,6-トリピリジル-s-トリアジン		24.1（ニトロベンゼン）	595
2,6-ビス(4-フェニル-2-ピリジル)-4-フェニルピリジン		30.2	583

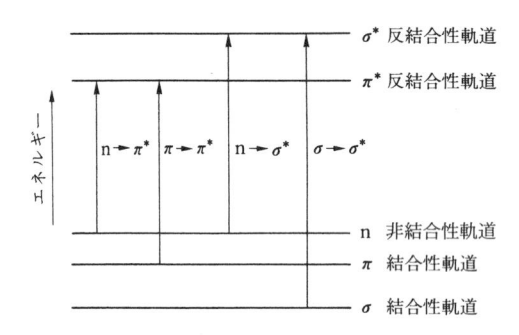

g．分子構造と吸収スペクトル：紫外・可視吸収スペクトルで測定される吸収波長は分子の励起エネルギーに相当し，そのエネルギーは結合の種類に関係づけられる．有機化合物の場合，単結合に関与する分子軌道は σ 軌道，二重結合は π 軌道に電子が満たされている．また酸素，窒素，ハロゲンなどの原子を有する分子では結合に関与していない軌道があり，これは n 軌道とよばれる．σ および π 軌道は励起されると，電子が満たされていない反結合性の σ^* および π^* 軌道に遷移する．n 軌道の電子は反結合性軌道がないので，σ^*, π^* 軌道に励起

```
─────────── σ* 反結合性軌道
─────────── π* 反結合性軌道

  n→π* π→π* n→σ* σ→σ*

─────────── n 非結合性軌道
─────────── π 結合性軌道
─────────── σ 結合性軌道
```

図 8・39 分子軌道電子のエネルギー準位の関係と可能な遷移

される．図 8・39 にはこれらの軌道のエネルギー準位の概略的な関係を示す．これより，$\sigma \to \sigma^*$, $n \to \sigma^*$, $\pi \to \pi^*$, $n \to \pi^*$ に相当する吸収の順に励起エネルギーが小さくなり，長波長側に吸収が観測される．$\sigma \to \pi^*$, $\pi \to \sigma^*$ の遷移は禁制遷移であるので，これらの遷移に相当する吸収は一般に現われない．

遷移金属イオンを含む化合物ではd電子やf電子も吸収に関与するので，1) 金属イオン内励起によるd-d*遷移やf-f*遷移，2) 配位子内の電子遷移 (図8・39 の遷移と同じ)，3) 金属から配位子への電荷移動による遷移，に相当する吸収が観測される．これらの3種類の遷移のうち，2) および 3) は許容遷移であるのでモル吸光係数の大きな吸収を与える．

有機化合物の吸収スペクトル（とくに紫外吸収スペクトル）では前述のような遷移による吸収が観測されるが，その中では $\pi \to \pi^*$ 遷移，$n \to \pi^*$ 遷移に相当するものがほとんどである．このような吸収スペクトルは分子構造と密接に関係する場合が多く，それ自身吸収遷移をもつような原子団は発色団とよばれ

る．発色団としては，カルボニル基，ニトロ基，ジアゾ基，芳香環などの不飽和結合をもつ官能基がある．表 8・13 には，これらの発色団について化合物の例，

表 8・13 発色団の種類と吸収波長およびモル吸光係数

発色団	化合物の例	λ_{max}/nm	モル吸光係数
RR'C=O	アセトン	192 271	900 16
RHC=O	アセトアルデヒド	293	12
−COOH	酢酸	204	60
RCH=CHR'	エチレン	193	10 000
RC≡CR'	アセチレン	173	6 000
>C=N−	アセトオキシム	190	5 000
−N=N−	ジアゾメタン	～410	～1 200
−N=O	ニトロソブタン	300 665	100 20
−NO₂	ニトロメタン	271	19
−ONO₂	硝酸エチル	270	12
−ONO	亜硝酸オクチル	230 370	2 200 55
>C=S	チオベンゾフェノン	620	70
>S→O	シクロヘキシルメチルスルホキシド	210	1 500

吸収極大，モル吸光係数をまとめる．一方，それ自身は特定の吸収をもたないが，発色団と結合して発色団の吸収に深色効果（吸収を長波長に移動させる）や濃色効果（吸収強度を増大させる）を及ぼすものを助色団という．助色団としては，アルキル基，アミノ基，水酸基などがある．なお，深色効果と濃色効果の逆の現象はそれぞれ浅色効果，淡色効果とよばれる．

一般に共役系の結合をもつ分子では $\pi \rightarrow \pi^*$ に基づく大きな吸収を示す．この場合，分子中の共役系が交互に隣接しており，かつ共役系の長さが長くなるほど大きな吸収を与える．一方，芳香族化合物も π 電子に由来する大きな吸収を示す．このような π 電子による吸収例として，表 8・14 に縮合多環芳香族化合物の特性吸収帯をまとめておく．発色団の特性吸収帯，およびそれに対する助色団の効果や溶媒効果などを利用して分子構造の決定や未知化合物の定量を行うことができる．

表 8・14 縮合多環芳香族化合物の特性吸収

化 合 物	環 数	λ_{max}/nm	$\log \varepsilon_{max}$
ベンゼン	1	200 255	3.65 2.35
ナフタレン	2	220 275 314	5.05 3.75 2.50
アントラセン	3	350 380	5.20 3.90
ナフタセン	4	280 480	5.10 4.05
ペンタセン	5	310 580	5.50 4.10

h．化学分析への応用：

(i) 多成分同時定量法　　互いにスペクトルの異なる二成分以上の多成分混合系の各成分を分離せずに定量する場合には，成分の数だけの波長における吸光度を測定して，濃度を求めることができる．ここでは，二成分系についてその例を示す．

二成分混合系が図8・40のような吸収スペクトルを示したとする．このとき，成分aとbのλ_1, λ_2における吸光係数がそれぞれε_{a1}, ε_{b1}, ε_{a2}, ε_{b2}であったとする．a，bの濃度がc_a, c_bであれば，λ_1, λ_2における吸光度A_1, A_2は次式で

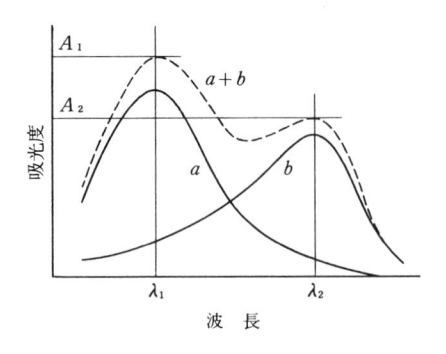

図 8・40　二成分同時定量の原理
(aとbの二成分系)

表わすことができる.

$$A_1 = \varepsilon_{a1} c_a + \varepsilon_{b1} c_b \qquad (8\cdot43)$$

$$A_2 = \varepsilon_{a2} c_a + \varepsilon_{b2} c_b \qquad (8\cdot44)$$

これらの連立方程式から c_a, c_b を求めると,つぎのようになる.

$$c_a = \frac{\varepsilon_{b2} A_1 - \varepsilon_{b1} A_2}{\varepsilon_{a1}\varepsilon_{b2} - \varepsilon_{b1}\varepsilon_{a2}}, \quad c_b = \frac{\varepsilon_{a1} A_2 - \varepsilon_{a2} A_1}{\varepsilon_{a1}\varepsilon_{b2} - \varepsilon_{b1}\varepsilon_{a2}} \qquad (8\cdot45)$$

n 成分系では,λ_1, λ_2, ……, λ_n における吸光度を測定し,上記の例のように n 個の連立方程式からそれぞれの成分の濃度が求められる.

(ii) 錯体の組成比の測定　溶液中で金属イオン (M) と配位子 (L) が錯体 ML_n を生成するとき,その組成比 $n = [L]/[M]$ を吸光光度法によって求めることができる.錯体の組成比決定の例として,モル比法と連続変化法の原理を図 8・41 に示す.

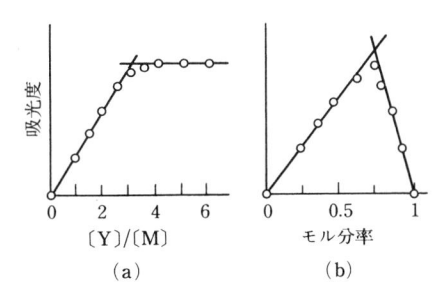

図 8・41　錯体の組成比の求め方 ((a) モル比法,(b) 連続変化法)

モル比法では金属イオンの濃度 [M] を一定に保って,配位子の濃度 [L] を変化させて各濃度比 [L]/[M] における吸光度を測定する.この濃度比と吸光度の関係をプロットした場合に,二つの直線の交点が組成比 n を与える.

連続変化法では,金属イオンと配位子の濃度の和 ([M]+[L]) を一定に保って [M] と [L] の比を変化させる.すなわち,金属イオンと配位子のモル分率を横軸にとって,錯体 ML_n の吸収極大位置 (波長) における吸光度を測定してプロットする.このとき,最大吸光度を与えるモル分率が錯体の組成比と一致する.

(iii) 示差法　蒸留水をブランクにして濃度既知 c_1 の溶液を測定したとき,その透過率が T_1 (%) であったとする.つぎに,この溶液をブランク ($T = 100$

%) として，それより高濃度の溶液の透過率を測定したら透過率 T_2 (%) であった．このとき高濃度溶液の濃度を c_2 とすると，c_2 は次式より求められる．

$$c_2 = \frac{\log\left(\frac{100}{T_1} \cdot \frac{100}{T_2}\right)}{\log\left(\frac{100}{T_1}\right)} \times c_1 \quad (8 \cdot 46)$$

このように，低濃度の溶液をブランクとして高濃度の測光を行う方法を示差法という．この方法は一種の目盛り拡大効果があって，d．で述べた測光誤差を小さくして正確かつ精度のよい定量を行うことができる．

(iv) 化学平衡の測定　　酸塩基平衡，または二量体生成，水素結合，分子間錯体などの平衡についても吸収スペクトルの測定から化学平衡としての情報を

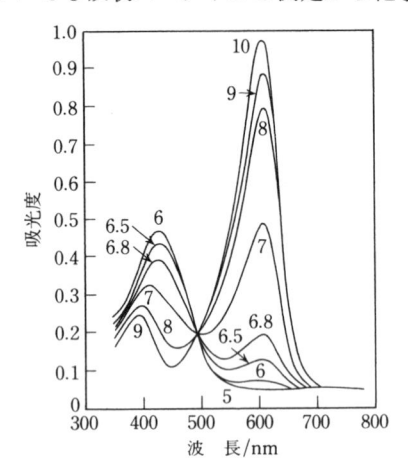

図 8・42　フェノールレッドの吸収スペクトルの pH による変化
（図中の値は溶液の pH）

得ることができる．図 8・42 には酸塩基指示薬に使用されるフェノールレッドの吸収スペクトルの pH 依存性を示す．フェノールレッドは酸性側では 430 nm に吸収極大を有するが，pH が高くなると 610 nm のピークが大きく観測される．このとき，490 nm の吸収強度は pH に無関係に一定の吸光度を示す．この 490 nm の吸収位置を等吸収点（isosbestic point）といい，2 種類の化学種が平衡にある場合の判定の基準になる．

いまフェノールレッドの未解離形と解離形をそれぞれ HP，P$^-$ とすると，その解離定数 K_a は次式で与えられる．このとき，HP の解離度を α，また 610 nm に

$$K_a = \frac{[\text{H}^+][\text{P}^-]}{[\text{HP}]} \quad (8\cdot47)$$

おける HP と P^- の吸光度をそれぞれ A_{HP}, A_{P} とすると, K_a および各 pH における吸光度 A はつぎのようになる.

$$K_a = [\text{H}^+]\alpha/(1-\alpha) \quad (8\cdot48)$$

$$A = (1-\alpha)A_{\text{HP}} + \alpha A_{\text{P}} \quad (8\cdot49)$$

この両辺を整理すると,

$$K_a = \frac{A_{\text{HP}} - A}{A - A_{\text{P}}}[\text{H}^+] \quad (8\cdot50)$$

となる. $A - A_{\text{P}} = A_{\text{HP}} - A$ のとき, すなわち $A = (A_{\text{HP}} + A_{\text{P}^-})/2$ のとき $K_a = [\text{H}^+]$ となり, $pK_a = \text{pH}$ の関係が得られる. このようにして吸収スペクトルの測定より酸塩基平衡の解離定数を求めることができる.

8・5・3 蛍光分析法とりん光分析法

a. 蛍光スペクトル: 図 8・29 に示したように, 基底一重項状態から光吸収によって励起一重項状態に励起された分子は, 無放射遷移によって第一励起状態の最低エネルギー準位に遷移したのち, 蛍光を発して基底一重項状態に戻る. また, 励起一重項状態から項間交差遷移によって三重項状態に移り, さらに基底一重項状態に遷移してりん光を発する. このような蛍光やりん光は総称して光ルミネッセンスともよばれる. とくに, 蛍光分析法は感度, 選択性とも優れた分析法となる場合が多い.

図 8・43 にはアントラセンの吸収スペクトル A と蛍光スペクトル F を示す. 一般に蛍光スペクトルは吸収スペクトルよりも長波長側に観測されるのが特徴である. また吸収スペクトルと蛍光スペクトルは互いに鏡像対称に近い関係にあることも特徴である.

b. 蛍光・りん光測定用装置: 図 8・44 に蛍光光度分光計の概略図を示す. 蛍光測定装置では一般にダブルモノクロメーター(2 分光器)が使用され, 最初の分光器は光源光を単色光として試料に照射するもので, 励起光分光部という. 試料から放射された蛍光は第 2 の分光器に入り, 分光・検出される. このとき第 2 の分光器の波長を掃引すると蛍光スペクトルを測定することができる. 一方, 第 2 分光器である蛍光分光器の波長を固定して, 励起光分光部の波長を掃引して得られるスペクトルは励起(または発光)スペクトルという. 蛍光測定

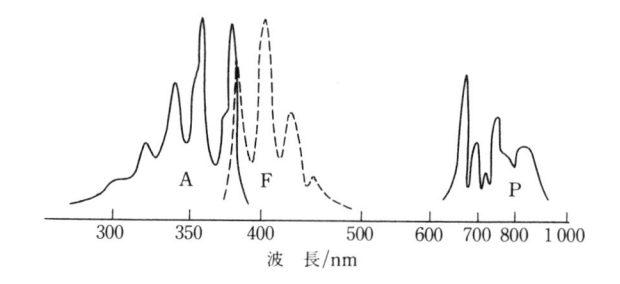

A：吸収スペクトル，F：蛍光スペクトル，P：りん光スペクトル
図 8・43 アントラセンの吸収，蛍光，りん光スペクトル

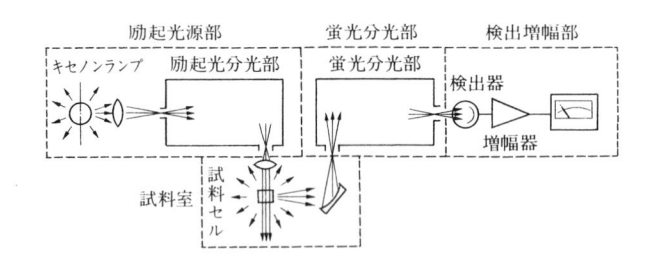

図 8・44 蛍光分光光度計の概略図

においては，励起光と試料の方向に対して直角方向から蛍光を測定するのが一般的である．

りん光測定に用いられる装置は原理的には図 8・44 と同じで，付属装置を追加するだけでよい．一般には蛍光とりん光は観測される波長範囲が重なることが多く，蛍光，りん光測定のバックグラウンドとなる．この場合には，りん光と蛍光の寿命の差を利用して時間的にバックグラウンドを除去する方法を採用して，りん光スペクトルを測定する．

c．蛍光と消光：蛍光測定においてはその蛍光強度は一般に光源光強度に比例するので，レーザーなどの強い光強度をもつ光源を利用すれば高感度の定量分析が可能となる．

蛍光の励起過程は光吸収過程である．いま蛍光物質の濃度を c，溶液層の長さ l，入射光強度 I_0，透過光強度 I，吸光係数 k とすると，光吸収に関するランベルト・ベールの法則が成立する．

$$I = I_0 \exp(-klc) \tag{8・51}$$

ゆえに,吸収された光の強度はつぎのようになる.

$$I_0 - I = I_0[1 - \exp(-klc)] \tag{8・52}$$

観測される蛍光強度 F は,式(8・52)の光吸収量のうちの一部で,蛍光量子収率 Φ と装置関数 K を使って,つぎのように表わされる.

$$F = K\Phi I_0[1 - \exp(-klc)] \tag{8・53}$$

測定試料が希薄溶液の場合には,$klc \ll 1$ であるから,

$$F = K\Phi I_0 klc \tag{8・54}$$

すなわち,蛍光強度は光源光強度 I_0 と溶液濃度 c に比例する.式(8・54)が蛍光分析法による定量の基礎となる.

蛍光分析では共存物質によって蛍光強度が弱められる現象を消光(quenching)という.消光は励起一重項から基底一重項や励起三重項への無放射遷移が大きくなるために起こる.理論的には,式(8・54)の量子収率 Φ が変化するためである.このような量子収率の変化は,1) 測定物質自身の濃度が大きくなる,2) 測定物質との衝突断面積の大きい共存物質が存在する,3) 温度が高くなる,4) 溶媒の種類が異なる,などの理由によって生じる.要するに,熱的運動によって他の分子との衝突の頻度が大きくなると,無放射遷移によるエネルギーの失活が大きくなるのである.

d. **蛍光分析**:有機化合物で共役二重結合をもつような分子,すなわち芳香族化合物や多環芳香族化合物は強い蛍光を示す.このような場合,電子供与性の置換基($-NH_2$,$-OH$ など)があると蛍光は強くなり,逆に電子吸引性の置換基($-COOH$,$-NO_2$,$-N=N-$,ハロゲンなど)では蛍光は弱くなる.蛍光を示さない物質については,蛍光性の置換基を導入することによって定量分析が可能になることもある.表8・15には蛍光物質の例をあげておく.

無機化合物,とくに金属イオンは蛍光を示さないので,蛍光試薬と反応させて金属錯体を生成し,蛍光法による分析を行う.表8・16にはこのような蛍光試薬の例を示す.蛍光試薬は複数個の芳香環を含み,酸素や窒素が関与する二重結合を有しているのが特徴である.

e. **りん光分析**:図8・43にはアントラセンの蛍光スペクトルと一緒に,りん

表 8・15 蛍光分析が可能な有機化合物

化 合 物	励起波長 nm	蛍光波長 nm
アントラセン	250〜370	375〜450
フェナントレン	250〜285	345〜385
ピレン	235〜330	380〜395
ベンゾ(a)ピレン	295〜380	400〜455
ペリレン	250〜430	435〜500
セロトニン	295	550
トリプトファン	287	348
ビタミンA	325	470
ビタミンE	295	340
キニーネ	350	465
アフラトキシン	365	413〜450

光スペクトルも示してある．励起三重項状態は励起一重項状態よりも低いエネルギー準位にあるので（図8・29参照），りん光スペクトルは蛍光スペクトルよりさらに長波長側に観測されるのが一般的である．

前に述べたように，りん光は蛍光に比較して寿命が長いので溶媒分子の衝突によって失活しやすい．ゆえに，りん光測定は一般に液体窒素などで低温に冷却して行われることが多い．よく利用される例としては，エーテル，イソペンタン，エチルアルコールの5：2：2の混合溶媒（EPAとよばれる）を用い，液体窒素温度（77K）で芳香族化合物の超微量分析を行う方法である．最近では，シリカゲルやフィルターなどの固体表面に分子を固定して，室温でりん光を測定する室温りん光分析法（room temperature phosphorimetry, RTP）が発展しつつある．この方法で発がん性化合物であるベンゾ(a)ピレンで0.5 ng，フェナントレンで0.07 ngの検出限界が報告されている．

f．化学発光法：蛍光やりん光のような光ルミネッセンスとは異なるが，最近よく利用されている分子の発光分析の例として，化学発光法がある．光ルミネッセンス法では光による励起が行われるが，化学発光では化学反応によって励起状態分子を生成し，それが基底状態に遷移するときに生じる発光を測定する．この方法は鋭敏で，かつ選択性がよいことが多いので，種々の方法が開発され，微量分析に応用される．

8・5 光を利用した分子スペクトル分析法

表 8・16 金属分析に利用される蛍光試薬の例

蛍光試薬	構造式	反応する元素
2,4,2′-トリヒドロキシアゾベンゼン-5′-スルホン酸ナトリウム(アリザリンガーネットR)		Al
2,2′-ジヒドロキシ-1,1′-アゾナフタレン-4-スルホン酸ナトリウム(ポンタクロムブルーブラックR)		Al
3-ヒドロキシフラボン(フラボノール)		Zr, Sn
2′,3,4′,5,7-ペンタヒドロキシフラボン(モーリン)		Al, Be
ベンゾイン		B, Zn, Ge, Si

一例として,大気汚染物質の自動分析に利用されている一酸化窒素の分析法をあげておく.この方法では,NOがつぎのように過剰のオゾン(O_3)と反応すると励起状態のNO_2(NO_2^*)を生じ,それが基底状態に戻るときに600 nm

$$NO + O_3 \longrightarrow NO_2^* + O_2$$

$$NO_2^* \longrightarrow NO_2 + h\nu$$

より長波長側で発光するのを利用する.

8・5・4 赤外吸収分光法

分子の振動に関するスペクトルは振動スペクトルと総称される.振動スペク

トルを測定する代表的な方法として，赤外吸収分光法とラマン分光法があり，赤外線領域の電磁波エネルギーが測定される．

a．分子振動：分子は 2 個以上の原子より構成された，いわゆる多原子分子である．このような分子においては，それぞれの原子は静止しているのではなく，規則的な運動をしている．分子内の原子の運動は，分子の構造，質量分布，原子間に働く分子内ポテンシャルなどによって決められ，ある決まった振動数をもった振動の形のみが可能である．このような分子振動は基準振動とよばれ，N 個の原子からなる分子の場合，非直線分子では $(3N-6)$ 個，直線分子では $(3N-5)$ 個の振動が観測される．例えば，非直線の水分子 H_2O では $N=3$ であるので，$(3×3-6)=3$ 個の基準振動が存在し，図 8・45 のような振動運動をしていることが確認されている．

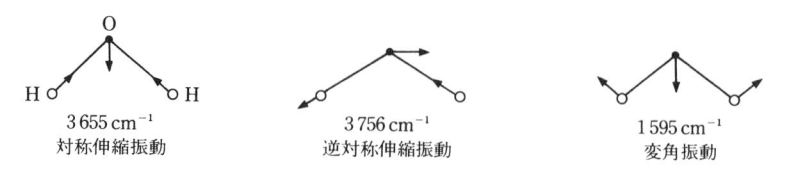

$3\,655\,cm^{-1}$
対称伸縮振動

$3\,756\,cm^{-1}$
逆対称伸縮振動

$1\,595\,cm^{-1}$
変角振動

図 8・45 水分子の基準振動

分子の基準振動に対応する信号を測定したスペクトルは赤外（吸収）スペクトルまたはラマンスペクトルという．注意すべきことは，赤外スペクトルまたはラマンスペクトルには全ての基準振動が観測されるのではなく，それぞれの測定原理に基づいた選択律によって，一方のみ観測される，両方ともに観測される，またはいずれにも観測されない場合がある点である．分子振動に関する量子力学的取扱いによると，赤外吸収スペクトルは「振動によって分子の双極子モーメントが変化する振動」が，またラマンスペクトルでは「分子の分極率が変化する振動」が観測される．

b．特性吸収帯：分子の振動に関する基準振動は分子に固有な振動数を与えるので，振動数を照合することで分子の同定や構造解析が可能である．さらに振動スペクトルで重要なことは，有機化合物中の官能基や原子団の種類によって類似の振動数が観測されることである．このことは，分子内でそれぞれの原

子団がほとんど独立に運動していることを示すものである．赤外分光法では，この性質を利用してスペクトル中の吸収帯の振動数を原子団または官能基ごとに整理して図表化されている．この原子団に特有な振動数を特性吸収帯という．表 8・17 に赤外スペクトルにおける各種官能基の特性吸収帯の例をまとめた．特性吸収帯をまとめたこのような図表は，未知化合物の同定に極めて有用であり，有機化学の分野では NMR と並んで，日常的な構造解析手段となっている．

表 8・17 の特性吸収帯の中では，結合の伸び縮みに関係する伸縮振動 (stretching vibration)，結合角が変化する変角振動 (bending vibration)，芳香環やアルケン類のように平面分子を構成する原子が分子面に対して垂直に変位する面外変角振動 (out-of-plane vibration) が基本的な特性振動となる．多くの有機化合物および無機化合物について，官能基または類似の原子団の特性吸収帯を特性振動とその強度を含めて整理，分類した図や表が専門書にはまとめられているので，実際の化合物の構造解析にはそれらを参考にするのがよい．

c．装　置：図 8・46 に赤外吸収スペクトルの測定に使用される一般的な赤外分光光度計の概略図を示す．装置の構成は基本的には前述の可視・紫外分光光度計と同じであるが，測定波長範囲が 2 から 25 μm と赤外領域にあるために，光源および検出器が全く異なる．一般には，光源にはニクロム線または炭化ケイ素棒を加熱して用いる．検出器には熱電対またはボロメーターを使用する．

図 8・46 の装置は複光束型方式とよばれるもので，光源光は試料ビームと対照ビームの 2 光束に分けられ，それぞれ試料セルと対照セル（または空気中）を

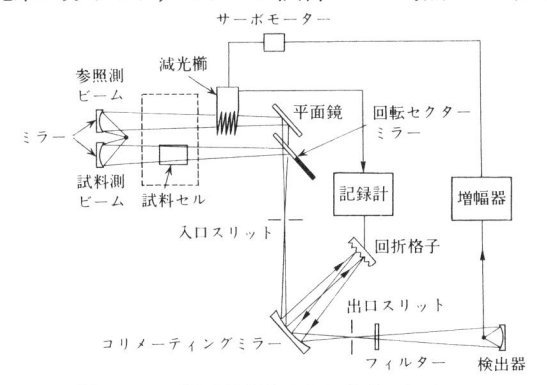

図 8・46　汎用型赤外分光光度計の概略図

表 8・17　赤外線吸収スペクトルにおける各種官能基の特性吸収帯（単位：cm^{-1}）

I．メチル基およびベンゼン置換体の特性吸収帯

(i) メチル基
　　1 375 付近　対 称 変 角
　　1 450 付近　逆対称変角
　　2 870 付近　対 称 伸 縮
　　2 960 付近　逆対称伸縮
(ii) ベンゼン置換体（ベンゼン環）
　　675〜700　　面外環変角

675〜1 000　　C‐H面外変角
1 000〜1 300　　C‐H面内変角
1 400〜1 500　　C‐C伸縮
1 580〜1 600　　（しばしば二重線）
1 600〜2 000　　倍音および結合音吸収[*1]
3 000〜3 100　　C‐H伸縮

[*1] 一置換体では多重線

II．酸素を含む化合物の特性吸収帯

(i) アルコール，フェノール類
　(a) O‐H伸縮振動
　　単 量 体　　3 590〜3 650
　　会 合 体　　3 200〜3 600
　　（分子間水素結合によるもので，やや幅広い）
　　分子内水素結合　3 450〜3 600
　(b) C‐O伸縮振動
　　　　　　　1 000〜1 250　強い吸収
(ii) カルボニル基のC＝O伸縮振動
　　ケ ト ン　　1 600〜1 800　強い吸収

アルデヒド　　　　1 650〜1 700
カルボン酸　　　　1 710（二量体）〜1 760（単量体）[*2]
カルボン酸イオン　1 550〜1 620（1 400 cm^{-1}にも注意）
エステル　　　　　1 720〜1 800
アミド　　　　　　1 650〜1 800
キノン　　　　　　1 665〜1 670
(iii) エーテル類の逆対称C‐O‐C伸縮振動
　　脂肪族および環式　　　　　　　1 080〜1 150[*3]
　　芳香族およびビニルエーテル　　1 200〜1 275

[*2] C＝Oの吸収では最も強い吸収を示す．
[*3] 酸素と結合した炭素の枝分かれは吸収線を分裂させることがある．

III．窒素を含む化合物の特性吸収帯

(i) アミン（アミドの場合も同じ）
　(a) N‐H伸縮振動
　　第一アミン　単量体　3 500（逆対称）
　　　　　　　　　　　　3 400（対称）
　　　　　　　　会合体　3 350（逆対称）
　　　　　　　　　　　　3 180（対称）
　　第二アミン　単量体　3 310〜3 350
　　第三アミン　　　　　吸収なし
　　アミン塩　　　　　　3 030〜3 300
　　　　　　　　　　　　1 710〜2 000
　(b) N‐H変角振動
　　第一アミン　　　　　1 590〜1 650
　　第二アミン　　　　　1 510〜1 650
　　（液体アミン：665〜910 cm^{-1}に幅広い吸収）
　　アミン塩　　　　　　1 500
　　　　　　　　　　　　1 575〜1 600
　(c) C‐N伸縮振動
　　脂肪族　　　　　　　1 020〜1 250
　　芳香族　　　　　　　1 250〜1 360
(ii) 不飽和窒素化合物
　(a) C≡N伸縮振動
　　脂肪族ニトリル　　　2 240〜2 260
　　芳香族ニトリル　　　2 222〜2 240
　　イソシアン酸エステル　2 240〜2 275
　　チオシアン酸エステル　2 000〜2 175

イソチオシアン酸エステル 2 040〜2 175（逆対称）
　脂肪族　　　　925〜945（対称）
　芳香族　　　　650〜700
(b) C＝N伸縮振動
　オキシム，イミン　　　1 470〜1 690
(c) ‐N＝N‐伸縮振動
　アゾ化合物　　　　　　1 575〜1 660
(d) ‐N$_3$伸縮振動
　アジド　　　　　　　　2 120〜2 160
(e) C‐NO$_2$（ニトロ化合物）
　脂肪族　　　　1 550〜1 570（逆対称）
　　　　　　　　1 370〜1 380（対称）
　芳香族　　　　1 500〜1 570（逆対称）
　　　　　　　　1 300〜1 370（対称）
(f) O‐NO$_2$（硝酸エステル）
　NO$_2$逆対称伸縮　　1 625〜1 650
　NO$_2$対称伸縮　　　1 250〜1 300
　N‐O伸縮　　　　　　830〜 870
　NO$_2$変角　　　　　690〜 765
(g) C‐NO（ニトロソ化合物）
　脂肪族　　　　　　　1 535〜1 585
　芳香族　　　　　　　1 495〜1 515
(h) O‐NO（亜硝酸エステル）
　N＝O伸縮　　1 650〜1 680（トランス体）
　　　　　　　　1 610〜1 625（シス体）
　N‐O伸縮　　　750〜 850

通る．このような複光束型方式を採用すると，両方のビームの電気的出力の差を検出することによって試料物質の吸収を正確に測定することができる．さらに，溶媒による吸収や空気中の水や二酸化炭素の吸収も自動的に補正できるので便利である．なお，分光素子としては従来プリズムが用いられていたが，最近の装置では回折格子を使ったものがほとんどである．

最近では，分光素子を使わないで，マイケルソン干渉計を用いてインターフェログラムを測定して，それをフーリエ変換することによって赤外吸収スペクトルを測定するフーリエ変換赤外分光光度計 (FT-IR) が広く利用されている．FT-IR はスリットを使わないで多波長同時測定ができるので，従来の装置に比較して迅速な測定ができるために多数回の積算が可能になり，スペクトルの測定感度を大幅に改善できる．ゆえに微量成分や薄膜の吸収スペクトル測定が容易になるほか，従来困難であった赤外反射法や赤外発光法による測定もできるようになり，半導体や多層薄膜などを含め応用分野が急速に広がりつつある．

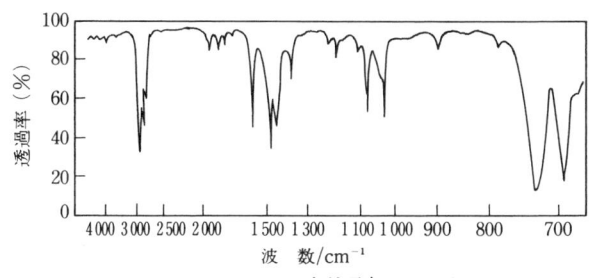

図 8・47 トルエンの赤外吸収スペクトル

d．赤外吸収スペクトル：図 8・47 にはトルエンの赤外吸収スペクトルを示す．図のように，スペクトルの横軸は波長でなく，cm 単位の波長の逆数である波数 (cm^{-1}，カイザーと読む) で表わす．また縦軸は，パーセント透過率 ($I/I_0 \times 100$) または吸光度 $\log(I_0/I)$ の測定値をとる (I_0 は入射光強度，I は透過光強度である)．

図 8・47 のスペクトルでは，695，730 cm^{-1} に面外環変角，C-H面外変角に相当する大きな吸収があり，ベンゼン置換体であることがわかる．さらに，表 8・17 でメチル基の特性吸収帯である対称変角，逆対称変角，対称伸縮，逆対称伸縮の振動が全て観測されており，またベンゼン一置換体の特徴である 1600～2000

cm^{-1} の多重線もみられるので，以上のことからスペクトルがトルエン（C$_6$H$_5$-CH$_3$）であると同定される．

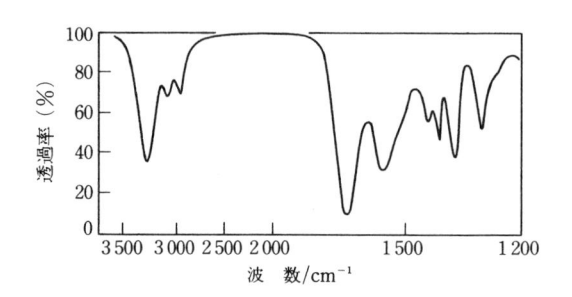

図 8・48 元素組成 C$_3$H$_7$NO をもつ化合物の赤外吸収スペクトル（1.5％四塩化炭素溶液）

図 8・48 には元素組成が C$_3$H$_7$NO である化合物の赤外吸収スペクトルを示す．これから化合物の同定を試みよう．この場合表 8・17 の窒素を含む化合物の特性吸収帯を参考にすると，図 8・48 のスペクトルで，3280 cm^{-1} は N-H 伸縮振動，3090，2940，1445，1373 cm^{-1} の 4 本の吸収はメチル基の特性吸収帯，1653 cm^{-1} の強い吸収は C＝O 伸縮振動と同定される．この官能基の種類と元素組成から考えると，未知物質は (CH$_3$×2＋NH＋C＝O)＝C$_3$H$_7$NO となり，つぎの構造をもつ *N*-メチルアセトアミドであることが推定される．この構造は，

$$\mathrm{CH_3 - \overset{\overset{O}{\|}}{C} - \underset{\underset{CH_3}{|}}{N} - H}$$

δ＝0.96 ppm   δ＝4.07 ppm   δ＝2.38 ppm

プロトン NMR を測定して得られる化学シフト（上図の δ 値）からも支持される．

8・5・5 ラマン分光法

a．ラマン効果：すでに述べたように，ラマン分光法も赤外吸収法と並んで振動スペクトルの測定手段である．ラマン分光法の原理は 1928 年インドの Raman によって発見された．すなわち，試料に振動数 ν_0 の光を照射すると，大部分の

光は ν_0 の光を散乱する（レイリー散乱）が，固有振動数 ν_1 をもつ分子の場合には，一部の光は $(\nu_0 \pm \nu_1)$ の振動数の光として散乱される．この後者の散乱をラマン散乱，このような現象はラマン効果とよばれる．その結果，光源光の振動数 ν_0 を中心に ν_1 の振動スペクトルを測定することができる．ラマン散乱光のうち，$(\nu_0 - \nu_1)$ のスペクトル線をストークス（Stokes）線，$(\nu_0 + \nu_1)$ のスペクトル線を反ストークス（anti-Stokes）線という．一般には，ストークス線が強度が大きいので，ラマン効果の測定では，入射光より振動数が小さい方，すなわち長波長側の測定を行う．

ラマン分光法は光源光に可視光を利用すれば，可視領域のスペクトル測定が可能となるので，測定法としてはいくつかの利点がある．ただし，従来の水銀灯を光源に使った場合には，ラマン散乱光が非常に弱い点が検出上難点であった．

最近は光強度が大きいレーザーが光源として利用できるようになったので，ラマン分光法の感度および分解能が飛躍的に改善された．さらに，可視領域の励起光では蛍光スペクトルが同時にバックグラウンドとして観測される場合もあるが，今日では，近赤外レーザーが利用できるようになり，これをフーリエ変換分光法と組み合わせたフーリエ変換レーザーラマン分光法も進歩しつつある．

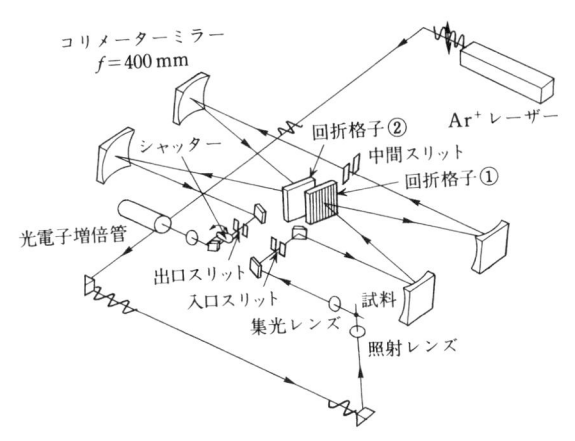

図 **8・49** レーザーラマン分光光度計の光学系

b. 装　置：図 8・49 には,市販のレーザーラマン分光光度装置の光学系の例を示す.光源としては Ar^+（アルゴンイオン）レーザー（波長 488.0 nm または 514.5 nm）が利用される.試料によるラマン散乱光は入射光の方向に対して直角方向に取り出されるが,入射光の光（レイリー散乱）も一部分光器に迷光として入るので,高分解能測光を行う必要がある.故に,図に示すように,回折格子を 2 個使用したダブルモノクロメーターを使って高分解能化する.第 1 のモノクロメーターは主に迷光の除去が主な目的である.

試料としては,試料ホルダーを交換するだけで,液体,溶液,粉末,結晶,気体など種々の状態のものが測定される.ただし,蛍光を有する物質の場合バックグラウンドとなるので,光源の測定波長を変えるなどして,バックグラウンドを減らす工夫が必要である.

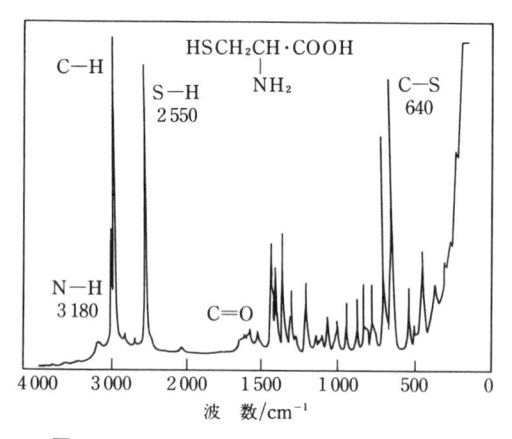

図 8・50　L-システインのラマンスペクトル

c. ラマンスペクトル：ラマン分光法で測定されるスペクトルは,本質的には赤外吸収スペクトルと同じ振動スペクトルであるので,赤外吸収分光法の分子振動で述べたと同じ官能基や原子団の分子振動に関する特性吸収帯（振動数）についての分類が化合物の同定に役立つ.図 8・50 には,アミノ酸の一種である L-システインのラマンスペクトルを示す.ラマンスペクトルでは横軸は波数（cm^{-1}）で表わされるが,縦軸は散乱（発光）強度であるので任意スケールの相対強度で示すことが多い.前述のように,ラマン分光では分極率が変化する分子振動

が観測されるが，一般には伸縮振動の方が変角振動よりも大きい強度を示す．図8・37に示したN-H(3180 cm⁻¹)，C-H，S-H(2550 cm⁻¹)，C＝O，C－S(640 cm⁻¹)の振動は全てこれらの結合の伸縮振動がある．ラマンスペクトルではSやPが関与した結合の伸縮振動の強度が大きいのが特徴である．

8・6　X線分析法と電子分光法

8・6・1　X線と電子線の性質

a．X線と電子線：X線は，その波長が0.01〜数十nmときわめて短い電磁波である．このX線をエネルギーで表わしてみよう．

$$E = hc/\lambda$$

(ここで，E：エネルギー，h：プランクの定数，c：光速度，λ：波長)であり，エネルギーの単位にeVを用いると，上記の式は

$$E = 1.24/\lambda \text{ keV}$$

となる．例えば0.01 nmのX線の光子1個のもつエネルギーは124 keVである．つまりX線はkeVオーダーのエネルギーをもつ光である．X線を波として考えると，物質中の至近原子間の距離が0.1 nmのオーダーであり，X線の波長と同程度である．したがって，X線を物質に入射すると回折現象がみられる．これを利用すれば原子間距離などの構造に関する情報を得ることができる．一方，X線のエネルギーは，原子の内殻電子のエネルギー準位の領域に対応する．そこで物質中の電子によるX線の吸収により引き起こされる様々な現象を観測することにより，物質の組成，状態に関する情報を高感度で測定することができる．前者がX線回折法（X-ray diffractometry, XRD）であり，後者はX線分光法や電子分光法として分類される．

一方ある物質を加熱すると電子（熱電子）を放出するが，この熱電子を高真空中で高電圧により加速することにより，様々な大きさのエネルギーをもつ電子線をつくることができる．量子力学によれば，電子にも波としての性質がある．運動量pで運動する粒子のもつ波長は次式で表わされる．

$$\lambda = h/p$$

また波長 λ の電子のエネルギーは

$$E = p^2/2m = h^2/2m\lambda \quad (m：電子の質量)$$

となる．いま 0.1 nm の波長をもつ電子のエネルギーを計算すると 149 eV となる．したがって，この程度の波長の電子は，物質により回折される．すなわち，こうした電子線により，X線の場合と同様，物質の構造，とくに物質表面の構造に関する情報を得ることができる*．一方さらに電子を加速し，keV オーダーのエネルギーをもつ電子線を用いれば，物質中の内殻電子との相互作用により物質表面の組成，状態に関する情報を得ることができる．

近年，こうしたX線や電子線を用いる非常に多くの分析法が開発されており，とくに材料の評価のための重要な方法となっている．本書では，とくに重要と考えられるいくつかの方法を概説するが，その前に物質とX線や電子線の相互作用をもう少し詳しく考えてみよう．

b．X線と物質の相互作用：X線を物質に入射すると，可視光の場合と同様，物質による散乱や吸収が起こる．散乱は2種類に分類される．一つはトムソン散乱（干渉性散乱）であり，入射X線と散乱X線の波長が等しく，結晶性の物質ならば回折現象を起こす．この散乱光がX線回折法に用いられる．もう一つは，X線が電子に衝突するときに，電子に運動エネルギーを与えることによりエネルギーの一部を失い，入射X線より長い波長で散乱されるコンプトン散乱（非干渉性散乱）である．

X線の吸収過程として重要なものに光電効果がある．光電効果の過程を図8・51に模式図で示す．図中K殻の電子がもっているエネルギーよりも大きいエネルギー $h\nu$ をもつX線が入射すると，K殻の電子はそのエネルギーを受け取り，原子の外に飛び出す．この効果を光電効果という．飛び出した電子は光電子とよばれ，光電子は $h\nu - E_K$ のエネルギーをもつ．このとき，K殻には空孔ができる．この空孔を埋めるためにL殻やM殻の電子がK殻に遷移する．その場合，図のように両者のエネルギー差 $E_K - E_{L1}$ に相当するX線（特性X線）を発生する場合と，そのエネルギーを他の同じ殻（この場合L殻）の電子に与えて電子が

---

* 低速電子線回折法（low energy electron diffraction, LEED）とよばれる方法に利用されている．

外に飛び出す場合がある.前者が蛍光X線であり,後者はオージェ効果(Auger effect)とよばれる現象である.飛び出した電子はオージェ電子とよばれる.オージェ電子のエネルギーは,図8・51の場合 $E_K - E_{L1} - E_{L2}$ となる.

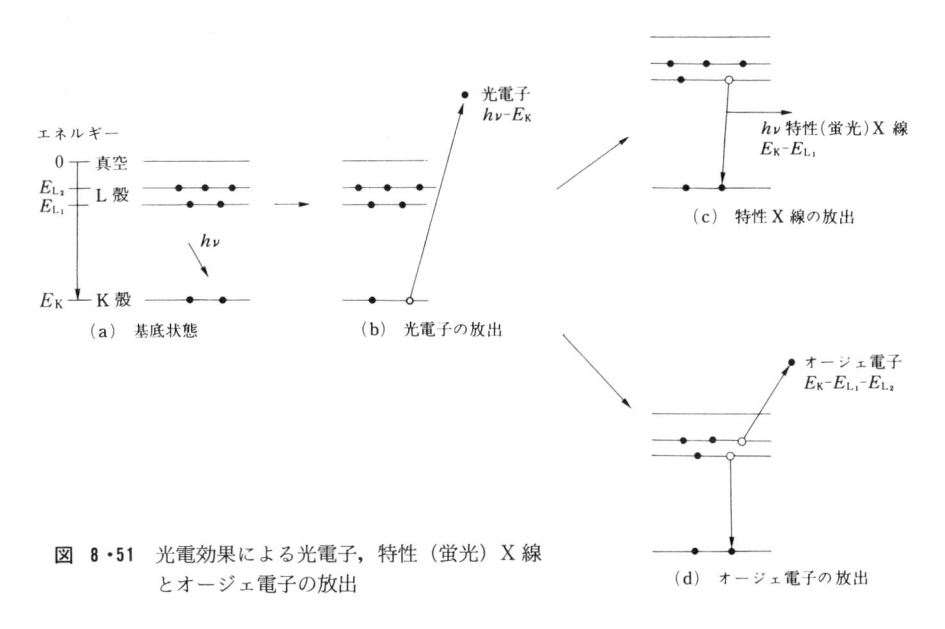

図 8・51 光電効果による光電子,特性(蛍光)X線とオージェ電子の放出

光電効果に伴い生じる光電子や蛍光X線を測定する方法として,それぞれX線光電子分光法(X-ray photoelectron spectroscopy, XPS)と蛍光X線分析法(X-ray fluorescence spectrometry, XRF)が知られている.また,電子線を照射したときにも同様な過程でオージェ電子が放出されるが,このオージェ電子を測定する方法に,オージェ電子分光法(Auger electron spectroscopy, AES)がある*.

c. 特性X線と連続X線: 前節で議論したように,原子のL殻やM殻の電子がK殻に遷移するさいに,それらの準位のエネルギー差に相当するエネルギーのX線が放出される.このX線のエネルギーは原子の種類により決まっており,

---

* 電子線照射により放出されるX線を用いる分析法はX線マイクロアナリシスとよばれる.またそのための装置は電子線マイクロアナライザー(electron probe microanalyzer, EPMA)である.

不連続の線スペクトルを与える．こうしたX線を特性X線とよぶ．特性X線は電子の遷移と関連づけて，最初にできる空孔の軌道により，K，L，M，…と系列づけられ，さらに，どの軌道の電子がその空孔を埋めるかにより，Kα，Kβ…などとよばれる．

各系列の特性X線のエネルギーと原子番号の関係について，1913年Moseleyによりつぎの実験式が求められた．この式をモズレーの式という．

$$\nu = Q(Z-s)^2$$

ここで，Q：定数，Z：原子番号，s：遮蔽定数であり，QとsはX線の各系列によって決まる．モズレーの式は，当時不完全であった周期表の完成に多大な貢献をした．

X線源としては，通常X線管が用いられる．X線管では，加熱したフィラメントから発生する熱電子を高電圧で加速し，それぞれ金，モリブデン，クロムなどでできたターゲットとよばれる陽極（対陰極）に衝突させてX線を発生させる．このとき，ターゲット物質の特性X線のほかに，連続的なエネルギー分布をもつX線も発生する．これは連続X線とよばれる．この連続X線は，高速の電子が物質に衝突して減速されると，その減速に対応する運動エネルギーが光に変換されることにより発生する．

8・6・2 X線回折分析法

結晶性の物質に単色X線を照射すると，トムソン散乱光はお互いに干渉しあって回折線として観測される．このとき入射X線の波長 λ，結晶の格子面間隔 d と回折が起こる角度 θ との間には，以下のようなブラッグ(Bragg)の式が成立する（図8・52参照）．

$$n\lambda = 2d\sin\theta, \quad n=1, 2, 3 \cdots$$

n は回折次数（正の整数）で，θ はブラッグ角とよばれている．

X線回折分析法（XRD）は波長既知のX線（λ）を用い，ブラッグ角（θ）を測定することにより，結晶の面間距離 d を知る方法である．X線回折装置は図8・53に示すように，ゴニオメーター（測角器）上に，X線管，試料台，X線検出器を配置したものである．試料台と検出器は連動して動き，入射角と反射角がつねに等しくなるように検出器が試料台の回転速度 θ に対して2θの角速

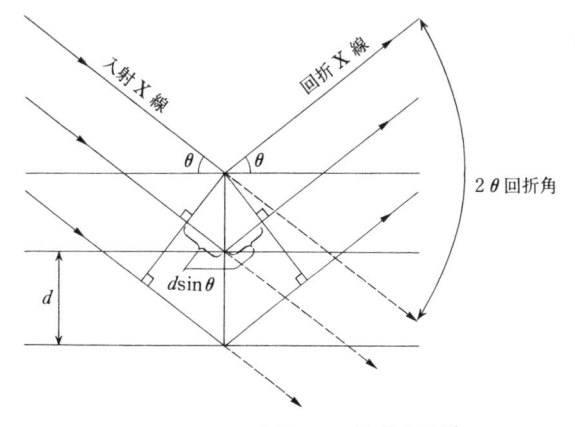

8・6 X線分析法と電子分光法　　201

図 8・52　結晶による X 線の回折

度で移動する．このとき，回折角 (2θ) に対する回折光強度が記録される．この記録は回折図形とよばれ，これを解析することにより格子面間隔 d が求められる．通常，X線源には 0.05〜0.2 nm の波長をもつX線が適している．そこでクロムやモリブデンをターゲットとするX線管を用い，ターゲット物質の $K\alpha$ 線を利用する．連続X線や他の特性X線は特殊なフィルターで除く．

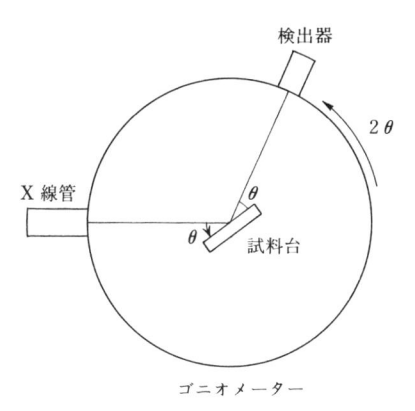

図 8・53　X 線回折分析装置の概念図

以上は XRD の基礎的な概念であるが，実際には，やや使用目的の異なる 2 種類の装置が知られている．1 つは単結晶構造解析用回折装置であり，もう 1 つは小さな結晶の集まった粉末を測定する粉末X線回折装置である．前者はおも

に未知の物質の構造決定に利用される（図 8・54 参照）．実際に X 線回折法で構造決定するには，様々な条件で得られた複雑な回折図形を解析しなければならない．そこで，最近の装置では，強度測定，データ処理，構造解析のための一連の計算をコンピュータの支援のもとに行えるようになっている．このような測定法の進歩により，タンパク質などの巨大高分子の構造解析も割合短時間でできるようになっている．

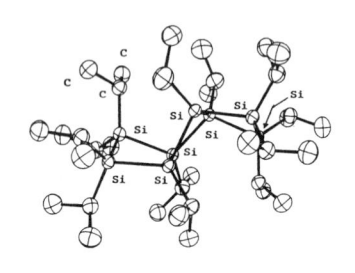

図 8・54 X 線回折法により構造決定された分子の例
（ケイ素がはしご状に結合した新しい化合物）
（群馬大学松本英之教授の御好意による）

粉末 X 線回折法は比較的簡単で汎用性の高い測定法である．簡単な構造の物質については構造決定も行えるが，通常は測定により得られた回折図形を，これまで報告されたデータを集めたデータベースと比較して試料の定性を行ったり，また試料が混合物の場合には，回折線の強度からその混合比を求めたりするのに用いられる．

8・6・3 蛍光 X 線分析法

蛍光 X 線分析法（XRF）は先に述べたように，試料に X 線（一次 X 線）を照射することにより，試料から放出される特性（蛍光）X 線を測定する方法である．特性 X 線のエネルギー（波長）から元素の定性が可能であり，またその強度から元素の含有量を求めることができる．本法は，試料を破壊することなく迅速に多元素微量分析ができる方法として，近年広く普及している．

図 8・55 は XRF の概念図である．X 線管を光源として，試料からの蛍光 X 線を半導体検出器（Si(Li)など）と波高分析器により各エネルギーごとの X 線強

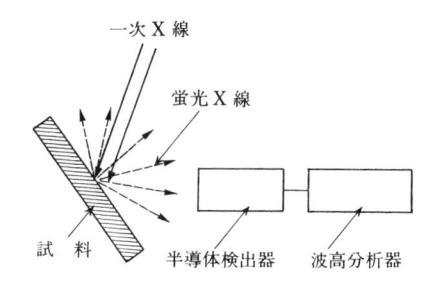

8・6　X線分析法と電子分光法　203

図 8・55　エネルギー分散型蛍光X線分析装置の概念図

度を測定し蛍光X線スペクトルを得る（エネルギー分散方式）．またさらにエネルギー分解能を高めたい場合には，検出器の前に分光結晶を置きX線を分光した後測定する（波長分散方式）．

図8・56はエネルギー分散型の装置による蛍光X線スペクトルの一例である．

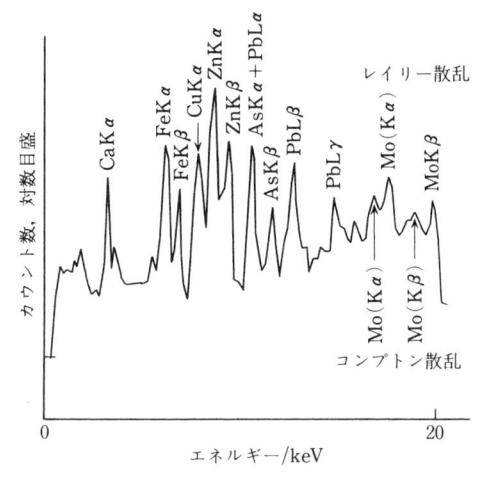

図 8・56　エネルギー分散型蛍光X線分析装置による蛍光X線スペクトルの例
　　　　（化学技術研究所小林慶規博士の御好意による）

本法の検出下限は，一般に0.001％程度である．原子番号がチタンよりも小さい軽元素の測定には，その特性X線が空気により吸収されるため，装置を真空とするなどの工夫が必要である．また定量は通常標準試料を用いる検量線法で行う．しかし共存物質により分析元素からの特性（蛍光）X線が吸収されたり，逆に共存物質の特性X線により分析元素がさらに励起されてX線強度が大

きくなったりする現象がみられる．こうした共存物質の影響をマトリックス効果とよび，定量のさいにはその効果をなんらかの方法で補正する必要がある．

8・6・4 X線光電子分光法

X線光電子分光法（XPS）はX線の照射により試料から放出される光電子のエネルギーを測定する分光法である．電子は大気中ではすぐ分子と衝突して散乱されてしまうため装置を高真空にする必要がある．また，固体試料の奥深くで放出された光電子は，試料内で散乱されて表面から脱出できない．したがって，本法は試料表面（～数nm以内，表面から数原子層）からのみの光電子を測定することになるので，表面分析法として有効である．

観測される光電子の運動エネルギー E は $h\nu - E_K$ から，さらに結晶内の電子を試料表面の外に移すためのエネルギー ϕ を引いた値，すなわち

$$E = h\nu - E_K - \phi$$

と表わされる．ϕ は仕事関数とよばれる．式からもわかるように，E の値は励起源のX線のエネルギーにより異なる．また励起X線には単色X線を用いる必要がある．通常アルミニウムやマグネシウムをターゲットとするX線管からの特性X線（AlKα1.489keV や MgKα1.254keV）を利用する．また，X線以外に紫外光を用いる場合もある（紫外光電子分光法，ultraviolet photoelectron spectroscopy, UPS）．電子エネルギーの測定法には種々あり，代表的なものに電子を静電場中に導き一定軌道を描くもののみを検出する静電場型がある．

XPSにより，電子の結合エネルギー E_K を知ることができる．この結合エネルギーは基本的には元素固有の値であり，したがって元素の種類を知ることができる．また光電子スペクトルの強度から定量も可能である．一方，内殻電子の結合エネルギーも化学結合の種類によってわずかに影響を受ける．これは光電子スペクトルにおけるピーク位置の変化として観測される．この変化を化学シフトとよび，この化学シフトから元素の価数や電子状態などに関する情報を得ることができる．

8・6・5 オージェ電子分光法

オージェ電子分光法（AES）は，上記3つの方法と異なり，励起源として数keV程度のエネルギーをもつ電子線を用いる．しかし，電子線は試料中の原子

をイオン化するためのみに用いられ，光電子のかわりにオージェ電子を測定する以外，本法とXPSに原理的によく似ている．X線のかわりに電子線を用いる理由は，イオン化効率が高い，入射ビームを絞ることにより局所分析が可能(50 nm程度まで)などである．

オージェ電子のエネルギーは，図8・51のようにK殻の空孔をL殻の電子が埋め，他のL殻電子が放出される場合は

$$E = E_K - E_{L1} - E_{L2}$$

である．またこのような過程をKLL遷移という．同様にLMM遷移やMNN遷移なども起こる．オージェ電子のエネルギーは各元素に固有であり，また入射電子線のエネルギーによらず一定である．さらにオージェ電子の放出確率は，KLL遷移では原子番号が小さい元素ほど大きく，重元素になるに従い小さくなる．一方重元素ではLMM遷移やMNN遷移の確率が増大する．そのため本法にはリチウムからウランまで元素間の感度変化が比較的少ない特徴がある（水素とヘリウムにはオージェ効果が原理的に存在しない）．

本法はこうした特徴を生かし，主に固体表面の元素の定量に用いられる．検出限界は0.1～1％である．化学シフトも観測され，結合状態の情報も得られるが，この目的にはむしろXPSが利用されることが多い．

8・7 電気化学分析法

8・7・1 ファラデーの法則とネルンストの式

希硫酸溶液に2本の電極を浸し，ある程度以上の大きさの電圧をかければ水の電気分解が起こり，陰極および陽極からそれぞれ水素と酸素が発生する．また酸化還元平衡で論じたように，様々な電極，電解質を組み合わせれば化学電池を構成することができる．電気分解は電気的なエネルギーを物質に与えることにより化学反応を誘起させる方法である．一方，電池はその系がもつ化学的なエネルギーを電気エネルギーとしてとり出す装置である．このような物質と電気エネルギーとの相互作用を利用してその系の含まれる物質の定性，定量を行うのが電気化学分析法である．この場合測定可能な電気的な物理量と物質の

量を定量的に結びつけるのが電気分解におけるファラデーの法則と，電極電位に関するネルンストの式（酸化還元平衡の項参照）であり，これらの法則が電気化学分析の基礎となる．

ファラデーの法則は，以下の2つの内容を包含している．

1) 電気分解の結果，電極に析出あるいは電極から溶出する物質の量は，電極に通じた電気量に比例する．

2) 同じ電気量により析出または溶出する物質の量は，物質の種類に関わらず，その化学当量に比例する．

この内容を数式で表現すると，いま電極で反応した物質の質量を w g，その1 mol を M g，アボガドロ数を N_A，また電子の電荷を q_e クーロン，流れた全電気量 Q クーロン，さらにその物質の1原子（あるいは分子）当たり n 個の電子の授受があったとすると

$$w = MQ/nq_e N_A \qquad (8・55)$$

となる．$q_e N_A$ は電子1 mol のもつ電気量で，ファラデー定数 (F) とよぶ．1 F は 96 484.56 クーロンである．

一方，ネルンストの式については，酸化還元平衡の項ですでに論じた．式(3・37)に示すようにネルンストの式は，電池の起電力と電池内で酸化還元反応に関わる物質の濃度との関係を表わす．

8・7・2 電気化学分析法の分類

表8・18に電気化学分析法に属する方法の分類を示す．この分類は代表的な方法のみをとり上げたものであり，実際には，さらに多種多様な方法が開発されていることを最初にことわっておく．表のように，まず電極反応が問題になる場合とならない場合に大別される．後者の代表例が電導度測定法である．例えば，きわめて純度の高い水はほとんど電気を通さないが，イオンを含む水はよい電導体となる．そこで水溶液の電導度（抵抗）を測定することにより，イオン濃度を知ることができる．一方，電極反応が問題となる場合は，さらにファラデー電流が流れる場合と流れない場合に分類される．ファラデー電流とは，電極表面において電子授受を伴う反応が起こるために流れる電流である．ファ

表 8・18 電気化学分析法の分類

Ⅰ　電極反応が問題にならない場合
電導度分析
高周波分析
誘電率測定
Ⅱ　電極反応が問題になる場合
1)　ファラデー電流が流れない場合
①電位差分析
イオン選択性電極
電位差滴定
2)　ファラデー電流が流れる場合
①電量分析（クーロメトリー）
定電位電量分析
電量滴定
②電流滴定（狭義のアンペロメトリー）
③ボルタンメトリー
ポーラログラフィー
ストリッピングボルタンメトリー
サイクリックボルタンメトリー

ラデー電流が流れる場合は，試料溶液中の電極間に電圧をかけ電極表面で電気分解を起こさせる場合である．またファラデー電流が流れない場合は，試料溶液と電極により電池をつくり，ネルンストの式に基づく起電力（電位差）測定を行う場合である（ポテンシオメトリー，potentiometry）．ファラデー電流が流れる場合は，さらに電量分析法（クーロメトリー，coulometry），アンペロメトリー（amperometry：狭義には定電位電流滴定法），ボルタンメトリー（voltammetry）の3種類に分けられる．電気分解において，試料中の目的物質のうち何％を実際に電気分解したかを電解効率とよぶ．クーロメトリーは，電解効率がほぼ100％の場合に，実際に流れた電気量（クーロン）を測定する方法である．電極の表面積をできるだけ大きくし，大きな電流を流せる条件で測定を行う．一方アンペロメトリーは，微小電極を用い電解効率が0％に近い状態で電気分解を行ったときに流れるわずかな電流を測定する方法である．一方，ボルタンメトリーでは，電圧を変化させながら電流を測定し，電圧-電流曲線（ボルタングラム）を作成して電解電位で目的物質の定性，そのときの電流値で定量を行う．ポーラログラフィー（polarography）やストリッピングボルタンメトリー

(stripping voltammetry) がその代表例である（ポーラログラフィーも電解効率が0％に近い状態で電流を測定するので広義のアンペロメトリーに分類されることもある）．こうした様々な電気化学分析法は，日常的な分析法として現在広く応用されている．本書では，このうちとくに代表的な分析法として電位差分析法，電量分析法，またボルタンメトリーのうちポーラログラフィーとストリッピングボルタンメトリーをとり上げる．

8・7・3　電位差分析法 (potentiometry)

電位差分析法は溶液中のイオンの濃度の測定に用いられる．pH電極などのイオン選択性電極法がその代表例である．本書ではこのイオン選択性電極法のみを扱う．電位差分析法は，前節で述べたように，試料溶液と電極で化学電池をつくり，その起電力，すなわち電極間の電位差を測定する方法である．電極間の回路を閉じれば，当然電流が流れ電極では化学反応が起こる．しかしこの場合，物質の濃度が変化しまた電位も変化してしまう．そこで電位差測定では電極での反応がほとんど進行しない（電流が流れない）状態で電池の起電力が測定できることが望ましい．そのため以前はその電池とは逆向きで大きさの等しい電圧を外から自動的に印加し，その印加電圧を表示する装置である電位差計を用いていた．しかし，最近は入力インピーダンスが $10^{13}\Omega$ 程度ときわめて高い電圧計を用いるようになっている．

さて，化学電池にはいくつか種類があるが，電位差分析法で重要なのは濃淡電池とよばれる電池である．ある z 価のイオンAの活量がそれぞれ a_1, a_2 の溶液Ⅰ，Ⅱが，以下のようにこのイオンAを選択的に透過する膜で分けられているとき，

溶液Ⅰ｜膜｜溶液Ⅱ

これらの溶液間に膜電位とよばれる電位差が生じる．この電位差は以下のように，ネルンストの式で表わされる．

$$E = \pm \frac{RT}{zF} \ln \frac{a_2}{a_1} \qquad (8 \cdot 56)$$

（イオンAが陽イオンの場合，符号は＋，陰イオンの場合－）

もしも膜がすべてのイオンを透過するなら，溶液ⅠとⅡのイオンの濃度が等し

くなったときに平衡となる．しかしイオンAのみを透過する膜を用いると，Aが拡散してこの2つの溶液で等濃度になろうとすると，2つの溶液は電気的に中性でなくなるので拡散を妨げるような電気的な力が働く．この力が膜電位であり，溶液中のイオンAの濃度の差により生じる電位差である．膜電位を直接測定することはできないが，参照電極*とこれらの溶液を塩橋で結んで，例えば以下のようにすれば濃淡電池となり膜電位を電池の起電力として測定することができる．

$$\mathrm{Ag} \mid \mathrm{AgCl} \mid \mathrm{KCl} \mid 溶液\mathrm{I} \mid 膜 \mid 溶液\mathrm{II} \mid \mathrm{KCl} \mid \mathrm{AgCl} \mid \mathrm{Ag}$$

ここで，溶液IにはイオンAの活量（a）が既知の標準溶液を，また溶液IIには試料溶液（濃度 a_2）を用いれば，膜電位から a_2 を求めることができる．電位差分析では，通常

$$\mathrm{Ag} \mid \mathrm{AgCl} \mid \mathrm{KCl} \mid 溶液\mathrm{I}(a) \mid 膜 \parallel$$

と表わされる部分を1本の電極に加工して用いる．これは膜電極とよばれる．またイオン濃度を指示するという機能的な観点から指示電極ともよばれる．そして試料溶液にこの膜電極（指示電極）と参照電極を浸して，生じる起電力を電位差計で測定して試料溶液中のイオンAの濃度を求める．電位差分析法では，特定のイオン種に選択的な透過性をもつ膜の利用が重要であり，ある特定のイオンに選択性をもつ膜電極をイオン選択性電極とよぶ．

イオン選択性電極：イオン選択性電極の指示電位は，式（8・56）から一般的に下式のように導かれる．

$$E = E° \pm \frac{RT}{zF} \ln a \qquad (8・57)$$

（a はイオン活量，陽イオンの場合＋，また陰イオンの場合－）

イオンの濃度は活量にほぼ等しいので，この式よりイオン濃度の対数が電位に

---

* 参照電極は，電極電位の相対値を測定する場合の基準となる電極である．標準水素電極（酸化還元平衡の項参照）に対する電位がわかっていて安定で再現性の高いことが必要である．銀・塩化銀電極などがその代表例である．銀・塩化銀電極は1MKClや飽和KCl溶液に浸っており，これら溶液に対して一定の電位を示す．また試料溶液とKCl溶液とを塩類の濃厚溶液の入った塩橋で接続すると，これらの溶液間の電位差を十分小さくすることができるので，試料溶液に対する基準電極として使用できる．

比例することがわかる．実際の測定では E_0 の値が不明なため，標準溶液で検量線を作製したり電位差計を校正することにより試料中の目的イオンの濃度を求める．

表 8・19　主なイオン選択性電極の種類

電極	感応膜	測定濃度範囲 M	主な妨害イオンの選択係数
H^+	ガラス	pH0〜14	
Na^+	ガラス	飽和〜10^{-6}	K, 0.003 (pH 7)
Ca^{2+}	液膜	$1\sim 5\times 10^{-7}$	Zn^{2+}, 3.2；Mg^{2+}, 0.014；Na^+, 0.003
K^+	液膜（バリノマイシン）	$1\sim 10^{-6}$	NH_4^+, 0.03, H^+, 0.01；Na^+, 0.02
F^-	固体膜（LaF_3）	$1\sim 10^{-6}$	OH^-, 0.1
Cl^-	固体膜（AgCl, AgCl-Ag_2S）	$1\sim 10^{-5}$	$S^{2-}*$, I^-, 2×10^6；Br^-, 3×10^2；CN^-, 5×10^6
Br^-	固体膜（AgBr, AgBr-Ag_2S）	$1\sim 5\times 10^{-6}$	$S^{2-}*$；I^-, 2×10^6；CN^-, 1.2×10^4
Ag^+/S^{2-}	固体膜（Ag_2S）	$1\sim 10^{-7}$	$Hg^{2+}*$
Cu^{2+}	固体膜（CuS-Ag_2S）	$1\sim 10^{-8}$	Ag^+*；$Hg^{2+}*$；Fe^{3+}, 10

＊　共存してはならないイオン

代表的なイオン選択性電極を表8・19にまとめる．表からもわかるように，イオン選択性電極は膜の種類により，3つのタイプに大別される．すなわち，ガラス電極，固体膜電極，液膜電極である（図8・57）．

ガラス電極は特殊なガラス薄膜をイオン選択性膜として使用するものである．中でもpH測定用ガラス電極，つまりH^+に選択的な電極はきわめて重要であり，現在pH測定のほとんどは本法により行われている．また，Na^+測定用のガラス電極も実用化している．また目的イオンのつくる難溶性塩を膜として用いるのが固体膜電極である．LaF_3を固体膜とするF^-電極は選択性，感度ともに優れており，F^-の代表的な測定法として有名である．さらにポリ塩化ビニル（ＰＶＣ）などの高分子や有機溶媒にイオン交換体（イオン会合体や錯形成剤）を分散させたものを膜として用いるのが液膜電極である．イオン交換体に抗生物質のバ

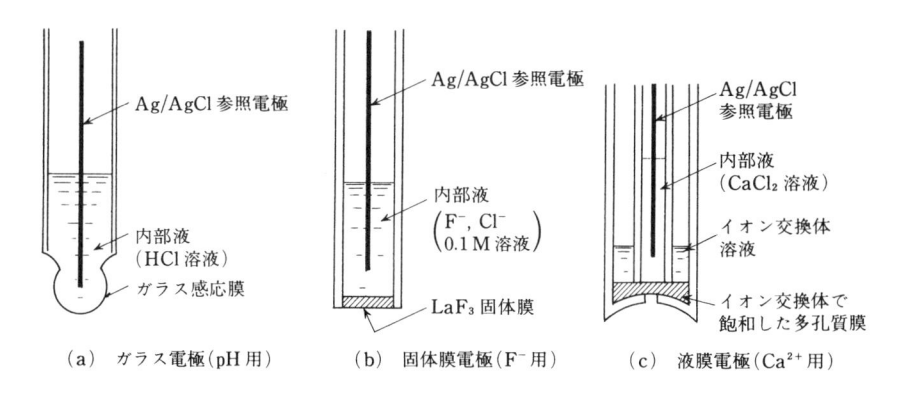

図 8・57 イオン選択性電極の構造

(a) ガラス電極(pH用)　(b) 固体膜電極(F^-用)　(c) 液膜電極(Ca^{2+}用)

リノマイシンを用いる K^+ 電極，また Ca^{2+} 電極などがとくに重要である．

これらのイオン選択性電極の性能を決める重要な要素として，共存イオンによる妨害の程度，すなわち選択性がある．選択性は以下の式で与えられる選択定数 K_{MN} によって評価される．

$$E = E_0 + \frac{RT}{zF} \ln \left[a^M_{Z+} + K_{MN} (a_N^{n+})^{\frac{z}{n}} \right] \quad (8\cdot58)$$

K_{MN} は目的イオン M に対する妨害イオン N の相対感度を表わす．K_{MN} の値が小さいほど電極の選択性はよいことになる．おもなイオン電極の選択定数を表 8・19 に示した．ところでこれらの膜がなぜ目的イオンに対し選択性を示すかという問に答えるのは容易ではなく，本法に関する専門書を参照してほしい．

この他，選択的な気体透過膜や酵素反応とイオン選択性電極を結合することにより，様々な機能をもった電極が開発されている．図 8・58 にその例を示す．図に示すように CO_2 や NH_3 の選択的なガス透過膜と pH 電極を組み合わせることにより，これらの気体測定用電極をつくることができる．また pH 測定用ガラス電極の表面を尿素分解酵素（ウレアーゼ）を固定化した膜で被覆すると，尿素がウレアーゼにより分解され生じた NH_4^+ が pH 変化を引き起こす．それにより尿素濃度を測定することができる．このように酵素を電極表面に固定化した電極を酵素電極とよび，様々な機能をもった電極が開発されている．

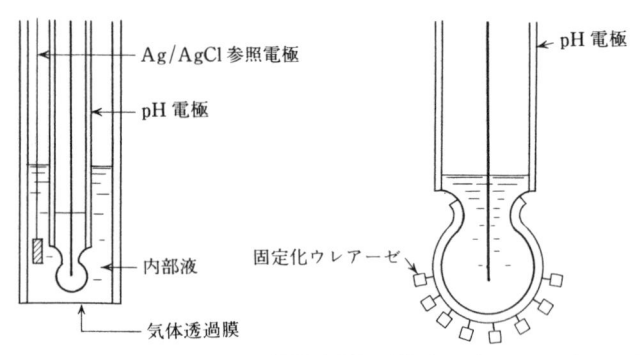

(a) 気体測定用電極（CO_2, NH_3 用）　(b) 酵素電極（尿素用）

$$(NH_2)_2CO + 2H_2O + H^+ \rightarrow 2NH_4^+ + HCO_3^-$$

図 8・58　気体測定用電極と酵素電極

8・7・4　電量分析法 (coulometry)

　電量分析法は，電極反応を利用して目的物質を直接または間接に，理想的には 100 % の電解効率で電気分解を行い，そのために要した電気量を測定して目的物質を定量する方法である（ただし副反応が起こらないことが前提である）．物質量はファラデーの法則により電気量から直接計算される．すなわち通常の電量分析法では検量線を必要としない．電気量は大変高精度かつ正確に測定可能な物理量である．またファラデー定数もきわめて正確に測定されている．したがって電量分析法は，重量分析法とならんで高精度で信頼性の高い分析法として現在もきわめて重要である．電量分析法の代表的な分析法として定電位電量分析法と電量滴定法があり，これら2つの方法を簡単に説明する．

　a．定電位電量分析法：定電位電量分析は図 8・59 に示すように 3 本の電極を用いた装置を用いる．試料溶液中の目的物質が直接反応する電極が作用電極であり，もう一方の電極を対極という．さらに作用電極が第 3 の電極である参照電極に対して，つねに一定電位差を示すように，加電圧（電極間に加える電圧）を調整しながら電気分解が行われ，そのとき流れた電気量を電量計により測定する．ここで電位差を自動的に一定に保つように出力電圧を調整する装置をポテンシオスタットとよぶ．また，試料溶液中に溶存している酸素はバックグラウンド電流を増加させるので，通常窒素をバブルして除去することが行わ

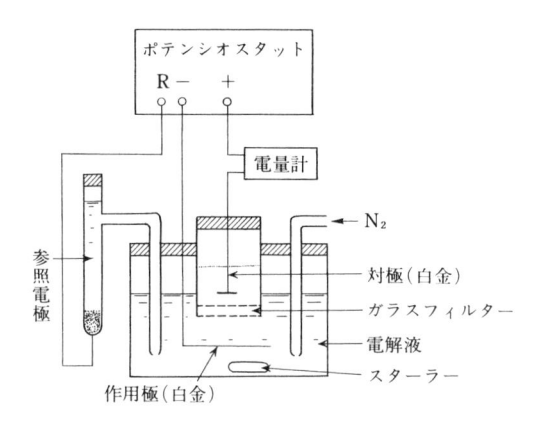

図 8・59 定電位電量分析装置

れる．

　本法はCu^{2+}やPb^{2+}の電解のように目的物質を電極上に析出させる場合以外にも，Fe^{3+}→Fe^{2+}，Ti^{4+}→Ti^{3+}，Pu^6→Pu^{4+}などのように，生成物が可溶性の場合にも適用できる．加電圧が目的物質の電気分解を起こす電圧である分解電圧以下の場合は，残余電流とよばれるごく微少な電流が流れるにすぎない．加電圧が分解電圧を越えるとはじめて電気分解が起こる．分解電圧は各電極反応により異なるので，電位を適当に選択しまた定電位で電解することにより，目的物質を共存成分から分離して測定することができる（5・8・2定電位電解法参照）．

　b．**電量滴定法**：定電位電量分析法とは対照的に，一定電流で目的物質の電解を行い，その終点に達するまでの時間を測定し，時間×電流から電気量を求める方法を電量滴定または定電流電量分析法とよぶ．本法は電子を用いた滴定と考えることができる．また強制的に一定電流が流れるように加電圧を変化させるので，目的物質の電解が終わっても，引き続き他の電極反応が起こってしまう．そこで，通常の滴定のように指示薬あるいは他の電気化学的方法により終点を検出する．

8・7・5 ボルタンメトリー

a．ポーラログラフィー：ポーラログラフィーは1922年チェコスロバキアのHeyrovskyによって創始された．さらにHeyrovskyは志方益三と共同で自動記録装置であるポーラログラフを開発した．Heyrovskyはのちに，この研究でノーベル賞を受賞している．ポーラログラフ装置の概念図を図8・60に示す．

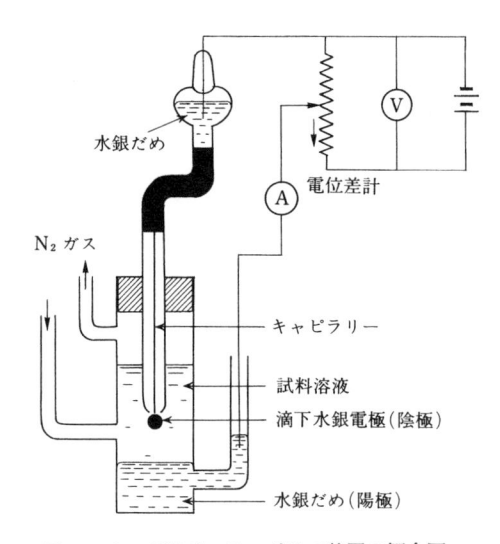

図 8・60 直流ポーラログラフ装置の概念図

キャピラリーを通じて3～5秒で成長，滴下を繰り返す水銀滴を陰極（滴下水銀電極），水銀プールを陽極とし，電位を掃引（0～−2V）して試料溶液中の目的イオンを電気分解し，自動的に電流-電圧曲線（ポーラログラム）を記録する．図8・61にポーラログラムの例を示す．ポーログラムが鋸の歯のようになるのは，水銀滴が成長と落下を繰り返すためである．ポーラログラムにおいて，半波電位（p. 216参照）より定性が可能である．また平衡値に達した電流は限界電流とよばれる．この限界電流が電極界面における被電解イオンの濃度勾配に起因する拡散電流（b．参照）である場合，電流値は濃度に比例するのでイオンの定量が可能である．

ところで図8・60に示したのは最も基本的な直流ポーラログラフィー装置で

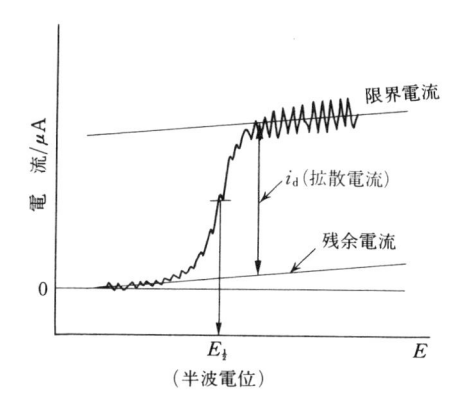

図 8・61 直流ポーラログラム

ある．ポーラログラフィーは現在までに様々な改良を受け，表8・20に示すような諸方式が開発されている．

表 8・20 ポーラログラフィーの種類

定常的電圧掃引	
	直流ポーラログラフィー
	微分（示差）ポーラログラフィー
非定常的電圧掃引 電圧の微小震動を重畳させる：	
	交流ポーラログラフィー
	矩形波ポーラログラフィー
	高周波ポーラログラフィー
	パルスポーラログラフィー
電圧の高速掃引：	
	オシロポーラログラフィー

　直流ポーラログラフィーでは定量可能な濃度範囲は $10^{-5} \sim 10^{-2}$ M であるが，非定常的電圧掃引の方法を利用すれば，分解能（定性能力）と感度が向上し，$10^{-8} \sim 10^{-6}$ M 程度の分析が可能となる．

　拡散電流：電気化学分析法において電極表面での酸化還元反応が問題となる場合，電極と溶液の界面では分極が起こる．すなわち，ポーラログラフィーでは滴下水銀電極は陰極であるので，表面に電子が分布し，溶液界面には陽イオンが集まる．これが分極であり，この層を電気二重層という．電気二重層では，

拡散によって電極表面に到達した陽イオンが還元され，その還元生成物は水銀極中，または溶液中に入る．すなわち，ここで分極は消去される（復極）ので，陽イオンは「復極剤」とよばれる．また界面では復極剤について濃度勾配を生じ，それによって復極剤は電極に向かって拡散する．このような物質輸送の過程を通じて得られる電流を「拡散電流」という．電気化学で問題となる物質輸送は，この他に電位勾配による泳動，対流およびかきまぜがあり，その結果生じる電流を泳動電流，対流電流という．ポーラログラフィーでは，復極剤濃度の 50～100 倍以上の電解質（支持電解質：電極反応に関与しない）の存在下では泳動電流は無視でき，また対流電流も静止試料溶液では問題とならない．その結果，復極剤では拡散のみが問題となる．拡散電流はポーラログラムより求められる（図 8・61）．また，被検溶液中に溶存している酸素はバックグラウンド電位を増加させ誤差の原因となるので通常窒素をバブルして除去する必要がある．拡散電流（i_d）は，滴下水銀電極の形状（球面電極），時間，復極剤の濃度および拡散の関数として以下の式で表わされる．

$$i_d = 607 n D^{1/2} C m^{2/3} t^{1/6} \qquad (\mu A) \qquad (8・59)$$

ここで，n：電極反応に関与する電子数，D：復極剤の拡散定数（cm² s⁻¹），C：復極剤の濃度（mM），m：電極水銀の 1 秒当りの流出量（mg s⁻¹），t：滴下水銀電極の寿命（滴下時間）（s）

この式をイルコビッチ（Ilkovic）の式という．この式からもわかるように拡散電流は復極剤の濃度に比例する．さらに残余電流が問題となる．残余電流は，復極剤を加えない支持電解質のみのポーラログラムを測定したときに流れる電流で，非ファラデー電流である．これは水銀表面に分極の結果形成される電気二重層の容量変化による電流である（図 8・61）．

　半波電位：ポーラログラフィーでは，図 8・61 に示すように拡散電流の半分の電流を与える電圧を「半波電位」という．半波電位は復極剤の種類によって特定の値をとるので，物質の定性，確認が可能となる．半波電位は簡単には以下のように説明される．まず，酸化型物質 Ox と還元物質 Re との間につぎのような電極反応

$$\text{Ox} + n\text{e} \rightleftarrows \text{Re} \qquad\qquad (8・60)$$

が起こり，この反応が可逆的な場合，ネルンストの式より電極電位は以下のようになる．

$$E = E_0 - (RT/nF)(\ln([\text{Re}]_0/[\text{Ox}]_0)) \qquad (8 \cdot 61)$$

この式では E_0 は標準電極電位，$[\text{Ox}]_0$ および $[\text{Re}]_0$ は電極近傍の Ox および Re の濃度である．ところで物質輸送が拡散によるので，電解電流 i は溶液中の Ox 濃度 $[\text{Ox}]$ と電極近傍の Ox 濃度 $[\text{Ox}]_0$ との差に比例する．

$$i = k([\text{Ox}] - [\text{Ox}]_0) \qquad (8 \cdot 62)$$

ポーラログラムの電流が平衡に達した拡散電流 i_d のところでは $[\text{Ox}]_0 = 0$ となるので，

$$i_d = k[\text{Ox}] \qquad (8 \cdot 63)$$

$$[\text{Ox}]_0 = i_d/k - i/k \qquad (8 \cdot 64)$$

また，電解の結果生成される電極近傍の還元型物質の濃度 $[Re]_0$ は

$$[\text{Re}]_0 = [\text{Ox}] - [\text{Ox}]_0 \qquad (8 \cdot 65)$$

となるから，式 (8・63) より

$$[\text{Re}]_0 = i/k \qquad (8 \cdot 66)$$

式 (8・64) と (8・66) の関係を式 (8・61) に代入すると，

$$E = E_0 - (RT/nF)\ln[i/(i_d - i)] \qquad (8 \cdot 67)$$

$E = E_0$，すなわち電極電位が標準電極電位に等しくなったときは，式 (8・67) より

$$i = i_d/2 \qquad (8 \cdot 68)$$

となり，電解電流値が拡散電流の半分となる．このように，ポーラログラフィーの半波電位は，可逆反応ならばイオンの標準電極電位に等しい．

ポーラログラフィーでは，電極表面がつねに再生される滴下水銀電極を作用電極（陰極）として使用するので，つねに同一条件の測定が可能であり，また水素過電圧が大きいため，アルカリ金属などの析出も観測できる．さらに作用電極表面での被覆物質の電解量がきわめて微量であることから，試料溶液の組成に実質的な変化を与えないで分析できるなどの特徴がある．

b．ストリッピングボルタンメトリー：本法は溶液試料中の微量に含まれるイオンの定量法として，比較的最近開発された方法である．まず試料溶液中の

目的イオンをグラシーカーボンなどの微小電極上に電解析出させる．その後逆向きの電位をかけ，その電位を変化させながら，再び電極から溶液中に目的イオンを電解溶出させる．そのときの電流-電位曲線を求め，溶出が起こる電位からイオンの定性，また電流のピーク値あるいは面積から濃度を求める．本法は目的イオンをどちらの極に電解析出させるかにより2つに分類される．例えば Cu^{2+} の定量では，Cu^{2+} をグラシーカーボンの陰極に析出させた後，陽極反応で溶出させる．これをアノーディックストリッピング法とよぶ．一方，Cl^- などは銀の陽極に析出させた後，陰極反応で溶出させる．これをカソーディックストリッピング法とよぶ．

本法は多量の試料溶液から目的イオンを長時間電解析出すれば，希薄溶液からも測定可能な量の目的物質を電極上に濃縮することができる．したがって，測定感度はきわめて高く，定量下限は $10^{-9} \sim 10^{-10}$ M にも及ぶ．

8・8 流体を利用する分析法

8・8・1 クロマトグラフィー

ロシアの植物学者 Tswett によって，今世紀の初頭に創始されたクロマトグラフィー (chromatography) は，植物色素のカラムクロマトグラフィーに端を発したことから，語源的には color-writing の意味をもつ用語である．しかしながら，多様な発展をとげたクロマトグラフィーは，今日では，「気体，超臨界流体または液体の移動相と，固体または液体の固定相の両相に対する試料成分の物理的または化学的な相互作用（分配，吸着，イオン交換，浸透，アフィニティー，錯形成など）の程度の差を利用した，成分相互の分離手法に対する一般用語」として用いられている．表8・21に，クロマトグラフィーの移動相として利用されている3種類の流体の諸物性をまとめて示した．クロマトグラフィーは移動相により，ガスクロマトグラフィー (gas chromatography, GC)，超臨界流体クロマトグラフィー (supercritical fluid chromatography, SFC) および液体クロマトグラフィー (liquid chromatography, LC) に大別される．これらの諸クロマトグラフィーは，今日では，天然物はもとより，ほとんどあらゆ

る合成化合物の分離・精製および分析における最も重要な手法の一つとなっている．

表 8・21 流体(気体・液体・超臨界流体)の諸物性とクロマトグラフィー

	気　体	超臨界流体*	液　体
密　度/g cm^{-3}	10^{-3}	$0.3 \sim 0.8$	1
粘　度/g cm^{-1} s^{-1}	10^{-4}	$10^{-4} \sim 10^{-3}$	10^{-2}
拡散係数/cm^2 s^{-1}	10^{-1}	$10^{-3} \sim 10^{-4}$	10^{-5}
クロマトグラフィー	GC	SFC	LC

* CO_2の場合は，臨界温度（31.1℃）および臨界圧力（73.5気圧）以上で，気体でもなく液体でもない超臨界流体となる．

GC, SFC および LC は，用いられる移動相の諸物性と関係して，それぞれに特徴を有しているが，図 8・62 にそれらの大まかな適用範囲を示した．

GC は，気体の移動相によって，試料分子の蒸気を移送する必要があることから，室温での気体成分から，分離カラムの最高温度で少なくとも数 Torr 程度の蒸気圧を有する比較的揮発性に富んだ成分の混合系の迅速かつ高効率な分離に活用されている．

一方，LC は原理的には移動相として用いられる液体に可溶な成分であれば，難揮発性の化合物やイオン種さらには高分子化合物までも分離の対象としうるが，表 8・21 に示したように，気体と比べて液体の粘度や密度が著しく大きいこと，およびダイナミックな流れの中における試料成分の分配や吸着平衡到達時間と密接な係りをもつ拡散係数が液体中では桁違いに小さいことと関係して，一般に分析時間は GC に比べてかなり長くなり，また分離カラムの効率を向上させるのに困難が多かったが，後述する高速液体クロマトグラフィー（high performance LC, HPLC）の出現で飛躍的な進歩をとげた．

一方，最近実用化された SFC では，移動相として超臨界状態の二酸化炭素が主として用いられる．表 8・21 に示した超臨界流体の物性値からもある程度予測されるように，SFC は，GC と LC を補完する第三のクロマトグラフィーとして注目されている．SFC では GC では取り扱いが困難なオリゴマーなどを始めとする比較的難揮発性の混合系を，LC よりも迅速かつ高分離能で分析した応用例なども報告されている．しかしながら，極性の大きい難揮発性化合物は超臨

界流体にほとんど溶解度をもたなくなるため SFC の分析の対象外となり，LC に道をゆずることになる．

以上みてきたように，GC, SFC および LC は部分的には競合する分析対象をもちながらも，全体としては相補的な関係をもって，各種の化学種混合系の分離に広く活用されている．

つぎにクロマトグラフィーの中では依然として，双壁を誇り最も繁用されている GC および LC について，それらの原理と装置の概要および特徴などを説明する．

a. ガスクロマトグラフィー(GC)： キャリヤーガスとよばれる窒素やヘリウムなどの気体を移動相として用いる GC は，用いられる固定相がシリカゲル，アルミナ，活性炭あるいはモレキュラーシーブといった固体吸着剤か，シリコーン油やポリエチレングリコールなどの液体かによって，それぞれ気-固クロマトグラフィー (GSC) と気-液クロマトグラフィー (GLC) とに大別されるが，本節では，圧倒的に利用頻度の高い G L C を中心にして話を進めることにする．

(i) GC の特徴　GC は液体よりもはるかに密度および粘度が低く，分子運動が活発な（拡散係数が大きい）気体を移動相として使用することから，他の流体を移動相とするクロマトグラフィーと比べてつぎのような特長がある．

(1) 迅速性：固定相（液体あるいは固体）と移動相（キャリヤーガス）との間の試料成分の分配あるいは吸着平衡が非常に速く得られること，およびキャリヤーガスの大きな流速が用いうることなどから，分析に要する時間を著しく短縮することができる．

(2) 高分解能：GC 分離カラムの理論段数は各種のクロマトグラフィーの中で最高であり，他の手法では非常に困難か，あるいは全く不可能であるような近接した沸点をもった化合物や種々の異性体を分離することも可能である．

(3) 高感度：気相中の微量成分の検出には各種の非常に高感度な検出器が利用できることから，GC はクロマトグラフィーのみならず，すべての機器分析法の中でも最も高感度を誇る手法の一つであり，ppm, ppb といった低濃度あるいは 10^{-12} g 以下といった極微量の検出さえ可能である．

(4) 多様性：GC は分離カラムの操作温度（-80～400℃）で一定の蒸気圧を

もつ多くの気体，液体および固体試料の混合系に対する分離，定性および定量分析に広く応用できる．また適切な固定相の選択を行うことにより，目的とする成分の選択的な分離も可能である．この他，気化しにくい試料については，例えば高級脂肪酸はエステル化し，高分子化合物は熱分解して GC 分析することも可能である．さらに GC の手法は，化合物中の C, H, N などの元素分析用の装置の心臓部や，各種化合物の物理定数（蒸気圧，分子量，固体表面積など）の迅速な測定，あるいは化学工場の工程管理などのプロセス用などとして適用は多岐にわたっている．

しかしながら，GC の最大の障壁は，用いられる試料成分が分離カラムの温度で少なくとも数 Torr 以上の蒸気圧をもっていなければならないことであろう．このために，大きな分子量や強い極性をもっているか，あるいは熱的に不安定な化合物はそのままでは GC 分析が困難であることから，これらの化合物の分離には液体や超臨界流体を移動相とする LC や SFC にその道をゆずることになる（図 8・62 参照）．

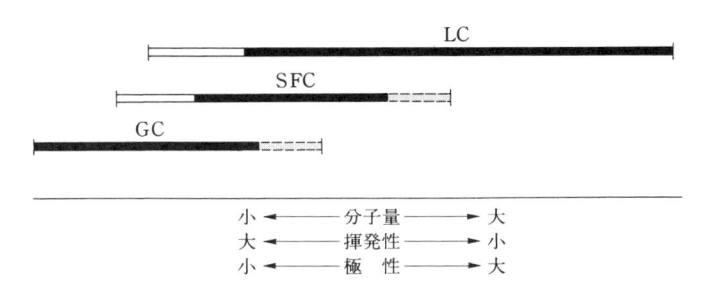

図 8・62　諸クロマトグラフィー（GC, SFC, LC）の適用範囲

■：主としてその手法の適用が望ましい範囲
▨：誘導体化などを行って拡張できる適用範囲
□：その手法も適用可能であるが，他の手法の方が望ましい範囲

(ii)　GC における分離の原理　　GC における混合試料成分の分離の仕組みを，GLC を例に考えてみることにしよう．GLC ではキャリヤーガス（気相）と固定相液体（液相）の両相における各試料成分（蒸気）の分配係数の差に基づいて分離がなされる．両相間で分配平衡が成立している成分 i の分配係数 K_i は次式のように定義され，温度が一定であれば与えられた液相に対して各成分に固有

な値となる．

$$K_\mathrm{I} = \frac{c_\mathrm{l}\,(\text{液相中の成分 i の濃度})}{c_\mathrm{g}\,(\text{気相中の成分 i の濃度})} \tag{8・69}$$

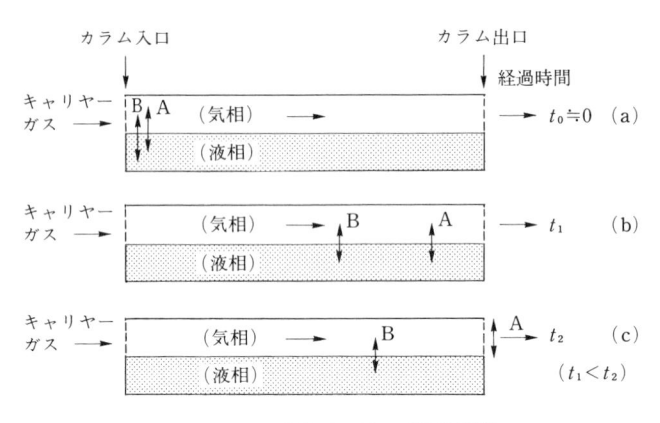

図 8・63 二成分 A，B の GLC 分離

図 8・63 に二成分 A，B（$K_\mathrm{B} > K_\mathrm{A}$）が GLC の分離カラム中に導入され，次第に分離されていく過程を模型的に示した．ここでは液相をカラムの下半分に示し，上半分の空間にキャリヤーガスが流れており，各成分の矢印の大きさが両相への分配平衡濃度を示しているものとする．1) カラム入口に注入された直後ではほとんど保持値に差がないが，2) 気-液分配平衡を繰り返しながらキャリヤーガスの流れに乗ってカラム中を移動する間に $K_\mathrm{B} > K_\mathrm{A}$ の差に対応した時間遅れが生じ，3) やがて A 成分が先にカラム出口からキャリヤーガス流に乗って溶出して検出される．つぎに B 成分も時間遅れをもってカラムから溶出して検出される．同族体では沸点の高い成分ほど移動速度が小さくなってピークの溶出が遅延し，成分相互の分離が達成されることになる．またある試料成分に対してとくに高い溶解度を示すような液相を用いれば，その成分のピーク溶出を選択的に遅延させることも可能である．

全く同様な論議を，液相を吸着剤に，分配平衡を吸着平衡に置き換えれば，GSC についても展開することができる．

つぎに，上述した成分 A, B の GLC 分離により図 8・64 のようなガスクロマトグラムが測定されたとしよう．図中に示した t_Rd，t_Ra および t_Rb はそれぞれ空気，

成分AおよびBの保持時間であり，w_a, w_bは成分A，Bそれぞれのピークの変曲点で引いた接線がベースラインから切りとる線分の長さで定義されるピーク

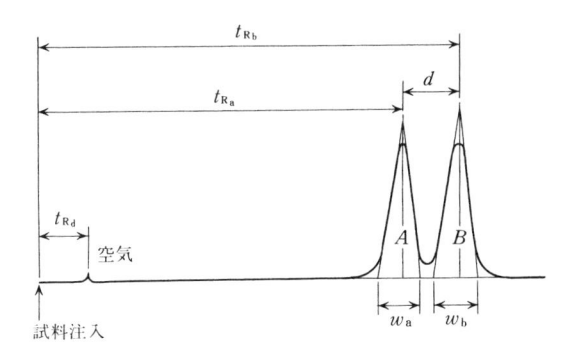

図 8・64 二成分A, Bのクロマトグラムと保持値

幅である．ここで空気（またはメタン）は通常のGLCで用いられる液相中への溶解度がほとんど無視できる成分であり，$K \fallingdotseq 0$とみなすことができるために，その見かけ上の保持値から分離カラムの死空間（dead volume）V_d（図8・63のカラム中の空間部分に相当する容積）を知ることができる．この死空間の存在を考慮すると，成分A，Bがカラム内で気-液分配にあずかった真の保持時間は，それぞれ（$t_{Ra} - t_{Rd}$）および（$t_{Rb} - t_{Rd}$）ということになる．

また，キャリヤーガスの流速をF/ml min^{-1}とすれば，ある成分iを溶出させるために要したキャリヤーガス容積で定義される真の保持容量V_{Ri}^oは次式で表わされる．

$$V_{Ri}^o = Fj\,(t_{Ri} - t_{Rd}) \tag{8・70}$$

ここで，jはカラム内における圧力勾配によるキャリヤーガスの流速変動の補正係数であり，カラム入口圧をp_i，出口圧をp_oとすると，$j = 3/2\,[(p_i/p_o)^2 - 1]/[(p_i/p_o)^3 - 1]$から求められる．式（8・70）から求められる真の保持容量は，その成分の分配係数K_iとつぎのような関係にある．

$$V_{Ri}^o = w_l K_i \tag{8・71}$$

ここでw_lは分離カラム中の液相の量(g)であり，この式で定義されるKはmol g^{-1}(mol ml^{-1})$^{-1}$，すなわちml g^{-1}という次元をもっている．この関係式は，各成分の真の保持値が分配係数および液相量に正比例して変化することを示し

ているが，このことはGLCの実際ともよく一致する．

(iii) 段理論と理論段数（N）および理論段高（HETP） 分離カラムの効率の良し悪しは，カラムから溶出してくる成分ピークの広がりの大きさによって判断される．この指標として，GCでの成分の溶出挙動を，多段蒸留の場合と同様に，分離カラムをいくつか（N）の等しい長さの段（理論段）に分けて各々の段で分配平衡が成立していると仮定する段理論から導かれた理論段数 N が広く用いられている．例えば図8・64のクロマトグラム上の成分Aのピークについては，そのピークの保持時間 t_{Ra} とピーク幅 w_a から，次式によりそのカラムの理論段数 N を求めることができる．

$$N = 16 \left(\frac{t_{Ra}}{w_a} \right)^2 \qquad (8・72)$$

こうして求められる N の値は同じ固定相液体を用いた場合でも，カラム長さ，含浸率，担体の粒度，試料成分の性質，キャリヤーガスの流速，温度などの諸条件によって変化するが，一般に N の値が大きいほど分離カラムの効率はよく，同じ保持値を示す成分でもより鋭いピークを与える．通常の充填カラムでも $N=$ 数百〜数千段と非常に大きな値をとり，キャピラリーカラムでは，数十万段に達するものがある．

また N の値は分離カラム全体の理論段数であるが，長さの異なったカラム相互の効率を比較するには，次式で定義される理論段高（height equivalent to a theoretical plate, HETP），すなわち理論段一段に相当するカラム長さがよく用いられる．

$$\text{HETP} = L/N \qquad (8・73)$$

ここでは L はカラム全体の長さで，通常 cm または mm が用いられる．

(iv) 速度論 GCの分離カラムの効率に対する半経験的な速度論から，van Deemter は HETP が次式で示すようなキャリヤーガスの線流速 u に無関係な A 項と，反比例の関係にある B 項および比例の関係にある C 項の3つが，ピーク広がりに寄与する因子であると規定した．

$$H = A + \frac{B}{u} + Cu \qquad (8・74)$$

ここで A, B および C はそれぞれ，つぎのようなピーク拡がりの因子である．

(1) 多通路による渦巻拡散（A 項）：分離カラム中に多数の曲りくねった気体

通路があり，同じ試料成分でも通路長が異なるために生ずる拡散．

(2) 気相中の分子拡散（B 項）：分離カラム内の気相中での長さ方向の試料成分の分子拡散による拡がり．

(3) 物質移動に対する抵抗（C 項）：気-液両相での試料成分の分配平衡が達成されるには，液相中での物質移動に対する抵抗のために一定の時間を要することから生ずる拡がり．

また，後述する中空キャピラリーカラムの著しく高いカラム効率は，カラム長を長くすることができることに加えて，式（8・74）の A 項がほとんど 0 とみなすことができることと密接な関係をもっている．

式（8・74）は HETP が u の関数として変化し，微分すれば最高のカラム効率を示す線流速 u_opt が $u=(B/C)^{1/2}$ のときに存在することが予測されるが，ある与えられた分離カラムについて u_opt は，キャリヤーガスの線流速を変化させたときの試験溶質の HETP を実測して，図 8・65 に示すような関係をプロットすることにより決定することができる．

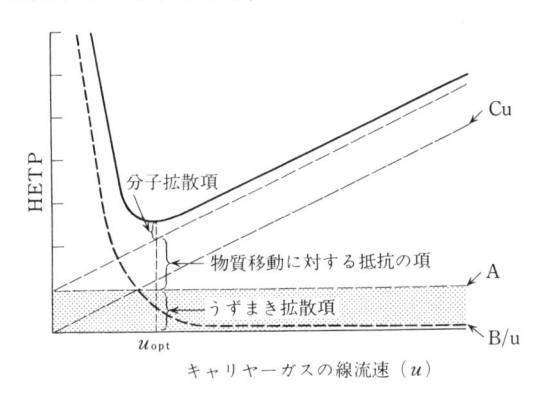

図 8・65 キャリヤーガスの線流速（u）と HETP の関係

(v) カラムの分離能　分離カラムの総合的な評価のためには，カラム効率に加えて，選択性の尺度として，保持値の近接した二成分の相対的な分離能を知っておく必要がある．分離能 R は図 8・64 のクロマトグラムからつぎのように定義される．

$$R=\frac{2(t_\mathrm{Rb}-t_\mathrm{Ra})}{w_\mathrm{a}+w_\mathrm{b}}=\frac{2\ d}{w_\mathrm{a}+w_\mathrm{b}} \qquad (8・75)$$

ここで w_a, w_b は成分 A, B のピーク幅, d は両ピークのピーク間距離である. $R \geq 1$ のとき完全分離, $1 > R > 0$ のときは部分的に重なり合った不完全分離であり, $R = 0$ では 2 つのピークは完全に重なり合っていることになる. 実際のピークがガウス分布で近似できるとすれば, 2 本のピークは $R \fallingdotseq 1.5$ でベースライン上ほぼ完全に分離される.

次式で定義される 2 つのピークの相対保持値 α がもう一つの選択性の尺度としてよく用いられる.

$$\alpha = \frac{t_{Rb} - t_{Rd}}{t_{Ra} - t_{Rd}} \quad (\geq 1) \tag{8・76}$$

ここで, t_{Rd} はカラムの死空間に対応する保持時間, すなわちキャリヤーガスがカラム内空隙をぬって入口から出口に達するまでの時間である.

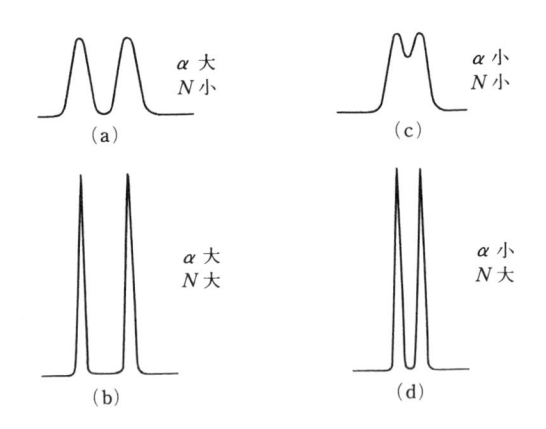

図 8・66 分離に対する理論段数 N と保持比 α の影響

N および α の二成分の分離に及ぼす影響を, 模式的に図 8・66 に示した. N が大きくなれば個々のピークは鋭くなって分離がよくなる (b, d). また, N の値が小さくても, α が十分に大きければピーク対は分離される (a). しかしながら, α が小さくなると, N の小さなカラムでは分離が不完全になる (c). さらに α が 1 に近い値になると, いくら N の大きな高効率のカラムを用いても分離できなくなることが予想される. この選択性を示す α は, 主に用いる液相の性質によって決まるので, このような場合には分離したい成分相互に選択的な溶解度をもつ別の液相を選択しなければならない. 一方, 比較的速い保持時間で溶

出する成分の相互分離は，カラム温度を下げることによってもある程度改善することができる．

(vi) **GC装置の構成と基本操作**　ガスクロマトグラフ（装置）とその周辺機器の一般的な構成を，最近広く普及しているGC-MSも考慮しながら，図8・67に示した．この図中で矢印のついた実線は物質の流れを，そして破線は情報の流れを示す．

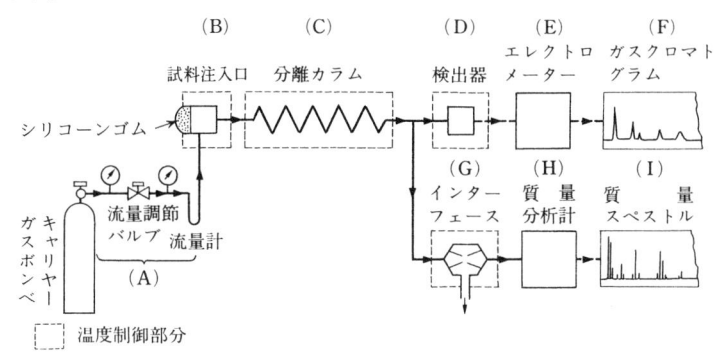

図 8・67　ガスクロマトグラフとその周辺装置の構成

通常のGC分析では，(A)で流量調節されたキャリヤーガスが試料注入口(B)に供給され，ここで注入された混合試料成分は気化させられて，キャリヤーガス流に乗って，分離カラム(C)に導かれ，各成分のカラム中における固定相（液体または固体）とキャリヤーガスの両相間の分配あるいは吸着平衡定数の差に基づいて分離され，時間差をもって検出器(D)に到達し，ここで各成分のキャリヤーガス中の濃度あるいは絶対量に応じた電気シグナルが発生し，エレクトロメーター(E)で増幅あるいはインピーダンス変換された後，記録計を駆動して，ガスクロマトグラム(F)が得られる．一方GC-MS直結系では，分離カラム(C)からの溶出成分（通常760 Torr）は，ジェットセパレーターに代表されるインターフェース(G)に導かれて，キャリヤーガスのほとんどを選択的に系外に排出し，溶出成分を濃縮して，高真空中($10^{-5} \sim 10^{-7}$ Torr)で作動している質量分析計(H)に連続的に導入して，各成分ピークの質量スペクトル(I)を測定して，各成分ピークを同定することができる．

図8・67の(B), (D)および(G)の点線で囲った部分が温度制御されているのは，

試料成分の気化を達成し、系内への凝縮を防ぐため、および検出応答の温度依存性の影響を最小にするためである。また(C)の分離カラムオーブンの温度制御は恒温操作あるいは昇温操作によって混合系試料中の目的成分の再現性ある完全分離を達成するためになされている。

つぎに基本構成のそれぞれについて、実際に GC 分析を行う場合に留意すべき事項を概説する。

(1) キャリヤーガス：キャリヤーガスには通常、窒素、ヘリウム、水素、アルゴンなどが用いられるが、熱伝導度検出器（TCD）を使用する場合には、熱伝導度の大きいヘリウム（または水素）の使用が望ましい。キャリヤーガスの流量変動は、定性の基礎となる保持値に変動を与えるのみならず、検出器の応答安定性にも影響する。また後述する昇温 GC では、分離カラムの通気抵抗が温

表 8・22 分析用のGC分離カラムの分類と諸特徴

カラムの種類	内径/mm	長さ/m	膜厚/μm	試料処理量(%)[*1]	キャリヤーガス流量/ml min^{-1}	特徴[*2]
充填カラム	3～4	0.5～3	—[*3]	5 μg 前後 (100%)	20～80	
中空キャピラリーカラム						
ワイドボアー	0.5	10～15	1.0～5.0	0.5～3 μg (10～60%)	5～20	A
レギュラー（薄膜）	0.25	25～50	0.15～0.5	70～130 ng (1.5～3%)	0.6～1.2	B
レギュラー（厚膜）	0.25	25～50	1.5	300 ng (6%)	0.6～1.2	C
ナローボアー	0.1	10～15	0.1	10 ng (0.2%)	0.2～0.6	D

*1 通常の充填カラムの試料処理量に対する値。
*2
 A：分離能はレギュラーよりも低いが、カラム負荷は大きく、スプリットすることなしに広い沸点範囲の試料を、充填カラムに近い使い方で分析できる。
 B：中沸点から高沸点にわたって高分離能を必要とする一般分析に適している。
 C：負荷量を増したり、低沸点から中沸点にわたる高分離分析を行ったりするのに適している。
 D：カラム負荷は小さいが、高速かつ超高分離分析を行うのに適している。
*3 充填剤に対し、1～10 wt % 含浸したものがよく用いられる（正確な膜厚を論ずることは困難である）。

度の関数として変化するため，つねに一定流量を保つためのバルブが装着されていることが多い．またキャリヤーガスの適正流量は，分離カラムの内径と長さ，キャリヤーガスの性質，検出器の特性などを勘案して，目的成分の効率よい分離と高感度検出を達成するように実験的に決められるが，カラムのタイプ別の概略説は表8・22に示した．

(2) 試料導入系：試料は注入口で瞬間的に気化され，できるだけ分散幅を狭くしてキャリヤーガスによって分離カラムへ導入されることが望まれる．気体試料の導入は通常，熱安定性がよく弾性に富んだシリコーンゴムのセプタムを通して，気密性のよいシリンジを用いて行うか，あるいは一定内容積のループとバイパス路を内蔵する気体試料導入系を用いて行う．液体試料はそのままか，あるいは溶媒で希釈してマイクロシリンジで試料注入口から導入される．固体試料は通常は適正な溶媒に溶かして液体試料と同様に導入されることが多いが，固体試料の気化室への直接導入装置も市販されている．

充塡カラムでは通常導入された試料はキャリヤーガスとともに全量カラム中に導入されるが，キャピラリーカラムの場合には，$1 \sim 2$ ml min^{-1}程度のキャリヤーガスしか通さないので，通常スプリッター方式を用いて，1/10〜1/100程度に分割して導入することが行われる．キャピラリーカラムの場合でもスプリットさせないスプリットレス方式も考案され実用に供されている．

(3) 分離カラム：分析用の分離カラムは充塡カラムと中空キャピラリーカラムに大別できる．表8・22にそれら分離カラムの分類と諸特徴をまとめて示した．

充塡カラムでは液相を含浸させた担体粒子が充塡剤として用いられるが，キャピラリーカラムではカラム内壁自体が液相の保持体となる．充塡カラムの材質としては，ステンレスなどの金属が広く用いられてきたが，極性の強い化合物に対してはガラスカラムが賞用されている．中空キャピラリーカラムの材質も初期の金属からガラス，そして最近では，化学的に不活性な内壁をもつ溶融シリカへと変遷してきており，今日では溶融シリカキャピラリーカラム(fused-silica capillary column, FSCC)が主流となってきている．

つぎに分離カラムの選択性の鍵を握る固定相液体（液相）の代表的なものに

ついて，それらの諸特性を表8・23にまとめて示した．

表 8・23 代表的な固定相液体の化学構造と諸性質

	固定相液体	固定相液体の化合物名	溶媒*1	相対極性*2 (ΔI_B)	最低使用可能温度/°C 最高使用可能温度/°C	類似の固定相液体
1	Squalane	分岐飽和炭化水素 $C_{30}H_{62}$	E	0	20/100	Nujol
2	SE-30	ポリメチルシロキサン	T	15 低極性	50/350	OV-1, SE-31
3	Apiezon-L	分岐飽和炭化水素混合物	E	35	50/300	Apiezon-M
4	DC-550	フェニルメチルポリシロキサン	E	81 中極性	-20/250	OV-7, DC-703
5	DOP	フタル酸ジオクチルエステル	E	96	20/160	
6	OV-210	トリフルオロプロピルメチルシリコン	A	146	0/275	QF-1
7	XE-60	β-シアノエチルメチルポリシロキサン	A	204	0/250	OV-225
8	PEG-20M	ポリエチレングリコール，MW≒20 000	C	322 高極性	60/225	PEG-6000
9	FFAP	PEG-20Mの2-ニトロテレフタル酸エステル	A	340	50/250	PEG-4000
10	DEGS	ジエチレングリコールコハク酸エステル	A	499	80/250	

*1 溶媒の略号　A:アセトン，C:クロロホルム，E:エチルエーテル，T:トルエン．
*2 ベンゼンを試料として Squalane を基準とした場合の各固定相液体の相対極性の値．

　従来の充塡カラムでは，担体やカラム材質の吸着活性のために，とくに極性基を有する試料の分離に対する適正固定相液体の選択には，相当な試行錯誤と経験の蓄積を必要とした．しかしながら FSCC では，カラム内壁が著しく化学的に不活性であるために，熱的特性も優れたポリジメチルシロキサン（SE-30, OV-101 など）のような極性の低い液相を用いたカラム1本で，通常の低極性の化合物はもちろんのこと，アミン，ニトリル，遊離の脂肪酸などに至る極性の大きな化合物の分離も大概可能になってきている．

　図8・68に，複雑な極性化合物で構成されるポリアクリロニトリル-スチレン共重合体の熱分解生成物の分離に充塡カラムとキャピラリーカラムを適用して

得られたパイログラムを対比して示した．充塡カラムの場合には，PEG-6000 などの極性液相の使用を余儀なくされているため，ダイマー群までのピークしか観測されないが，キャピラリーカラムの場合には，無極性の OV-101 の分離カラムで，トライマー群までがシャープに分離されている．

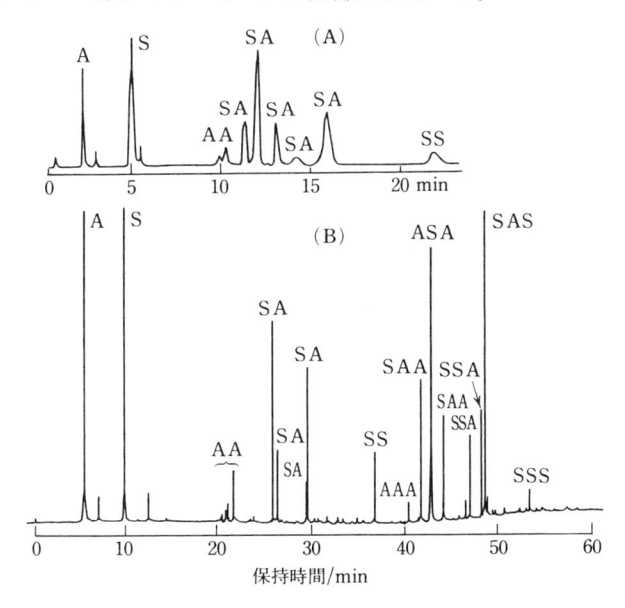

(A)：充塡カラム (3 mm i. d.×2 m) 10% PEG6000＋Apiezon Grease-L を含浸させたDiasolid -L (80-100mesh), 60〜200℃ (16℃/min)
(B)：キャピラリーカラム (0.3mm i. d.×50m), OV-101 (SCOT), 50〜250℃ (4℃/min)
　　A：アクリロニトリル単位，S：スチレン単位
　図 8・68　充塡カラムとキャピラリーカラムの分離能の比較

【分離カラムの温度制御】

① カラム恒温槽：試料の保持挙動は温度により左右されるので，カラム温度の正確で均一な制御は分離の最適化のための必須条件である．一般には，ヒーターをオン/オフさせながらファンによって槽内の空気を循環させて温度を制御する．

② 昇温プログラミング：広い沸点範囲の成分からなる混合系試料を，カラム温度一定で分離すると，図 8・69 (b) のように低沸点成分のピークは鋭いが互いに近接して分離不十分になったり，逆に (a) のように高沸点成分のピーク幅が著

しく広がって保持時間も長くなったりする．このような場合には，カラム温度をある比率で上昇させていく昇温法を用いれば，図 8・69 (c) のようにいずれの成分も同程度のピーク幅でよく分離され，分析時間も短縮できる．

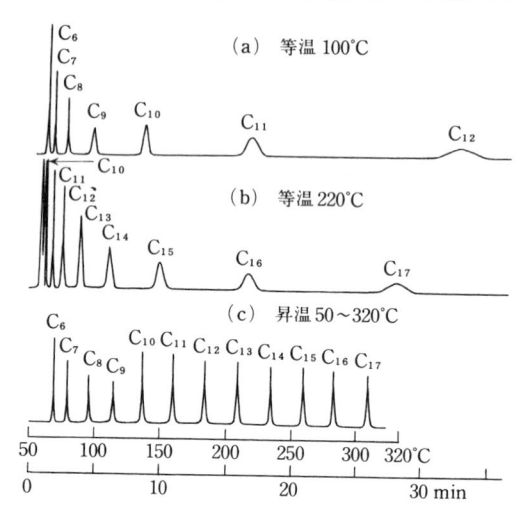

試料：n-アルカン同族体（C_6：ヘキサン，C_7：ヘプタン，C_8：オクタン，C_9：ノナン，C_{10}：デカン：C_{11}：ウンデカン，C_{12}：ドデカン，C_{13}トリデカン，C_{14}：テトラデカン，C_{15}：ペンタデカン，C_{16}：ヘキサデカン，C_{17}：ヘプタデカン）
図 8・69 等温ガスクロマトグラフィーと昇温ガスクロマトグラフィーの比較

(4) 検出器：GC の今日までの進歩は，前項(3)で説明した分離カラムの技術と，もう一つは高感度でしかも安定性のよい各種の優れた特性をもった検出器の開発に大きく支えられてきた．今日までに 30 種類に及ぶ検出器が提案されてきた．一般的な検出器として汎用されているのは，熱伝導度検出器（TCD）および水素炎イオン化検出器（FID）である．これらに加えて，ハロゲン化合物などに著しく高い感度を示す電子捕獲検出器（ECD）や，硫黄化合物やリン化合物に選択的高感度をもつ炎光光度検出器（FPD），そして窒素とリンを含む化合物に特異的高感度をもつ熱イオン化検出器（FTD）などが選択的検出器として，目的に応じて活用されている．

つぎに一般的な検出器として汎用されている熱伝導度検出器（TCD）および高感度用の水素炎イオン化検出器（FID）について簡単に説明しておこう．

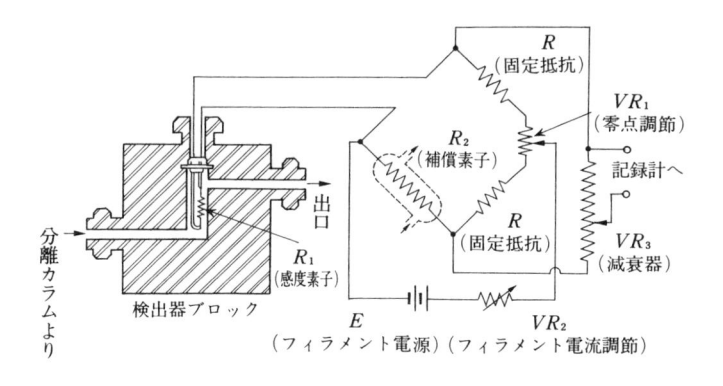

図 8・70 TCD の構造と関係する電気回路図

① TCD：典型的な TCD の構造と関係する電気回路を図 8・70 に示した．この検出器は通常熱伝導度の大きいヘリウム（または水素）をキャリヤーガスとして用い，感度素子および補償素子として白金フィラメントを用いる．キャリヤーガスのみが流れているときは，一定電流を通じて加熱されている両素子からは，一定の速度で熱がキャリヤーガス中に奪われて両素子は定常的な温度を保っている．つぎにキャリヤーガス中より熱伝導度の低い試料成分の気体が混入してくると，この定常状態は破られて感度素子の温度は上昇する．この温度上昇による感度素子の抵抗変化は図 8・70 に示したホイートストンブリッジ回路で容易に測定されて記録計に電気信号として送られる．この検出器は原理的にはキャリヤーガスと異なった熱伝導度をもつすべての気体をかなりよい直線性

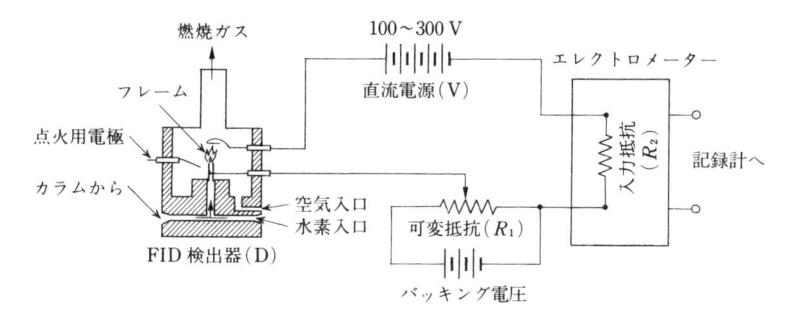

図 8・71 FID の構造と関係する電気回路図

(10^4以上)で検出することができる.

② FID：図8・71に典型的なFIDと付随する電気回路の略図を示した．FIDでは通常，水素と空気でつくられたフレームをはさんで一対の電極が設置されていて，その電極間には，100～300 V程度の直流電圧がかけられている．キャリヤーガス（ヘリウムまたは窒素）のみが流れているときは電極間のフレーム中に生ずるイオンが少ないために図中の D, V, R で構成される閉回路には定常的な微小電流しか流れていない．そこへ分離カラムから，燃焼して多量のイオンを発生する有機化合物がキャリヤーガスと一緒にフレーム中に入ってくると，生成するイオンのために電極間の電気伝導度は著しく増加し，それに対応して回路の電流値が増大する．この電流変化はエレクトロメーターで増幅されて記録計を駆動する．FIDは別名，炭素検出器とよばれ，炭化水素化合物などでは構成する炭素数に比例した感度を示す．またFIDでは，有機化合物に対してTCDの1000～10 000倍もの高感度を示すが，燃焼しない気体，とくに無機ガスには全く感度をもたない．

【定性分析】
　一定の実験条件下で測定された保持値は各化合物に特有であり，これが定性分析の基礎になる．未知試料のクロマトグラム上のピークの保持時間が，同一条件で測定した既知化合物の保持時間と一致すれば，両者は同じ物質である可能性がある．更に，極性の異なる別の液相を用いた場合にも保持時間が一致すればより確かなものとなる．

　予想される既知化合物が手元にない場合でも，他の標準物質の保持値に対する相対値から，ある程度の推定を行うことができる．直鎖アルカンを基準物質とするKovatsの保持指標は，GCの測定条件（キャリヤーガスの流速やカラム温度，液相量など）にあまり影響されない保持値としてよく用いられている．

　この他，図8・72に示したような，特性の異なる複数の検出器による同時検出も，個々のピークの化学種を推定する有力な方法である．もちろん，GC-MSやGC-FTIRの利用がきわめて有効であることはいうまでもない．

【定量分析】
　定量は，基本的にクロマトグラム上のピークの面積をもとに行われる．この

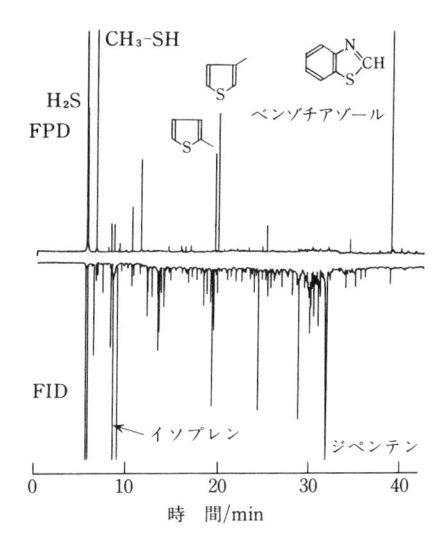

図 8·72 FPD と FID で同時検出した加硫ゴムの熱分解物のクロマトグラム

とき，検出器に対する感度が各成分により違っているのが普通であるので，標準試料を用いてあらかじめ相対感度を求めておかなければならない．ただし，FID の場合には相対モル感度の経験的な簡易計算法が知られており，これを用いることもできる．

ピーク面積の測定には，デジタル積分計を用いるのが正確かつ簡単であり，優れた性能をもった装置が市販されている．

b. 液体クロマトグラフィー (LC)：LC は，分離に関与する相互作用から，吸着，分配，イオン交換およびサイズ排除の四つに大別でき，また移動相の液体をカラム中で移動させるか，プレート上で移動させるかにより，カラムクロマトグラフィーおよびプレートクロマトグラフィーに大別される．後者に属するものとしてはペーパークロマトグラフィー (paper chromatography) および薄層クロマトグラフィー (thin layer chromatography) がある．

初期のカラムクロマトグラフィーでは，固定相を充填した分離カラム中の移動相の流れは，主として移動相自身にかかる重力を利用することによってつくり出されていた．このため LC は，分析時間も長くかかり，しかも高い分離効率

を達成することが困難であった.しかしながら,1970年代の初めに,5～30 μm 程度の粒径のそろった多孔性充塡剤や,粘性の大きな液体の移動相に10～500 kg cm^{-2}の圧力をかけて,通常の充塡カラム(内径2～3 mm,長さ10～50 cm)の中に,1～2 ml min^{-1}の高流速で移動相を圧送できる高圧ポンプが開発されたことなどにより,LCは高速液体クロマトグラフィー(HPLC)として生まれかわり,今日ではLCの主流を占めるに至っている.

(i) HPLC用の装置の構成と基本操作　図8・73に基本的なHPLC用の装置の構成図を示した.

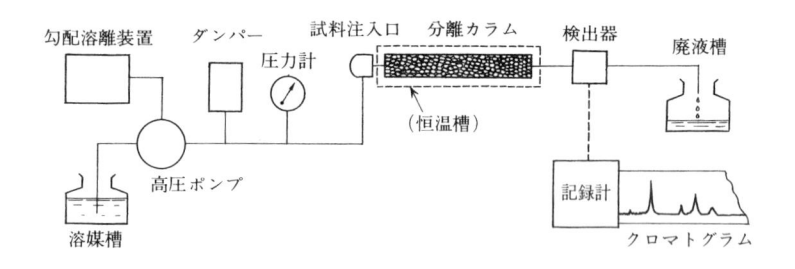

図 8・73　HPLC用の装置の構成

(1) 送液系:溶媒槽から供給される移動相を高圧ポンプで目的とする圧力に加圧し,試料注入口を通して,分離カラムに供給する.このとき,高圧ポンプから発生する脈流がある場合には,一定容積の液溜をダンパーとして高圧ポンプと圧力計の間に入れて,脈流を減衰させて送液を安定化することがなされる.また,移動相に単一溶媒あるいは,一定組成の混合溶媒を用いる均一濃度溶離(isocratic elution)では,固定相に対する保持力が大きく異なる成分の混合系の分離に長時間を要したり,遅く溶出する成分のピークが著しく拡がってしまう場合には,移動相の組成を時間的に変化させる勾配溶離(gradient elution)により,移動相の溶出力を刻々と変化させて,成分相互の分離を改善したり,分析時間を短縮したりすることができる.HPLCにおける勾配溶離はGCにおける昇温操作と同じような効果をもっている.

(2) 試料導入:通常の試料導入には,GCの場合と同様にマイクロシリンジを用いて溶液試料をセプタムを通して系内に注入するか,系内に組み込まれたル

ープインジェクターの一定容量のループ内に試料溶液を満たし，流路を切りかえて導入する方法のいずれかが用いられる．

表 8・24 HPLC の分類とカラムの充填剤

クロマトグラフィーの種別	分離カラム充填剤*
1) 分配クロマトグラフィー	シリカゲル，アルミナあるいはポリマービーズなどの表面に固定相液体を被覆もしくは化学結合させたものが用いられる．なかでも，オクタデシルシラン（-O-Si(CH$_3$)$_2$-C$_{18}$H$_{37}$）をシリカゲル表面に化学結合させたもの（ODS）が最もよく用いられる．
2) 吸着クロマトグラフィー	シリカゲルとアルミナが中心であるが，全多孔性あるいは表面多孔性のシリカゲルが多用されている．
3) イオン交換クロマトグラフィー	スチレン-ジビニルベンゼン系の多孔性ポリマービーズの表面にイオン交換基（$-SO_3^-H^+$, $-CH_2-N^+(CH_3)_3 OH^-$ など）を導入したものが多用されているが，多孔性シリカゲルの表面に，イオン交換基を化学結合させたものも開発されている．
4) サイズ排除クロマトグラフィー	3) のイオン交換樹脂よりも細孔径が小さく，細孔分布も狭いスチレン系ポリマービーズが疎水性ゲルとして多用されている．親水性ゲルとしては，デキストランゲルやポリアクリルアミドゲルなどが用いられる．

* いずれの場合も目的に応じて，粒径 5～30 μm の間の粒度のそろった球形の充填剤が主として用いられるが，破砕型の充填剤が用いられることもある．

(3) 分離カラムと充填剤：分析用の分離カラムとしては，内径 3 mm 前後のステンレス管に表 8・24 に示したような目的に応じた充填剤を密に充填し，入口と出口に多孔性のフィルターを装着したものが一般に用いられる．この他，内径 1 mm 前後のセミミクロの充填カラムやキャピラリーカラムなども用いられる．

分配クロマトグラフィーおよび吸着クロマトグラフィーにおける分離の原理は，基本的には前節の GC における GLC および GSC に，それぞれ対応する．GC の場合には，分離の選択性は主として固定相液体あるいは固定相吸着剤を変化させることによって達成されたが，分配および吸着モードの HPLC の場合には固定相の選択の幅はそれほど広くなく，むしろ移動相液体の組成や pH などを変化させて，分離の多様性が実現されることが多い．

HPLC の分離に，移動相の組成が及ぼす影響を示す測定例を図 8・74 に示し

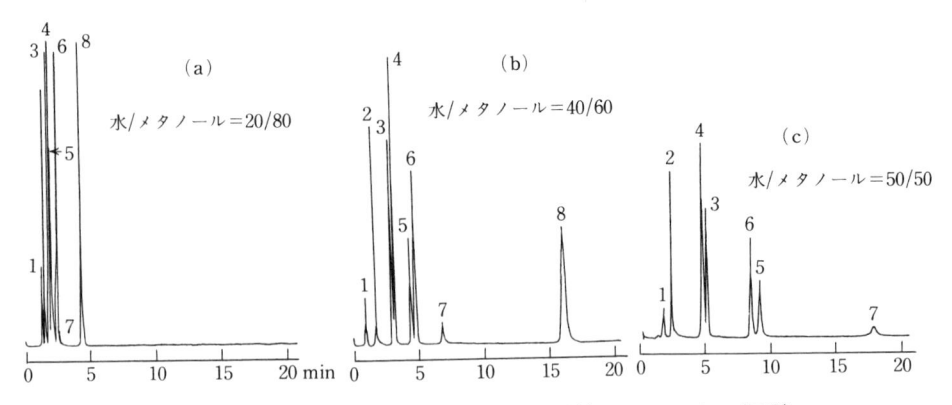

分離カラム：内径 4.6 mm×長さ 15 cm（充塡剤：ソルバックス ODS）
移動相　　：水/メタノール混合液，液量：1.2 mlmin^{-1}
検出器　　：254 nm
試料　　：1：フェラル酸，2：バリン，3：ケイ皮酸アルコール，4：アセトフェノン，5：オイゲノール，6：アニソール，7：4-ヒドロキシ-5-ブチルアニソール，8：アネトール

図 8・74 移動相組成が分離に及ぼす影響

た．ここではシリカゲル表面にオクタデシルシラン（ODS）を化学結合させたものを充塡した分配系の分離カラムを用いて，8成分の各種有機化合物を分離するさいに，他の条件は一定にして，移動相として用いる水/メタノールの容量比を変化させた場合のクロマトグラムを測定している．(a)の水/メタノール=20/80では全成分が5分以内に溶出しているが，成分相互の分離は不十分である．また(c)の水/メタノール=50/50では，全体として分離の度合いは改善されているが，第8成分（アネトール）は20分でも未溶出である．一方，(b)の水/メタノール=40/60では全成分が17分以内でほぼ完全分離して，溶出している．また(a)，(b)および(c)を相互に比較すると，移動相組成によって，各成分の溶出順がいくつか入れ替っていることがわかる．このように，HPLCでは，同じ固定相を用いる場合でも，移動相組成を変化させることにより，分離モードを大幅に変化させることが可能である．

イオン交換クロマトグラフィー（IE$_x$C）の原理については，図8・75のイオン交換法を参照されたい．また，近年イオンクロマトグラフィーと呼称されている手法も，分離の原理からすれば，そのほとんどは，IE$_x$Cの範ちゅうに入る

ものである．多くのイオンクロマトグラフィーの検出系では，分離されたイオン種の検出感度を向上させるために，電気伝導度検出器の前に，もともと展開液中に存在していたイオン種を除去するカラムを組み入れるなどの工夫がしばしばなされている．

サイズ排除クロマトグラフィー（SEC）における分離は，他のクロマトグラフィーとはかなり異質の原理に基づいているので，ここで簡単に説明しておこう．SEC では他のクロマトグラフィーの「常識」とは逆に，同族体などについて，分子量の大きい成分が，より短い保持時間で溶出する一方，分子量の小さい成分がより遅れて溶出する．この分離に関係する高分子ゲルの細孔による立体排除効果を図 8・75 で説明する．ここで(a)は球状の全多孔性高分子ゲルの部分断面図であり，(b)にはその細孔の一部を拡大して示し，そこでの異なったサイズの試料分子（$R_1 > R_2 > R_3$）が細孔中に拡散浸透していく過程を図示した．

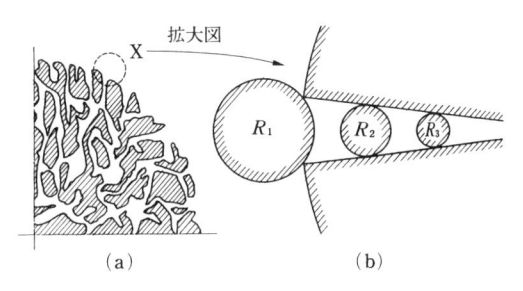

図 8・75 多孔質高分子ゲルの断面図およびその一部の模型的拡大図
(a)：多孔質高分子ゲルの断面図，(b)：(a)の一部 X の模型的拡大図

細孔の入口の大きさに比べて分子径が小さいかそれに近い大きさをもった試料溶質分子（図中の R_2，R_3 など）は，細孔内部に分子径に応じて奥の方まで拡散して行くことができるが，一方，細孔入口より大きな分子（図中の R_1）は内部拡散することができずに排除されて，先に溶出する．一方，高分子ゲルの細孔中へ浸透しうるサイズをもった分子は，浸透の程度に応じて，すなわち試料溶質分子の移動相中での広がり（分子量）によって分離がなされることになり，しかも浸透の程度が大きくなる小分子量の成分程，遅れて溶出することになる．

① 検出器：HPLC では，GC における TCD や FID のような，分離対象とする化学種一般に汎用性のある高感度検出器を欠いていることが，短所としてよく

指摘される。これは，GCでは試料成分がすべて蒸気（気体）で取扱われることから，気体の熱伝導度測定をはじめ，各種イオン化法や発光スペクトル法などの多様な原理が活用できるのに対して，LCでは通常，分離カラムからの溶離液の組成変化を，光の吸収や屈折率の変化，あるいは電気化学的な現象変化を手掛りにして測定せざるを得ないことと深く関係している．

現在HPLCで最も広く用いられているのは，紫外線（UV）吸収検出器であろう．UV検出器には，測定波長固定のものと可変のもの，あるいはホトダイオードアレーなどを利用して，全波長のスペクトルを測定できるものも開発されている．この検出器は，移動相の流速変動や勾配溶離による組成変動にも，それほど影響されないが，紫外部に吸収をもたない成分には適用できない．

UV検出器についで広く利用されている検出器は，示差屈折計である．この検出器は，原理的には，移動相溶媒と異なる屈折率を有するすべての試料成分に対して応答を有する汎用性をもっているが，移動相の温度変化や組成変動には著しく敏感であり，UV検出と比べて，一般に感度はそれほど高くない．

これらのほか，蛍光性を有する成分を高感度で選択的に検出する蛍光検出器や電気伝導度あるいは酸化・還元などの電気化学的現象を利用した検出器も開発されている．また，前述したGC-MSに対応するLC-MS直結システムについても，近年目覚ましい進歩があり，実用化が進んでいる．

8・8・2 フローインジェクション分析法

フローインジェクション分析法（flow injection analysis, FIA）は，1975年にデンマークのRuzickaらによって創案された，連続流れ中での反応を利用する新しい分析法である．FIAでは，従来吸光光度分析や蛍光分析などでビーカーやフラスコを用いてバッチ法で行ってきた発色反応を，テフロンやポリエチレンなどの内径0.5mm，長さ10m程度の細管中に，試料溶液と試薬溶液をそれぞれ送液ポンプを用いて連続的に供給し，混合溶液が細管中を通過する間に反応を起こさせて，オンラインで吸光度や蛍光強度などが測定されるように工

---

* COD (chemical oxygen demand)：試料水中に存在する有機物を酸化するのに要する酸化剤の量を，当量酸素量（O_2mg ml^{-1}）に換算して表示したもので，河川水中などの有機物含量の指標として用いられている．

夫されている．FIA は，10～100 μl という微量の試料溶液を用いて，従来法よりも迅速，簡便でかつ高感度で精度の高い分析を可能にし，水質分析をはじめとする広い分野で活用されている．

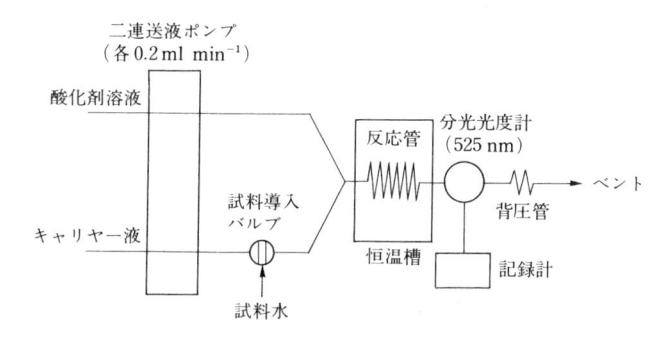

図 8・76 典型的な FIA 測定装置

図 8・76 に，河川水などの試料中の化学的酸素要求量(COD)測定のための典型的な FIA 測定装置の構成を示した．測定条件の一例はつぎのようなものである．試料水は，一定流量 (0.2 ml min^{-1}) で送液されているキャリヤー液（硫酸：リン酸：水＝1：2：7）の流れの中に，試料バルブ（30 μl）を通して導入される．この流れと，もう一方のポンプから送液されている酸化剤溶液（硫酸酸性の KMnO$_4$ 溶液）の流れ (0.2 ml min^{-1}) が合流し，一定温度（100℃）に保ったテフロンの反応管（内径 0.5 mm×長さ 10 m）を通過する間に，試料水中の有機物の酸化反応が進行し，その結果として起こる KMnO$_4$ の 525 nm における吸光度変化を分光光度計で観測して，試料水の COD が迅速に測定される．

8・8・3 電気泳動法

溶液中の荷電粒子やイオンが，電場をかけると移動（泳動）する現象は電気泳動 (electrophoresis) とよばれ，早くからタンパク質やコロイド粒子などの分離に活用されてきた．従来の電気泳動はカラム（ガラス管）あるいは薄層（沪紙やセルロースアセテート膜など）などを用いて行われてきたが，最近内径 20～100 μm×長さ 15～60 cm 程度の溶融シリカキャピラリーを用いる，高性能キャピラリー電気泳動法 (high performance capillary electrophoresis, HPCE) が開発され注目されている．HPCE では，キャピラリーの利用により，ジュール熱

の逃散が容易になったことにより,10～40 kV もの高電圧が印加できるため,分析時間が著しく短縮され,かつ理論段数 4×10^5 を越えるような超高分離能が達成されるようになり,ペプチドやタンパク質をはじめ各種のイオン種の分離に大きな役割を演じつつある.

8・9 その他の分析法

8・9・1 質量分析法

質量分析法 (mass spectroscopy, MS) とは試料 (原子,分子あるいはその混合系) をイオン化して,高真空中で加速し,電場や磁場の中を通過させて,各イオン種の質量と場との相互作用の程度の差を利用して,分離・検出し,得られる質量スペクトルから,原子量の精密測定や同位対比の決定,あるいは化合物の分子量,分子式および化学構造に関する知見を得る分析手法である.その対象とする試料は無機元素,無機化合物そして各種の有機化合物と多岐にわたっているが,ここでは主として有機化合物の MS を念頭におきながら,その原理と特徴を説明する.

a. **MSの原理**: 図8・77に典型的な単収束の磁場型質量分析計 (mass spectrometer) の原理図を示した.ここでは,気化された試料(M)がまず $10^{-5} \sim 10^{-6}$ Torr の高真空で作動しているフィラメントからの熱電子を用いる電子衝撃

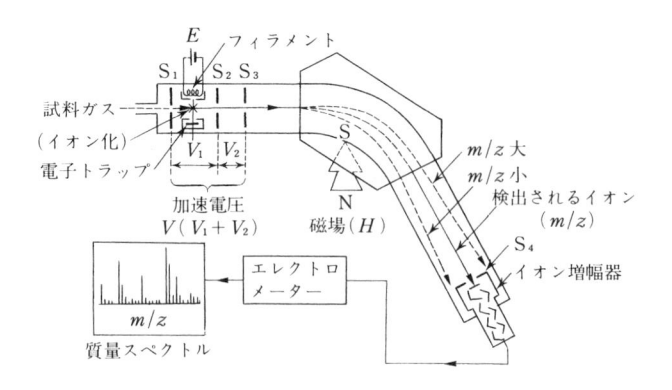

図 8・77 単収束磁場型質量分析計の原理図

(electron impact, EI) イオン化源に導入されイオン化される．

$$M + e \longrightarrow M^+ + 2e \quad (8・77)$$

このとき生成するM⁺は親イオン（または分子イオン）とよばれるが，試料分子の性質によってはEIの過剰なエネルギーのために，さらに質量の小さいフラグメントイオンへと開裂するものがある．このようにして生成した各イオン種は，正に帯電したリペラー電極（S_1）に反発して，S_1よりも V_1 だけ負に帯電しているスリット S_2 に向って引き寄せられる．このスリット S_2 を通過したイオンはつぎの加速スリット S_3 との間に印加された数kVの加速電圧（$V = V_1 + V_2 \fallingdotseq V_2$）でさらに加速されて，$10^{-6} \sim 10^{-8}$ Torrの高真空に保たれた磁場 H のかかった分離管中に突入し，質量の大きさによって異なった軌道を通って分離され，スリット S_4 を通過した特定のイオンの強度がイオン増幅器およびエレクトロメーターを通して，スペクトル上に記録される．

ここで加速電圧 V で加速されて速度 v となったイオンの質量を m（原子量単位），電荷を ze［z はイオンの価数（1, 2, ……）］とすると，イオンに与えられるエネルギー（zeV）は運動エネルギー（$1/2\, mv^2$）と等しいので，次式の関係が得られる．

$$\frac{1}{2} mv^2 = zeV \quad (8・78)$$

つぎに，磁場（Hテスラ）に突入したイオンは，半径 r m の円軌道を通る．このときの r は，そのイオンがフレミングの左手の法則によって，磁場からその運動方向と直角の方向に受ける $Hzev$ なる求心力と当該イオンが円運動から受ける遠心力（$\frac{mv^2}{r}$）が釣り合った値をとる．

$$mv^2/r = Hzev \quad (8・79)$$

式（8・78）および（8・79）から，v を消去すると次式が得られる．

$$m/z = er^2H^2/2V \quad (8・80)$$

ここで，電子の電荷 $e = 1.60 \times 10^{-19}$ クーロンを代入し，両辺を原子質量単位（1.66×10^{-27} kg）で除して m を原子量に変換すると次式の関係が得られる．

$$m/z = 4.82 \times 10^7\, r^2H^2/V \quad (8・81)$$

質量スペクトルの測定には，図8・77中のスリット S_4 の位置に写真乾板を設置して，異なる軌道半径を通る各種イオンで構成されるスペクトル全域を同時

に記録することもできるが，通常は式（8・80）の r を固定して H または V を連続的に変化させて，スリット S_4 を通過する刻々のイオン種を逐時記録して，質量スペクトル全域を測定する方法がとられる．H を変化させる場合が磁場掃引法，そして V を変化させる場合が加速電圧掃引法とよばれる．例えば，$r=0.2\mathrm{m}$ の固定半径で加速電圧3 000Vの場合，$m/z=28(\mathrm{N_2})$ から1 000までを磁場掃引で測定するには，式（8・80）から H は約0.2から1.3テスラの間で変化させればよいことになる．

(1) イオン源：無機化合物のイオン化には，スパークやグローなどの放電や加速イオンなどが用いられる．また最近では発光分光の励起源でもある誘導結合プラズマ（ICP）なども活用されている．一方，有機化合物のイオン化には，図8・77に示したEIを筆頭に，極性化合物についても親イオンを生じやすいよりソフトなイオン化法としては，メタンやイソブタンなどの試薬ガスのイオン種と試料分子とのイオン分子反応を利用する，化学イオン化（chemical ionization, CI）が頻用されている．これらに加えて，さらに難揮発性化学種の場合には，加速イオンを用いる二次イオン質量分析法（secondary ionization MS, SIMS）や高速中性原子衝撃法（fast atom bombardment, FAB），電界脱離法（field desorption, FD）や大気圧イオン化法（atmospheric pressure ionization, API）など各種のソフトなイオン化法が目的に応じて用いられる．

(2) 分離管：イオン源で生成した各種イオン種の m/z による分離には，1）図8・77に示したような磁場のみを用いる単収束磁場型装置（single focusing mass spectrometer）の他に，2） まず電場で速度収束を行った上で，磁場で m/z による質量分離を行って高い分解能を得る，二重収束型装置（double focusing mass spectrometer），3） 平行な四本のポール状金属電極に特異な電場をかけて，イオン種を m/z によって分離する四重極装置（quadrupole mass spectrometer, QMS），および4） 静電場中でのイオン種の m/z の差による飛行時間の違いを利用する飛行時間型（time-of-flight mass spectrometer, TOF-MS）などが用いられている．これらの中で，QMSが分解能はそれ程高くはないが操作が簡便で価格も安いこともあって，GC-MSなどでは汎用されている．

(3) イオン検出：m/z の違いによって分離されたイオン種の検出には，写真

乾板をはじめ，ファラデーカップ，チャンネルプレートなども使用されるが，最も一般的には図8・77に示した二次電子増倍管を利用したイオン増幅器（ion multiplier）が用いられている．

(4) 標準物質：ある化合物について測定された質量スペクトルの横軸（m/z）の校正には通常広い質量範囲にわたって m/z 既知のフラグメントを与えるパーフルオロケロセン（perfluorokerosene, PFK. C_nF_{2n+2}）のスペクトルが用いられる．

b. 質量スペクトルの表示および一般則：ここでは，まず化合物の質量スペクトルの解釈に用いられる用語の定義および一般則について説明する．

(i) 分子イオン（親イオン）とフラグメントイオン　　多くの有機化合物は電子衝撃によって，瞬間的にはその分子中の電子を1つ失った分子イオンを生成する．しかしながらこの分子イオンの中には電子衝撃によって賦与された過

$$R:R' + e \longrightarrow R \cdot R'^{\oplus} + 2e$$
　　　　有機化合物　　　　分子イオン

剰のエネルギーが分子中で非局在化する過程で，生成してから $10^{-10} \sim 10^{-8}$ 秒という短い間にフラグメンテーションを起こして正電荷をもった種々のフラグメントイオンやラジカルに崩解していくものもある．

$$R:R'^{\oplus} \longrightarrow \cdot R^{\oplus} + \cdot R'$$
　　分子イオン　　フラグメントイオン　ラジカル

もしこれらのイオン種が 10^{-6} 秒よりも長い寿命をもっている場合には，イオン源から出て分離管を通り，イオンコレクターにまで到達して検出し得る．分子イオンは別名親イオンともよばれ，生成のしやすさは化合物によって大きく変化する．例えば，芳香族や共役のオレフィン類などのように多くの共鳴構造をとりうるような分子では，一般に分子イオンが安定であり，検出しやすいが，ヘテロ元素をもつ化合物，とくに脂肪酸や高級アルコールなどでは分子イオンは非常に不安定になり全く検出されないこともまれではない．また同じ飽和の炭化水素でも直鎖のものは，比較的安定な分子イオンを生成するが，第2級および第3級の炭素を含む分枝した炭化水素の分子イオンは著しく不安定であり，

フラグメントイオンを生成しやすい．

(ii) 基準ピーク　1つの質量スペクトル中の全ピークの内で最大強度のピークを基準ピークとよび，通常その強度を 100 として，他のピークは基準ピークに対する相対強度で表示することが行われる．つぎに示すヘプタンの $m/z=43$（図 8・78），ペンタノールの $m/z=56$（図 8・79），および酪酸メチルの $m/z=43$（図 8・80）は，それぞれの化合物の基準ピークであり，スペクトル上ではいずれも強度 100 に基準化されている．

(iii) 再配列イオン　質量スペクトル上のフラグメントイオンの多くはもとの分子イオンからの単純な結合の開裂によって生じたものであり，窒素を含まないフラグメントイオンの多くは奇数質量をもっている((vi)の窒素則参照)．しかしながら(c)で後述するアルキルベンゼンからのトロピリウムイオン，アルコール類からの m/z が偶数のオレフィンあるいは，脂肪酸からの $m/z=60$ の強いピークなどは，いずれも原子の再配列を伴った結合の開裂によって生成するもので，再配裂ピークとよばれる．

(iv) 正確な分子量の測定　純粋な化合物の質量スペクトル上で分子イオンが発見できれば，通常はその m/z の値がそのまま分子量に相当する．また高分解能 MS を用いれば非常に正確な分子量を決定することも可能になる．表 8・25 に炭素（$^{12}C=12.0000000$）を基準にした場合の C, H, N, O などの安定同位体の質量および天然存在比を示した．例えば，これらの値を用いれば，$C_{16}H_{22}O_2$ は MW*＝246.1620 そして $C_{17}H_{26}O$ は MW*＝246.1984 であるから，これらのピークをはっきり区別して検出するためには，質量分析計の分解能（R）の定義から $R=6700$ 以上の高分解能の質量分析計を用いる必要がある．

$$R = \frac{M}{\Delta M} = \frac{246.1620}{246.1984-246.1620} \fallingdotseq 6700$$

このことはミリマス（1/1000 マス）単位まで正確に質量が測定できれば，その値から逆にその分子イオンの分子式を知ることが可能であることを示唆している．

(v) 同位体効果を利用した分子式の決定　表 8・25 に示した天然に存在す

＊　これらの分子量は，^{12}C, ^{1}H, ^{16}O の組合せによる最低質量（最も強いピーク）の計算値である．

表 8・25 天然に存在する安定同位体の存在比と質量

元素名	同位体	存在比(原子比%)	質量*(a. u.)
水素	^{1}H	99.985	1.0078252
	^{2}H	0.015	2.0141022
炭素	^{12}C	98.892	12.0000000
	^{13}C	1.108	13.003355
窒素	^{14}N	99.635	14.0030744
	^{15}N	0.365	15.000107
酸素	^{16}O	99.759	15.9949150
	^{17}O	0.037	16.999133
	^{18}O	0.204	17.9991601

*　^{12}C=12.0000000 を基準にした質量

る安定同位体から，当然予測されることであるが，例えば炭化水素でも天然に存在する^{13}Cおよび^{2}Hを含む分子が混在するために，その質量スペクトルの主なピークは程度の差こそあれ，それらよりも1,2あるいは3単位以上質量の大きい衛星ピークを従えている．同位体の存在比は自然界どこでもほぼ一定とみなすことができるため，主ピークに対するこれら衛星ピークの比は，その主ピークの元素組成がわかれば，表8・25に示したような同位体の存在比から容易に計算することができる．例えば$M=m/z=78$のピークでもC，H，N，Oの元素の組合せにより，表8・26に示すような異なった比の$M+1$および$M+2$の衛星ピークをもつようになる．このことは，ある未知のピーク(M)について，その同位体効果によって生じた$M+1$，および$M+2$などのピーク強度比が測定できれば，それらの値から未知のピークの元素組成を推定することが可能であることを意味している．Beynonらの"Mass and Abundance Tables for Use in Mass Spectrometry" Elsevier (1963) にはC，H，N，Oを含む$m/z=500$までの可能な組合せについて，表8・26に例を示したようにMの強度を100とした場合の$M+1$および$M+2$のピーク強度比が一冊のデータ集としてまとめられているので，これらの値を利用することができる．また表8・25には示さなかったが，塩素 [^{35}Cl (75.43%), ^{37}Cl (24.47%)]，臭素 [^{79}Br (50.52%), ^{81}Br (49.48%)]，硫黄 [^{32}S (95.0%), ^{34}S (4.22%)] などを含む化合物では，これらの同位体存在比のために$M+2$，あるいは$M+4$などのピークが特徴的に強く検出されることになる．

表 8・26 同位体効果による衛星ピークの強度比

元素組成	$m/e=78$ (M)	$M+1$	$M+2$
CH_2O_4	100	1.27	0.80
CH_4NO_3	100	1.64	0.61
$C_2H_6O_3$	100	2.38	0.62
C_5H_2O	100	5.47	0.32
C_5H_4N	100	5.49	0.14
C_6H_6	100	6.58	0.18

(vi) 窒素則　偶数個（0, 2, 4, ……）の窒素（N）を含むすべての有機化合物は偶数の分子量をもち，奇数個（1, 3, 5, ……）のNを含むものは奇数の分子量をもっている．一方，1つの結合の単純な開裂によって生じたフラグメントイオンはそれらが偶数個のNを含んでいれば奇数の質量をもち，奇数個のNを含んでいれば偶数の質量をもつ．この場合の分子量あるいは質量とは最も多い同位体の組み合わせによる最低質量をさす．この窒素則(Nitrogen rule)は，C，H，N，O，S，P，Cl，Br，F，I，Siなどを含むすべての有機化合物に対して成り立つ．この法則は多原子価元素の多くは^{12}C（4価），^{16}O（2価），^{32}S（2, 4価），^{28}Si（4価）などのように偶数原子価で偶数質量をもっているか，^{31}P（5価）のように，奇数原子価では奇数質量をもっているのに対して，^{14}N（3, 5価）は例外的に奇数原子価で偶数質量をもっているためである．例えばこの窒素則をトリメチルアミンについてあてはめてみるとつぎのようになる．

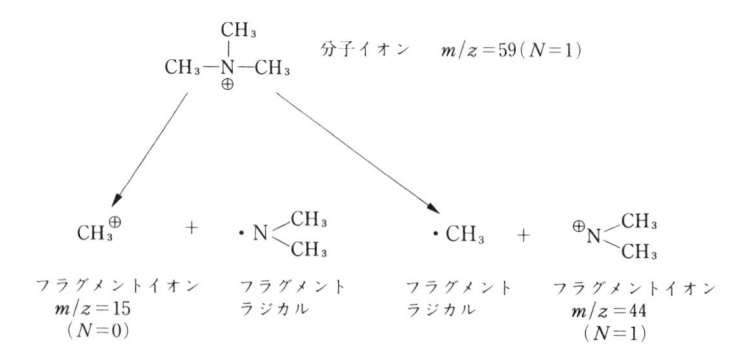

分子イオン　$m/z=59(N=1)$

フラグメントイオン $m/z=15$ $(N=0)$ 　　フラグメントラジカル　　フラグメントラジカル　　フラグメントイオン $m/z=44$ $(N=1)$

もとの分子イオンは $N=1$ であるために奇数の分子量を示し，一方，単純な結合の開裂によって生じたフラグメントイオンは $N=0$ の場合は奇数，$N=1$ の場合は偶数の質量を示すことがわかる．

(vii) **環状則**　化合物の分子式が決まればつぎの環状則（ring rule）を用いて，その化合物中に存在する環の数あるいは不飽和結合の数を容易に推定することができる．分子式 $C_vH_wN_xO_yX_z$ で表示される化合物は次式で計算される R の数に等しい環または不飽和結合をもっている．

$$R = (v+1) - \frac{w}{2} + \frac{x}{2} - \frac{z}{2}$$

この一般則は構成する元素の原子価から導かれるもので，2価の酸素の数は存在の有無にかかわらず，R に何ら関与しない（2価の硫黄も同様である）．上記の式で計算される R の値のもつ意味は，例えば $R=1$ は 1）一個の二重結合（C＝C，C＝O など），または 2）一個の環（△，○など），または 3）$\frac{1}{2}$ 個の三重結合（C≡C，C≡N など）のいずれかの構造がその分子中に存在していることを意味する．

例えば，C_6H_6 の分子は $R=7-3=4$ であるので，この法則からはつぎのようないくつかの構造の可能性が推定できる．

1）　2個の三重結合，HC≡C－CH₂－CH₂－C≡CH など．
2）　1個の三重結合と2個の二重結合，HC≡C－CH₂－CH＝C＝CH₂ など．
3）　4個の二重結合，H₂C＝C＝CH－CH＝C＝CH₂ など．
4）　1個の環と3個の二重結合，⬡ など．
5）　1個の環と1個の三重結合と1個の二重結合，⬡ など
6）　2個の環と2個の二重結合，▷◁ など．
7）　2個の環と1個の三重結合，▷◁ など．

これらの構造の化合物がすべて自然界に存在しているか，あるいはこれまでに合成されているかは別として，まずこの法則を用いてその分子ピークの可能な構造を推定してみることは，質量スペクトルのフラグメンテーションを解釈し，構造決定を行う上で非常に有効である．

c．有機化合物の質量スペクトルの解釈：前節で述べてきた有機化合物の質量スペクトルに関連したいくつかの一般則を念頭におきながら，いくつかの代

250   8 機 器 分 析

表的な有機化合物の質量スペクトルを説明してみよう.

(i) 炭化水素

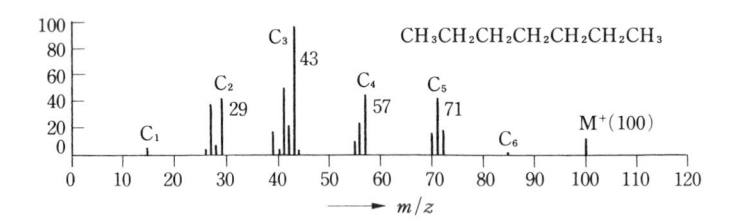

(1) 脂肪族炭化水素：図 8・78 にヘプタンの質量スペクトルを示す. このスペクトルにも現われているように，直鎖のものでは C_nH_{2n+1} (m/z=29, 43, 57, 71, ……) の強いフラグメントピークが出現し，中でも最強のピークが C_2〜C_5 の範囲に現われる. 一方，枝別れした飽和の炭化水素では，分子イオンの開裂が，枝別れに関係した第二級，第三級の炭素の位置で著しく起こりやすくなるため，分子イオンの寿命は短くなり観測されないことが多い.

図 8・78 ヘプタンの質量スペクトル

(2) オレフィン炭化水素：一般にモノオレフィンでは二重結合から β 位の開裂 (アリール開裂) が起こりやすく，したがって C_nH_{2n-1} (m/z=41, 55, 69, 83, ……) に強いピークが出現する. 例えば 1-ヘプテンの基準ピーク (m/z=41) はつぎのようなアリール開裂によって生成するものである.

$$\overset{\oplus}{C_4H_9}-CH_2-CH=CH_2 \longrightarrow \cdot C_4H_9 + \cdot CH_2-\overset{\oplus}{CH}=CH_2$$
$$m/z=41$$

(3) アルキルベンゼン：一般にかなり強い分子イオンのピークを示し，短かいアルキル基のものでは ⌬-CH$_2^{\oplus}$ (m/z=91), 長いアルキル基のものでは ⌬-CH$_3^{\oplus}$ (m/z=92) が基準ピークになることが多い. 前者の場合にはつぎのように，単純な結合の開裂によるベンジルイオンの生成と，さらに高い確率で再配列によるトロピリウムイオンの生成が競合していることが確かめられている.

8・9 その他の分析法　251

$$\text{C}_6\text{H}_5\text{-CH}_2^{\oplus}\text{-R} \longrightarrow \text{C}_6\text{H}_5\text{-CH}_2^{\oplus} + \cdot\text{R}$$
分子イオン　　　　　　　　ベンジルイオン
　　　　　　　　　　　　　　$m/z=91$

↓

トロピリウムイオン
$m/z=91$　　＋　・R

(ii) **アルコール類**　アルコール類の分子イオンは一般に小さく，高級アルコールでは観測されないことの方が多い．また低級アルコールではM-18に脱水ピークが出現することが多く，これを分子ピークと見誤ることがあるので注

$\text{CH}_3\text{CH}_2\text{CH}_2\text{CH}_2\text{CH}_2\text{CH}_2\text{OH}$

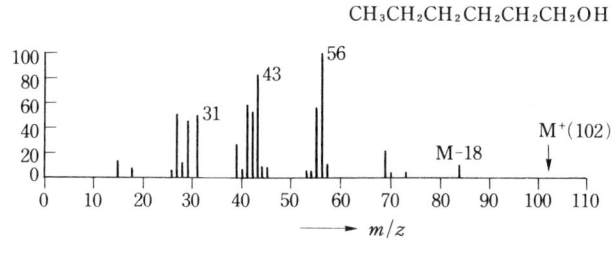

図 8・79　ヘキサノールの質量スペクトル

意を要する．図8・79にヘキサノール（$C_6H_{13}OH$）の質量スペクトルを示す．このスペクトルでは分子イオン（$m/z=102$）は出現せず，最大質量のピークは（$M-18$）（$m/z=84$）の脱水ピークである．偶数質量 $m/z=56$ をもつ基準ピークは，つぎのような再配列をともなう脱水および脱オレフィン反応によって生成したものである．

分子イオン　→　H_2O　＋　$CH_2=CH_2$　＋　$CH_2=\overset{\oplus}{CH}-CH_2-CH_3$
　　　　　　　　　　　　　　　　　　　　　　　　$m/z=56$

また一般にアルコール分子中の酸素原子の β 位の C-C 結合の単純開裂によって，第一級アルコールからは $CH_2OH \oplus (m/z=31)$，第二級アルコールからは $CH_3CHOH \oplus (m/z=45)$，第三級アルコールからは $(CH_3)_2COH \oplus (m/z=59)$ にかなり強いピークが出現する．

(iii) カルボニル化合物　　ケトン，アルデヒド，カルボン酸，エステルなどのカルボニル化合物はつぎのようなかなり共通したフラグメンテーションを起こすことが知られている．1) カルボニル基から α 位置の C-C 結合の単純開裂，2) カルボニル基から β 位置の C-C 結合の単純開裂，3) カルボニル基から3つ目の炭素上の水素のカルボニル基への再配列と脱オレフィンを伴う開裂，図 8・80 に一例として酪酸メチル ($CH_3CH_2CH_2COOCH_3$) の質量スペクトルを示す．

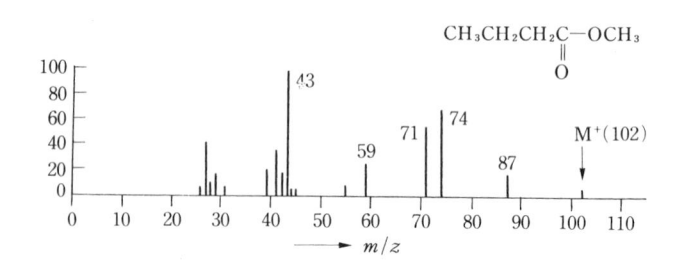

図 8・80　酪酸メチルの質量スペクトル

このスペクトルでは $m/z=102$ に弱い分子イオンのピークが観測される．つぎの $m/z=87$ は脱メチルしたものであり，$m/z=43$ の基準ピークは 1) の α 開裂によって生じた $C_3H_7 \oplus$ である．また $m/z=74$ のかなり強いピークはつぎに示すような 3) の脱オレフィンを伴う水素の再配列によって生成したものである．

$m/z=74$

(iv) エーテル類　一般にエーテル類では分子イオンのピークは小さくエーテル結合から α 位置または β 位置の C-C 結合の開裂による R-O⊕および R-O-CH$_2$⊕ (m/z = 31, 45, 59, 73……) のピークが強く現われる.

(v) アミン類　モノアミン類の分子イオンのピークは窒素則から m/z は偶数となり, 直鎖のものでは強度は弱いが, 芳香族のものでは強く現われる. 基準ピークを与える最も重要なフラグメンテーションは分子中の N 原子から β 位置の C-C 結合の開裂によって起こる.

$$R_1-CH_2-\overset{\oplus}{\underset{R_3}{N}}-R_2 \longrightarrow \cdot R_1 + CH_2=\overset{\oplus}{\underset{R_3}{N}}-R_2$$

$$m/z = 30, 44, 58, \cdots\cdots$$

第一級アミンは $R_2 = R_3 = H$ であるので $m/z = 30$ がベースピークとなることが多い.

8・9・2　熱分析法

試料物質を一定のプログラムに従って昇温（または冷却）していく過程における, 試料の重量変化, 体積変化あるいはエンタルピー変化などを測定して, 試料の融解, 結晶化あるいは相転移などの温度と熱容量変化, 熱分解挙動や熱安定性などの熱的諸特性を調べる分析法を熱分析法という. 熱重量分析, 示差熱分析や示差走査熱量測定などがその代表的なものである. また, 滴定反応の過程で発生する反応熱を手掛りにして, 滴定の終点を決める温度滴定なども熱分析の範ちゅうに入る.

a. 熱重量分析 (thermogravimetry, TG)：熱重量分析では, 熱天秤 (thermobalance) を用いて, 試料を一定のプログラムで加熱しながら, その重量変化を連続的に記録して, サーモグラム (TG 曲線) が測定される. 通常 $5 \sim 10°C \text{ min}^{-1}$ 程度の昇温プログラムがよく用いられる.

図 8・81 に, 熱天秤の構成例を示した. 10〜50 mg 程度の試料が, スプリングに連結された試料ホルダー中に秤取される. このとき, 記録計の重量減少目盛合わせは, 空の試料ホルダーのとき 100 % に, そして一定量の試料を秤取したときに 0 % になるように調整する. 所定のプログラムに従って試料が昇温され,

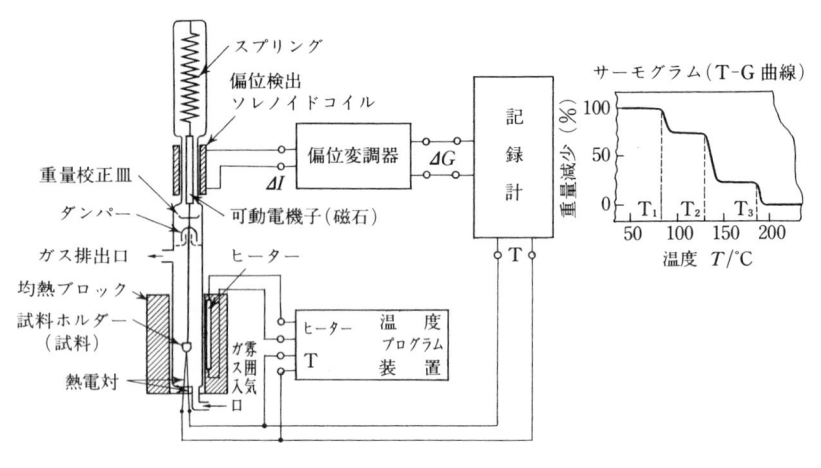

図 8・81 熱天秤の構成

ある温度 T_1 に達したとき,試料の重量減少が始まったとしよう.このとき,重量減少に対応してスプリングの収縮が起こるが,この装置では連結されている可動電機子(磁石)の偏位をソレノイドコイルが検知し,電機子をもとの位置に戻すようにソレノイドコイルに電流が流される.つぎに温度 T_2 で第二の重量変化が起これば,ソレノイドコイルにはさらに大きな電流が流れて,試料ホルダーはつねに一定の位置を保ち続ける.このときのソレノイドコイルに流れる電流の大きさは,偏位変調器を通して,試料の重量減少信号として記録計の y 軸に供給され,横軸に天秤の温度 T を入力して,試料のサーモグラム(TG 曲線)が記録される.熱天秤の雰囲気は,測定目的によっては,窒素やアルゴンなどの不活性ガスを用いたり,空気や酸素などの酸化性ガスに変えたり,あるいは真空ポンプと連結して減圧にしたりする.

図 8・82 に,測定例として,シュウ酸カルシウム一水和物 ($CaC_2O_4 \cdot H_2O$) のサーモグラムを示した.試料を室温から加熱していくと,しばらくは重量変化はみられないが,150°C 付近より 250°C にかけて結晶水の脱離による約 12.3% の重量減少が観測される.

$$CaC_2O_4 \cdot H_2O \longrightarrow CaC_2O_4 + H_2O \uparrow$$

つぎに,500°C 付近で,CaC_2O_4 の脱一酸化炭素を伴う分解が起こり,さらに約

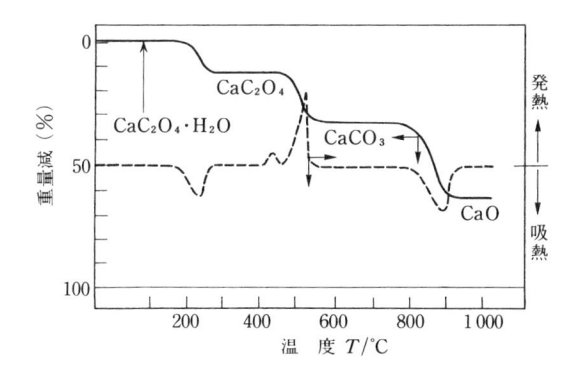

図 8・82 シュウ酸カルシウム一水和物のサーモグラム
実線：TG 曲線，破線：DTA 曲線

19.2％の重量減が観測される．

$$CaC_2O_4 \longrightarrow CaCO_3 + CO \uparrow$$

$CaCO_3$は800℃付近から脱二酸化炭素を伴う熱分解を起こし，900℃を越えた所での総重量減は61.6％に達する．

$$CaCO_3 \longrightarrow CaO + CO_2 \uparrow$$

この例でみたように，試料物質の TG 曲線を測定することにより，各種の無機化合物あるいは高分子を含む有機化合物の熱分解挙動や熱安定性についての情報が得られる．しかしながら，熱分解の過程で複雑な生成物が発生するような試料については，TG 曲線から，各温度における重量減少は知ることができるが，詳細な熱分解機構を論ずることは難かしい．このような場合，サーモグラム上の刻々の重量減少に対応してどのような化学種が発生しているのかを観測するには，TG とガスクロマトグラフィーあるいは質量分析法をオンラインで結合したシステムがよく活用される．

b．示差熱分析（differential thermal analysis, DTA）および示差走査熱量測定（differential scanning calorimetry, DSC）：DTA および DSC はいずれも試料物質を加熱または冷却していく過程で，試料中に起こる発熱または吸熱のエンタルピー変化を測定するもので，重量変化を伴う場合はもちろんのこと，伴わない融解や相転移などにさいするエンタルピー変化も測定対象となる．

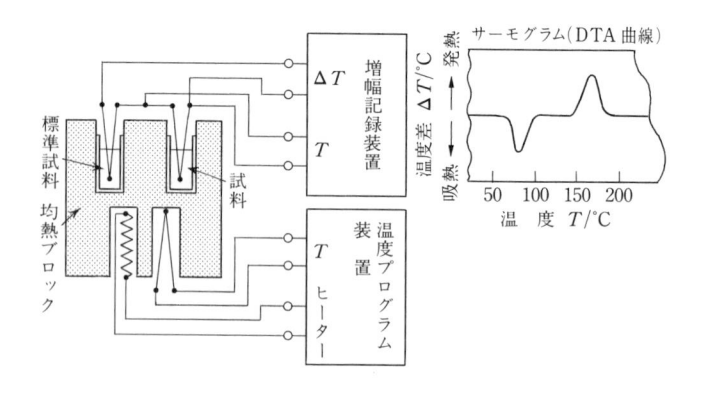

図 8・83　示差熱分析装置の構成

　図8・83に，DTA測定装置の典型的な構成を示した．DTA測定では，通常の測定温度範囲（−100〜1000℃）では熱的に不活性なアルミナあるいは石英粉末などの標準試料と試料物質をそれぞれ白金の試料ホルダー中に入れて，温度プログラムできる均熱ブロック中に設置し，加熱していくときの両ホルダー間の温度差すなわち示差温度（ΔT）を測定する．ΔTは，両ホルダー中に設置した特性の揃った二対の熱電対を，温度が同じとき（$\Delta T = 0$）起電力が互いに打ち消し合うように逆方向に直列した回路を用いて測定される．こうして測定されるDTA曲線は，同一物質のTG曲線としばしばよい相関を示すことがあり，最近の測定装置では，両サーモグラムが同時測定できるようになっているものもある．

　図8・82のシュウ酸カルシウム一水和物の測定例における，破線で示したサーモグラムがTG曲線（実線）と対応するDTA曲線である．この測定結果から，シュウ酸カルシウム一水和物の脱水反応と炭酸カルシウムの脱二酸化炭素反応はいずれも吸熱反応であるが，シュウ酸カルシウムの脱一酸化炭素反応は発熱反応であることがわかる．また，この脱一酸化炭素を伴うシュウ酸カルシウムの分解に先立つ，TG曲線上では何ら重量変化がみられない450℃付近での小さい吸熱ピークは，試料中の一部の無定形なシュウ酸カルシウムの結晶化によるものである．

DTAで測定されるサーモグラム (DTA曲線) から，ある温度で起こっている熱反応が発熱反応か吸熱反応かはすぐに判別できる．しかしながら，示差温度 (ΔT) の測定のみからは，それぞれの熱反応における熱量変化を定量的に論

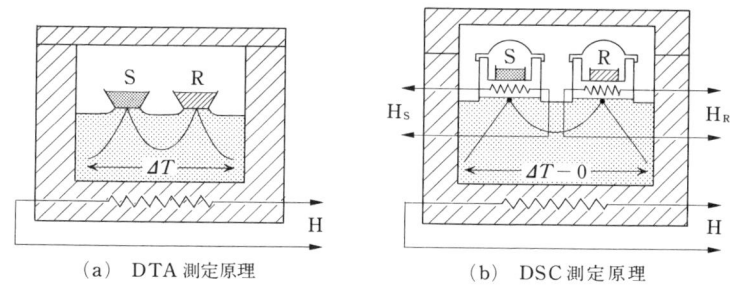

(a) DTA 測定原理　　(b) DSC 測定原理

H：温度プログラム用主ヒーター，S：試料，R：標準試料
H_s：試料用補助ヒーター，H_R：標準試料用補助ヒーター

図 8・84 示差熱分析 (DTA) および示差走査熱量分析 (DSC) の測定原理

ずることは困難である．一方，DSCでは，図8・84に測定原理をDTAと対比して示したように，試料 (S) と標準試料 (R) との示差温度 (ΔT) を測定するDTAとは異なり，熱反応に伴う温度差 (ΔT) が生じた場合に，それらを打ち消すように内蔵する補助ヒーター (H_s または H_R) のいずれかを独立に作動させ，そのとき要した補助ヒーターへの供給電力 (熱量) をプログラム温度 (T) の関数として記録するようになっている．こうした測定原理に基づくDSCでは，昇温速度を厳密に一定にすることが可能であり，またサーモグラム上のピーク面積は，対応する熱反応に伴う熱量に直接対応する．こうした特徴をもっているため，従来DTAが用いられてきた多くの分野がDSC測定に置きかわってきている．

c．温度滴定 (thermometric titrimetry)：酸-塩基，酸化-還元，沈殿あるいはキレート滴定など，いずれの場合にも，程度の差こそあれ，反応熱の出入りを伴う．したがって，試料溶液を滴定用ジュワーびん中に入れ，恒温の標準溶液で滴定し，温度変化をサーミスターなどで測定することにより，原理的には滴定終点を求めることができる．

この方法は，弱酸-弱塩基の滴定をはじめ，強酸中に共存する無水酢酸の滴定，濃硫酸中の水の発煙硫酸による滴定，発煙硫酸中の遊離の SO_3 の定量など他の

方法では終点決定の難かしい滴定に有効に活用されている．

8・9・3 放射能利用分析法

1896年，ベクレル(Becquerel)は，硫酸ウラニル塩が黒い紙を通して写真乾板を黒化させることを発見した．これはウランの原子核が自然に崩壊（壊変）するときに発生する放射線によるものであることが後にわかった．このように原子核が自発的に崩壊して放射線を放出する性質を放射能という．この放射能は，現在種々の分析法に利用されている．具体的な分析法を論じる前に，まず放射能について概説する．

a. 放射能：放射能をもつ核種，すなわち放射性核種が崩壊するときに出てくる放射線には，α線，β線およびγ線の3種類がある．α線は陽子2個と中性子2個からなる荷電粒子で，Heの原子核と同じ粒子である．β線にはβ^-線とβ^+線の2種類がある．β^-線は電子，β^+は陽電子*である．γ線は高エネルギーの電磁波である．

α線を出して原子が崩壊すると，生じる核種（娘核種）は崩壊前の元の核種（親核種）より原子番号が2，質量数が4だけ減ずる．これをα崩壊とよぶ．α崩壊の結果，原子核がエネルギー的に不安定になった場合は，電磁波であるγ線を放出して安定になる．また，β線を出して原子が崩壊する場合をβ崩壊とよぶ．β崩壊のうち，β^-線を出す場合は，原子核中の中性子が電子（β^-線）と陽子に変化するので，娘核種は親核種より原子番号が1だけ増加し，質量数は変わらない．一方，β^+線を出す場合は，陽子が陽電子（β^+線）と中性子に変化するので，娘核種は親核種より原子番号が1だけ減少し，質量数は変わらない．β崩壊の際にもγ線が放出されることがある．

放射性核種の崩壊は，熱，圧力など外的条件に左右されず，完全に偶発的で確率の法則に従う．すなわち，短い時間dtに崩壊する原子の数dNは，そのときの親核種の原子数Nとdtに比例する．そこで，

$$dN = -\lambda N dt$$

となる．この微分方程式を解くと，

---

* 通常の電子（陰電子）と等しい質量，かつ絶対値が等しく反対符号の電荷（e$^+$）をもつ粒子．

$$N = N_0 \exp(-\lambda t)$$

が得られる．ここで，N_0 は最初に存在した親核種の原子数を表わす．このように放射性核種は指数関数的に減少してゆくことがわかる．N_0 が半分になるまでの時間を半減期という．半減期を $T_{1/2}$ とすると

$$T_{1/2} = \ln 2 / \lambda$$

となる．

放射能は，単位時間に崩壊する原子数であって，単位はベクレル(Becquerel,記号 Bq)で1秒当りの崩壊数を表わす．また，放射性核種の属する元素の単位質量当りの放射能を比放射能とよぶ．

現在までに知られている同位体の総数は約1900である．また，そのうち安定同位体は約300であり，その他が ^{3}H，^{13}C，^{226}Ra，^{238}U のような自然放射性同位体（元来天然に存在する放射性同位体）と，^{99}Tc，^{60}Co，^{137}Cs あるいは超ウラン元素とよばれる原子番号が93以上の元素などのように，人工的につくられた人工放射性同位体である．

b．放射能を利用する分析法：放射能を利用する分析法は，表のように大きく3種類に分類される．それぞれ大変紛らわしい名前がつけられているので注意を要する．本書では，このうち放射化分析法と同位体希釈法について論じる．また，表には示さなかったが，放射能を利用する分析法として重要な分析法にラジオイムノアッセイ(radioimmunoassay)とメスバウワー分光法(Mössbauer spectrometry)がある．ラジオイムノアッセイは免疫分析法の検出手段として放射能を利用する方法で，臨床分析に広く利用されている．またメスバウワー分光法は，原子核から放出された γ 線が基底状態にある同種の原子核に共鳴吸収される現象（メスバウワー効果）を利用した分光法で，その元素の化学的存在状態（酸化数など）やその状態にある元素の存在量を知ることができる．メスバウワー分光法が適用できる核種は ^{57}Fe，^{119}Sn など約20種である．

(i) **中性子放射化分析法（neutron activation analysis, NAA）** 非放射性の原子に中性子を照射すると，多くの場合存在する原子の一部は中性子を吸収し放射性核種に変化する．例えば，安定な核種である ^{23}Na に中性子(n)を照射すると，以下のような核反応が起こる．

表 8・27 放射能利用分析法の分類

放射化分析	非放射性の試料に，主として中性子を照射して核反応を起こさせ，生成する放射性核種の種類と放射能の強さから試料中に含まれる元素の定性，定量を行う。 例：岩石，隕石，生体試料など中の微量元素の定量.
放射化学分析	すでに放射能を有する試料について，その放射能を測定することにより，存在する放射性核種あるいはそれを含む元素の量を測定する。 例：チェリノブイリ原発事故により環境中に放出された^{131}I, ^{137}Cs, ^{90}Srの測定． 鉱物，岩石中のRaやUの定量．
放射分析	非放射性の試料に，これと定量的に結合する放射性の試薬を加えて沈殿の放射能を測定して非放射性の試料の量を知る。 例：雨水中のカリウムの定量．
同位体希釈法	非放射性の試料の目的物質（元素または化合物）に，放射性核種で標識化（ラベル化）した目的物質と同じ化学形の物質を加え，純物質を単離後，比放射能を測定して目的物質の定量を行う。 例：希土類元素，医薬品などの定量．

$$^{23}Na + {}^{1}n \longrightarrow {}^{24}Na + \gamma$$

すなわち，^{24}Naが生成し，余ったエネルギーはγ線として放出される．こうした反応を(n, γ)反応という．またこの生成した^{24}Naは半減期約15時間でβ^{-}崩壊して^{24}Mgにかわるが，そのさい，1.369 MeVと2.754 MeVのγ線を放出する．そこで照射後，これらのγ線のエネルギーとその強度をγ線スペクトロメーターで測定することにより，微量元素の定性，定量が可能である．

中性子の照射には，通常原子炉が用いられる．原子炉内では様々なエネルギーをもった中性子が生成するが，なかでも熱中性子とよばれるエネルギーが～0.025 eVと低い（速度が小さい）中性子は(n, γ)反応を起こしやすい．そこで，原子炉内の熱中性子の密度が高い部分に試料を挿入して照射を行う．わが国で放射化分析のための熱中性子照射の行える原子炉は，原子力研究所，立教大学，武蔵工業大学，京都大学などが所有する実験用原子炉であり，放射化分析を行う場合は，これらの原子炉を利用している．

γ線スペクトロメーターは，ゲルマニウムにリチウムをドープしたGe(Li)あるいは純粋ゲルマニウム(Ge)を用いた半導体検出器とγ線をエネルギーごとにその強度を測定するための波高選別器からなる．図8・85に放射化分析におい

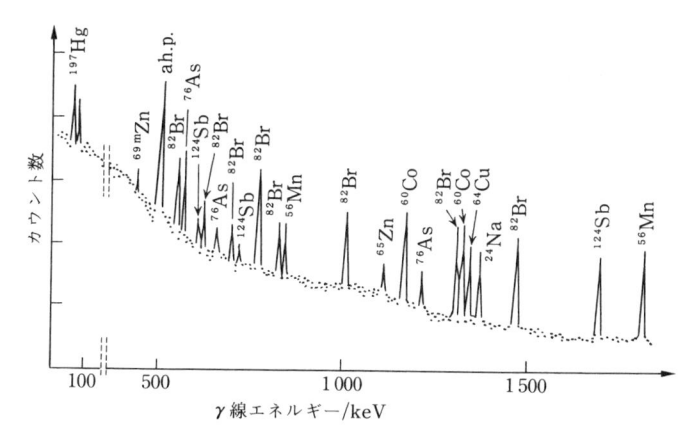

図 8・85 中性子放射化分析法における
γ 線スペクトルの例

て得られた γ 線スペクトルの例を示す．この図のように γ 線のエネルギーにより元素の定性，また強度から定量が行える．

放射化分析の長所は，多くの元素を微量レベルまで，試料を溶液化したりする必要がなく，非破壊で，一度に定性，定量できる点である（機器中性子放射化分析，instrumental NAA，INAA）．そこで現在では生体，環境試料，あるいは材料中の微量元素の定量に広く応用されている．

さらに高感度の分析を行うためには試料照射後，担体（一般に同じ元素の非放射性同位体）を加えて目的核種を化学分離する場合がある（放射化学的中性子放射化分析，radiochemical NAA，RNAA）．

(ii) 同位体希釈法(isotope dilution, ID)　本法には直接希釈法，逆希釈法，二重希釈法などいくつか種類がある．そのうち，最も基本的な直接希釈法について説明する．

まず試料中の目的物質の重量 X を定量するため，放射性核種で標識した目的物質と同じ化学形の物質の一定量（重量 a，放射能 R^*，比放射能 $S_0 = R^*/a$）を加えて十分に混合し，その中から目的物質を単離する（このときの分離は定量的である必要はない）．とり出された目的物質の重量 W と放射能 R を測定して比放射能 $S = R/W$ を求める．この関係をまとめると表のようである．

	重量	比放射能	全放射能
標識物質の添加前試料	X	0	0
添加する標識物質	a	$S_0 = R^*/a$	$R^* = S_0 a$
標識物質の添加後混合試料	$X+a$	$S = R/W$	$R^* = S(X+a)$

全放射能は添加前後で等しいので，表より，

$$S(X+a) = S_0 a$$

この式より

$$X = a((S_0/S) - 1)$$

となる．すなわち，標識物質の添加前後の比放射能の値から目的物質の重量を求めることができる．この方法の特長は，目的物質の分離が定量的でなくともよいため，分析値の信頼性がきわめて高い点である．

　この同位体希釈法は，現在では放射性核種を利用するよりも，むしろ質量分析法において安定同位体を用いる方法が広く用いられている．質量分析法の場合は，比放射能のかわりに同位体比が測定される．

9

分析化学の新しい発展

9・1 分析化学の発展小史

　分析化学は最も古くて最も新しい化学の一分野であるといわれる．化学の近代化は，18世紀のLavoisierによる化学天秤の発明と燃焼理論の解明に端を発し，それを引き金にして，それ以降の物理化学の法則や化学量論に基づく無機化学や有機化学が発展してきたことは，本書の序論でも記述した通りである．それ以来今日に至るまで，分析化学は化学全般のその時々の成果をつねにとりいれながら体系化が進められる一方，諸科学とりわけ物理学の進歩に促されて不断の発展をとげてきた．酸化・還元，沈殿生成や錯形成などの基礎的な化学反応や関連する化学平衡論などは，いち早くその時代の化学分析法にとり入れられ，それらの多くは現在でも活用されている．また，今日吸光光度法（比色分析）とよばれている分析法の進歩は，有機合成化学の成果を活用した各種の高感度発色試薬の開発に負うところが大きい．

　一方，20世紀になって，ポーラログラフィーを初めとする電気化学分析法，質量分析法，原子発光分析法，原子吸光分析法，X線分析法，放射能利用分析法および赤外・ラマンそして核磁気共鳴法（NMR）などの分子スペクトル法や種々のクロマトグラフィーなどの機器分析法が，矢継ぎ早に実用化された．これらの中で，少なからぬ手法がノーベル賞受賞に輝いている——RöntgenのX線の発見(1901年の物理学賞)，MartinとSyngeの分配クロマトグラフィーの

開発(1952年の化学賞), BlochとPurcellのNMRの研究(1952年の物理学賞), Heyrovskyのポーラログラフィーの開発 (1959年の化学賞). さらに, 最近のSiegbahnの高分解能電子分光法 (1981年の物理学賞) やBinnigとRohrerの走査型トンネル電子顕微鏡の開発 (1986年の物理学賞) の例にもみられるように, 画期的に新しい分析手法と関係する原理や測定法の開発は, ほとんどつねにノーベル化学賞あるいは物理学賞の栄誉に浴している.

今日分析化学は, 天然物であれ人工物であれ, 物質を対象とする化学の諸分野はもちろんのこと, 物理学, 生物学, 地学そして薬学, 医学, 農学などを含む自然科学全体の中で, つねにそれぞれの分野の最先端での分析的なニーズに応えるために日常的に活用されている. 分析化学がこのように広範囲な分野で, 不可欠でしかも先導的な役割をつねに演じていることと関係して, 分析化学の新しい方法論や装置の開発などに専ら携わる分析化学者は別として, 他の分野の多くの科学者にとって, 分析化学はあまりにも基本的に不可分であり, ときには空気や水と同じような当然の存在であるとさえ考えられている場合がある. しかしながら, 分析化学はこれまでもそうであったように, 今後も, 分析化学を必要としている諸分野の最先端でのニーズに応えるために, 諸科学のその時点での到達点をフルに活用して改革が続けられ, 諸科学者の協力を得ながら分析化学者の手によって新たな体系化がなされていくことであろう.

9・2 分析化学の諸課題

表9・1に, 今日まで発展をとげてきた分析化学を目的, 対象物, 試料量や分析手法などにより分類して示した. ここに示した諸課題を巡って, 分析化学の発展の方向を概観してみることにしよう.

a. 分析目的: 従来からの定性・定量に加えて, 状態分析の重要性が年々増しつつあるといえよう. そこでは, 試料の局所 (微小領域, 表面, 界面, 深さ方向など) の構成成分の分布状態および, それらの時間変化に関する情報も測定対象となってきている. X線分析法や電子分光分析法などにおける各種マイクロビーム法, 顕微FTIR (またはラマン) や走査トンネル電子顕微鏡などは,

9・2 分析化学の諸課題

表 9・1 分析化学の分類

a. 分析目的により：
  (1) 定性分析 (qualitative analysis) ┐
  (2) 定量分析 (quantitative analysis) ├→ キャラクタリゼーション (characterization)
  (3) 状態分析 (state analysis)   ┘
b. 対象物により：
  (1) 無機分析 (inorganic analysis)
  (2) 有機分析 (organic analysis)
c. 試料の絶対量により[*1]：
  (1) 常量分析 (macro analysis)   0.1 ～ 数 g
  (2) 半微量分析 (semi-micro analysis)   10 ～ 100 mg
  (3) 微量分析 (micro analysis)   1 ～ 10 mg
  (4) 超微量分析 (ultra-micro analysis)   1 mg 以下
d. 目的成分の相対量により[*2]：
  (1) 常量成分分析 (macro determination)   100 ppm～100 %
      ┌ 主成分分析 (major constituent determination)   1 ～ 100 %
      └ 少量成分分析 (minor constituent determination) 0.01 ～ 1 %
  (2) 微量成分分析 (micro determination, trace determination)   100 ppm 以下
e. 分析手法により：
  (1) 物理分析（機器分析）(instrumental analysis)
  (2) 化学分析 (chemical analysis)
f. 試料が受ける変化により：
  (1) 非破壊分析 (non-destructive analysis)
  (2) 破壊分析 (destructive analysis)
g. 目的成分の分離の有無により：
  (1) 分離分析 (separation analysis)
  (2) 共存分析 (non-separation analysis)

[*1] 絶対量：g, mg $(10^{-3}\,g)$, μg $(10^{-6}\,g)$, ng $(10^{-9}\,g)$, pg $(10^{-12}\,g)$, fg $(10^{-15}\,g)$, ag $(10^{-18}\,g)$
[*2] 相対量：% (10^{-2}), ppm (10^{-6}), ppb (10^{-9}), ppt (10^{-12})

状態分析の有力な手法として活用され始めている．図9・1に，マイクロビーム法の一種であるイオンマイクロプローブ質量分析法（IMMA）で測定された，表面処理した特殊鋼の表面から1800Åまでの深さ方向の組成分布を示した．

b. 対象物：分析化学が歴史的には無機化学とともに発展してきたことと関係して，初期ではもっぱら元素および無機化合物が対象とされてきた．有機化合物中のC, H, NおよびOなどの構成元素の分析も有機分析というよりは，「元素分析」として，むしろ無機分析の延長線上に位置していた．しかしながら，

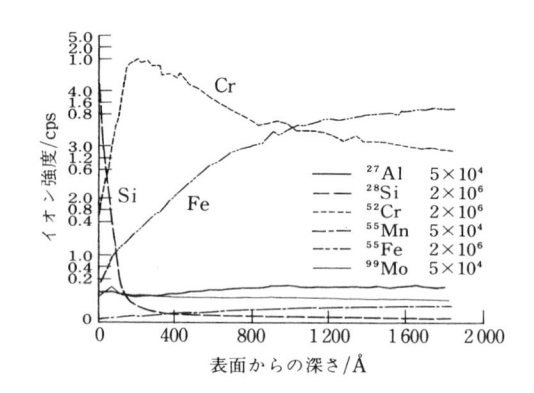

図 9・1 シリコン被膜処理したフェライトステンレス鋼（Fe/Cr/Mo）の表面からの深さ方向の組成分布測定結果

20世紀後半になって，石油化学や生化学などの進歩に伴い，分析化学の対象は次第に，天然および合成の有機化合物や高分子などにも拡張されてきた．臨床分析，食品分析や高分子分析などでは，かなり複雑な有機化合物や高分子化合物が分析対象となってきている．

c, d. 分析試料の絶対量と分析成分の相対量：一つの方向は序論でも述べたように，分析試料の微量化と分析法の高感度化による微量成分の分析である．臨床分析では血液などの体液を試料とするので，試料の微量化は不断に追求されている．また前述した状態分析での化学種の分布状態の解析には，分解能向上のために，刻々に測定対象とする局所は可能な限り微小化することが求められる．一方，高感度化も永遠に追求され続けるべき課題である．例えば，現在半導体中の不純物ではng/g(ppb)からpg/g(ppt)レベルが問題となっており，環境大気中のフロン分析では数十〜数百ppt そして，焼却炉から排出される飛灰(fly-ash)中に含まれている猛毒物質のダイオキシン類などでは，ng/g(ppb)レベルの特定な異性体の存在量が問題となっている．

e. 分析手法：従来からの容量分析や重量分析に代表される古典的な化学分析法に比べて，物理分析法（機器分析法）の占める比重が年とともに増大しており，後者では不断に新手法が開発されている．したがって，諸科学の実際現

場では，圧倒的な頻度で機器分析法が活用されている．しかしながら，機器分析法がいかに発達しようとも，分析化学の基礎は化学全体の基礎とも関係している古典的な化学分析に根ざしていることを強調しておきたい．多くの機器分析法の中で，ファラデーの法則を利用した電量滴定などを例外とすれば，ほとんどの手法では，ある成分の定量分析をするさい，つねに当該成分を既知量含む標準試料との比較測定を行う必要がある．こうした場合の標準試料溶液の調製や，試料分解などの前処理（6章参照）を適正に行うには，古典的な化学分析法や基本的な操作法を熟知していることが必要である．本書がその半分以上の紙数を分析化学の基礎理論，古典的分析法および試料調製法などに充当しているのは，上述したような背景があるからである．

　f．分析試料が受ける変化：非破壊分析が実際の分析では理想であり，$in\ situ$（その場所で）あるいは，生体関連では $in\ vivo$（生体中にあるがままで）といった要求に応える分析法の開発が求められている．蛍光X線分析法，透過法や全反射法でのIR測定あるいはX線やNMRによるイメージングなどは非破壊分析法の範疇に入るものであろう．図9・2に人体の三次元イメージング測定に用いられる NMR-CT (computed tomography) 装置を示した．NMR-CTは医学の分野では MRI (magnetic resonance imaging) ともよばれている．しかしながら，今日活用されている分析手法では，分析試料の調製段階や測定中に，試料が何らかの物理的あるいは化学的な変化（破壊）を受けることの方が依然として一般的でさえある．

　g．目的成分の分離の有無：複雑な混合試料中の特定成分の分析にさいして，共存成分（マトリックス）が目的成分の測定に影響がなければ，非分離のままで分析することも可能であるが，影響がある場合には，通常は試料調製段階で溶媒抽出やクロマトグラフィーなどを適用して前分離を行い，マトリックスの影響を除去する必要がある．また，マスキング剤，イオン選択性電極や特定化学種のみに応答するバイオセンサーやガスセンサーなどが，混合試料中の特定化学種を選択的に共存分析するために，しばしば活用されている．

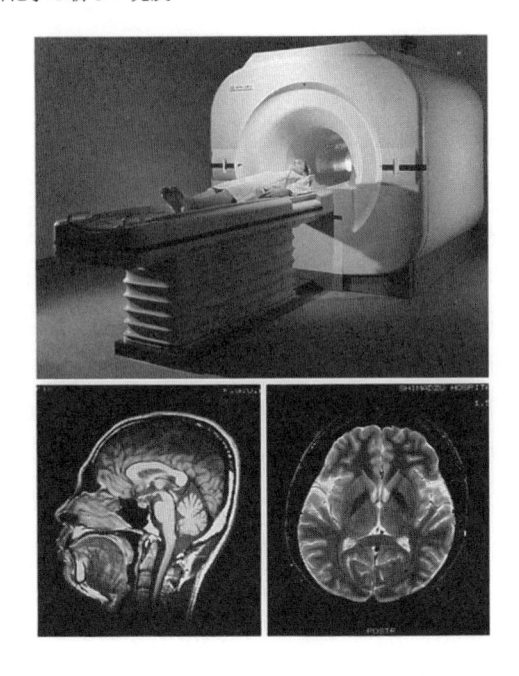

図 9・2 人体の三次元イメージング測定用の NMR-CT 装置と脳の断層写真（島津製作所㈱提供）

9・3 複合化・知能化・自動化が進む分析化学

　以上みてきたように，分析化学は多岐にわたった視点から，不断の進歩がはかられてきたが，機器分析法全体に共通した最近の動向として，1）複数の機器の複合化，2）コンピュータ化による測定装置のシステム化と高度なデータ処理，および3）分析情報のデータベース化，などが指摘されよう．一例として，本書の中でも紹介したGC/MS直結分析システムなどは，複数の分析手法をハイフン結合して (hyphnated) 一つの分析システムを構成し，それぞれの手法の短所を補い，同時に両者の長所を相乗的に活用することに成功している．こうした複合測定システムでは測定操作やデータ処理などにも，専用のコンピュータが組み込まれており，さらに内蔵する既知化合物についての標準的なデータベースと，未知試料についての測定データの対比による自動検索なども可能になっ

9・3 複合化・知能化・自動化が進む分析化学

てきている．図9・3に，LC/FTIR直結システムで測定した高分子添加剤の分析例を示した．6種類の添加剤がLC分離されており，溶出順に測定されている赤外スペクトルから，それぞれの成分を同定することができる．

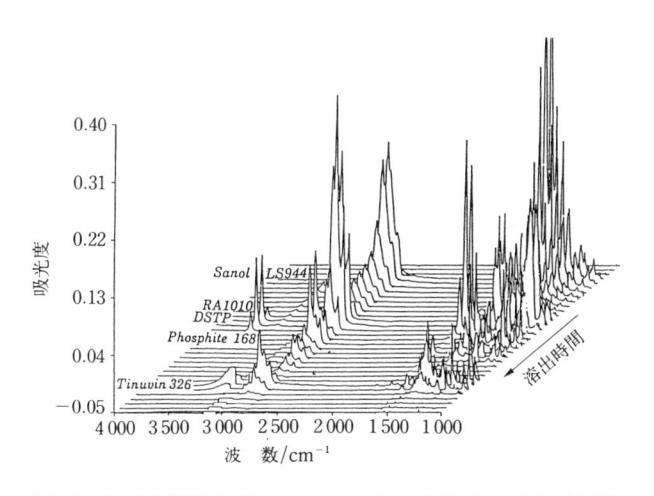

図 9・3 LC/FTIR直結システムによる高分子添加剤の分析例

こうした，複合化・知能化・自動化が進む分析化学の10年先を正確に予測することはほとんど不可能に近いが，これからも不断に最先端の諸科学技術を取り入れて，永遠の進歩を続けていくことは，最も古くて最も新しい分析化学の属性でもあろう．しかしながら，こうした属性をもって高度な発展を続ける分析化学は，ともすると初心者をスポイルしたり，大きな落し穴に落としたりする危険性をもっていることを指摘しておかなければならない．コンピュータによって測定操作からデータ処理，情報検索に至るまでシステム化されている分析装置は，原理とそのシステムの特性を十分理解していない初心者にとっては，「ブラックボックス」に近いものである．そのシステムのマニュアル（指針）におおよそ従って，試料をセットしてシステムを作動させ，しばらくすればもっともらしい測定結果が出力されてくる．そして，測定者さえ十分理解していない測定結果が，吟味されることなくひとり歩きを始め，それに対する予期しない反響によって，測定者が周章狼狽する．後になって，システムのモード選択が不適正であったことが判明する，といったことが容易に起こり得る．

あらゆる学問に王道はない．急がば回れである．試料の前処理や標準試料の調製が適正かどうか，その分析法がどのような原理に基づいたものであり，その長所と短所を含めた特徴はどうなっているのか，それが各種分析法の中でどのような位置づけにあるのか，測定条件の諸パラメーターの設定は適性になっているのか，予想される測定結果は通常どのような範囲に入っているべきか，などをつねに念頭におき，そのための調査や準備を十分しておくことが，高度な分析システムを利用する場合にはとくに必要であろう．

索　引

あ

α　線　*258*
α崩壊　*258*
Ahrland　*14*
Arrhenius　*9*
ICP-MS　*139*
ICP発光分析法　*136*
IR　*91*
IUPAC　*22*
亜鉛電極　*41*
アノーディックストリッピング法　*218*
アミノ酸　*90*
アルカリ滴定　*56*
安定同位体　*259*
安定度定数　*22,63*
アントラセン　*185*
アンペロメトリー　*207*

い

EBT　*66*
EDTA　*60,62*
ESR
　——スペクトル　*163*
　——装置　*162*
　——の共鳴条件　*162*
イオン化干渉　*135*
イオン化抑制　*136*
イオン化列　*107*
イオン強度　*23*
イオン結合　*8*
イオン交換　*83*
イオン交換基　*84*
イオン交換クロマトグラフィー　*87,92,237, 238*
イオン交換樹脂　*83*
イオン交換体　*83*
イオン選択性電極　*209*
イオン対抽出　*83*
イオンの電解挙動　*94*
一次X線　*203*
一次標準試薬　*55*
一次標準物質　*55*
一重項状態　*168*
イルコビッチの式　*216*
陰イオン交換吸着曲線　*88*
陰イオン交換樹脂　*84*
陰イオン交換反応　*85*
陰極スパッタリング　*143*
インダクション法　*153*

え

FID　*233*
FT-IR　*193*
FT-NMR　*154*
HPLC　*236*
　——のカラム充填剤　*237*
　——の分類　*237*
　——用装置　*236*
HPLC検出器　*239*
LC　*218,235*
LC/FTIR　*269*
MRI　*267*
MS　*91*
　——のイオン源　*243*

——のイオン検出　244
——の原理　242
——の標準物質　244
——の分離管　244
n 軌道　180
NIST　4
NMR　91
NMR-CT　268
NMR スペクトル　155
NN 指示薬　67
SFC　218
X 線　197
X 線回折分析法　200
X 線管　200
X 線光電子分光法　204
X 線分析法　197
エオシン　69
液液抽出　80
液体アンモニア　11
液体クロマトグラフィー　91,92,218,235
液体試料の採取　104
液体捕集法　103
液膜電極　210
エチレンジアミン四酢酸　60
エリオクロムブラックT　66
塩化カルシウム　106
塩基解離定数　30
塩効果　73
炎光分析法　132
円錐四分法　102
エントロピー効果　48

お

大口試料　102
王水　71
オキシン　48
オージェ効果　199
オージェ電子　199
オージェ電子分光法　204
温度滴定　257

か

γ 線　258
γ 線スペクトロメーター　260
回折格子　171
解離速度　16
解離定数　16,20
化学干渉　146
化学交換　159
化学シフト　155,204
化学天秤　1,54,70
化学発光法　188
化学平衡　17
化学量論　43
可逆反応　17
核　35
拡散電流　215
核磁気共鳴　91
核四極子モーメント　160
加水解離定数　30
加水分解　28,29,74
加水分解定数　20
ガスクロマトグラフィー→GC を見よ
火成岩の平均組成　2
カソーディックストリッピング法　218
硬い塩基　14
硬い酸　14
活性化エネルギー　16
活量　24,25
　　固体の——　40
活量係数　22,24,25,36,81
荷電粒子　80
加熱蒸発法　70
過飽和度　73
過マンガン酸カリウム滴定　58
ガラス電極　210
ガラス沪過器　74
カラム　86
　　——の分離能　225
カラムクロマトグラフィー　92
環境分析　58
還元気化法　145

索引 273

還元剤　39
甘こう電極　95
乾式灰化　110
干渉性散乱　198
環状則　249
緩衝能力　34
緩衝溶液　33
乾燥剤　75,106
感度　3,54,123

き

Q-テスト　118
気-液分配平衡　222
機器中性子放射化分析　261
機器分析　1,51,121
　――の分類　122
希元素分離法　80
基準振動　190
基準電極　41
キシレノールオレンジ　67
気体試料の採取　103
希薄溶液　16
逆反応　16
キャピラリーカラム　225,228
キャリヤーガス　138,228
吸光係数　175
吸光光度分析法　168
吸光光度法　43,67
吸光度　142,174
吸収極大　169
吸収スペクトル　168
吸着クロマトグラフィー　237
吸着剤　92
吸着指示薬　69
吸着平衡　222
強塩基性陰イオン交換樹脂　84
強酸性陽イオン交換樹脂　84
共重合比　84
共抽出現象　80
共沈　79
共通イオン効果　34,36,79
強電解質　9

協同効果　82,99
共鳴磁場　152
共鳴周波数　152
共鳴条件　152
共役塩基　10,29
共役酸　29
共有結合　12
共有結合性分子の抽出　80
8-キノリノール　48
キレート　46
キレート化合物　46
キレート効果　48
キレート滴定　62
キレート滴定法　55
キレート発色試薬　178
均一沈殿法　74
金属キレートの抽出　81
金属指示薬　66
銀滴定　69

く

偶然誤差　114
クラーク数　2
クラスター　35
グラファイト炉　144
クレアチニン　91
クロスクローネブライザー　138
グロトリアン図　131
クロマトグラフィー　77,91,218
クロマトグラム　87
クーロメトリー　207
クロロ錯体　89

け

蛍光X線　199
蛍光X線分析法　202
蛍光強度　186
蛍光分析　185,187
ケイ酸塩の分解　71
系統誤差　113
系統定性分析法　51

血液透析　91
結合モル比　82
結晶成長　35,73
ケルダールフラスコ　110
原子吸光分析法　132,142
原子蛍光分析法　132,147
原子スペクトル分析　131
原子発光分析法　132
　　検出限界　124
原子炉　260
元素普存の法則　3

こ

5員環　46
交換平衡定数　85
交換容量　84
格子面間隔　200
構造解析　202
酵素電極　211
光電陰極　172
光電効果　198
光電子　198
光電子スペクトル　204
光電子増倍管　172
恒　量　75
固-液抽出分離　96
刻線数　171
誤　差　113
　　——の伝播　117
五酸化リン　106
固体吸着剤捕集法　104
固体膜電極　210
固定相液体　230
古典的乾式法　51
ゴニオメーター　200
孤立電子対　43
コロイド溶液　90
コンプトン散乱　198

さ

再現性　114

最小二乗法　118
サイズ排除クロマトグラフィー　92,237,239
再生セルロース　91
再沈殿　73,96
錯イオン形成　79
錯形成平衡　43
錯　体　43
　　——の安定度定数　46
錯滴定　43,60
作用電極　212
酸-塩基　9
　　——の硬さ，軟かさ　12,13
酸-塩基指示薬　56
酸-塩基滴定　56
酸-塩基平衡　27
酸化還元指示薬　60
酸化還元滴定　39,58
酸化還元電位　39,59
酸化還元反応　20,58
酸化還元平衡　38
酸化剤　39
三座配位子　46
三重項状態　168
参照電極　95,209
3段階解離　21
酸滴定　56
酸分子生成速度　15
残余電流　213

し

σ 軌道　180
g　値　163
　　——の異方性　165
GC　91,218,220
　　——の定性分析　234
　　——の定量分析　234
　　——の特徴　220
GC 検出器　232
GC 分離カラム　228
シアノ錯体　67
紫外吸収スペクトル分析法　169

索　引

紫外光電子分光法　204
紫外線吸収検出器　240
磁気水銀陰極電解槽　93
磁気モーメント　148
死空間　87, 223
ジクロロフルオレセイン　69
自己吸収　135
示差法　183
示差熱分析　255
指示薬　55
　——の選択　57
自然放射性同位体　259
ジチゾン抽出　82
室温りん光分析法　188
湿式分解　111
質量スペクトル
　——の解釈　249
　——の表示　245
質量分析　91, 242
自動化　268
弱電解質　9
自由エネルギー　40
重クロム酸カリウム滴定　58
終点　55
　——の検出　60, 68
充填カラム　228
自由誘導減衰　154
重陽子　80
重量分析　35, 51, 67, 70
縮分　102
樹脂性　87
樹脂の洗浄再生　86
昇温プログラミング　231
昇華　78
消光　187
常磁性共鳴吸収　161
常磁性物質　150
蒸発　77, 78
蒸留　78
常量　54
食塩水の電気分解　91
触媒　17
助燃ガス　144

シリカゲル　92, 106
試料
　——の乾燥　105
　——の採取　52, 101～104
　——の調製　101
　——の粉砕　104
試料セル　171
試料母集団　101
試料溶液の調製　106
親イオン　245
人工腎臓　91
人工放射性同位体　80, 259
伸縮振動　191
親石元素　13
親銅元素　13
親有機性　81
信頼性　114

す

吹管試験　51
水銀陰極電解法　93
水素過電圧　93
水素化物発生法　145
水素結合　8
水溶液の液性　28
水和　8
水和イオンの有効直径　26
水和熱　8
スカベンジャー　79
ストリッピングボルタンメトリー　217
ストークス線　195
スピン-スピン結合　157
スピンの等価性　157
スポットテスト　51

せ

正確さ　3, 14
　——の表示　116
生成定数　20
精度　3, 54, 114
正八面体構造　46

正方形型　44
生理的緩衝液　33
赤外吸収スペクトル　193
赤外吸収分光法　189
赤外線吸収　91
赤外分光光度計　191
絶対誤差　116
0あわせ　175
遷移金属　44
浅色効果　181
全生成定数　47,61
選択係数　85
選択性　3,52,67,226
選択定数　211
選択的透過性　91
選択的濃縮　98

そ

双極子能率　6
相対誤差　175
相対標準偏差　117
相対保持値　226
測定値の棄却　117
速度定数　15
速度論　224
組成分布測定　266
ソックスレー抽出器　96
素反応　18

た

τ 値　156
対照セル　171
多座配位子　46,81
多成分同時定量法　182
ダニエル電池　40
ダブルモノクロメーター　185
単結晶構造解析用回折装置　201
単座配位子　46,81
淡色効果　181
担　体　261
段理論　224

ち

Chatt　14
逐次安定度定数　47,61
窒素則　248
着色指示薬　55
中空陰極ランプ　143
中空キャピラリーカラム　228
抽出分離　82
中性子放射化分析法　260
中和滴定　56
超微細結合　165
超微細結合定数　166
超微細構造　165
超臨界液体クロマトグラフィー　218
直接捕集法　104
沈殿形　72,75
沈殿滴定　35,67
沈殿の沪過　74
沈殿分離　78
沈殿平衡　34
沈殿法　70,77

て

Davis　14
DDPH　164
Debye　6,25
DSS　155
TCD　233
TMS　155
呈色化合物　177
定性分析　1,51
低速電子線回折法　198
定電位電解装置　95
定電位電解法　93,94
定電位電流滴定法　207
定電位電量分析法　212
定量分析　1,51
滴下水銀電極　214
滴　定　55
滴定曲線　57,58,61,65,68

索　引　277

デシケーター　75,106
デバイ　6
電位差　40
電位差計　208
電位差滴定　60
電位差分析法　208
電解効率　207
電解質効果　23,37,73
添加実験　4
電気陰性度　6,14
電気泳動法　241
電気化学的分離　92
電気化学分析　39,123
電気双極子　6
電気透析法　90,91
電気二重層　215
電気分解法　70
典型元素　44
電子移動反応　16
電子供与体　43
電子スピン共鳴法　161
電子スペクトル法　168
電子説　12
電子線　197,204
電磁波の性質　129
電子分光法　197
電　着　100
電量滴定法　213
電量分析法　207,212

と

同位体希釈法　259,261
同位体効果　246
透過率　175
等吸収点　184
凍結乾燥　100
同軸型ネブライザー　138
透析法　90
透析膜　90
銅電極　41
当量点　30,55
特性X線　198

特性吸収帯　190
ドーナッツ構造　138
トムソン散乱　198
トルエン　194
トレーサー量　80,98

な

難溶性沈殿　18

に

二座配位子　46
２段階解離　21
乳　鉢　105
尿　素　74
尿素分解酵素　211

ね

熱中性子　260
熱重量分析　253
熱分析法　253
ネルンストの式　40,205,208
燃焼速度　135
燃料ガス　144

の

Noddack　3
濃　縮
　　イオン交換による――　99
　　抽出による――　99
　　沈殿による――　98
濃縮ウラン　78
濃硫酸　106

は

π 軌道　180
Pearson　14
配　位　43
配位化合物　43

配位結合　8
配位原子　13
配位子　8, 13, 43, 46
配位数　44
配位不飽和　82
配位水分子　83
薄層クロマトグラフィー　92
波高選別器　260
波高分析器　202
波長分散方式　203
白金黒　17
白金電極　42
バックグラウンド吸収　146
発光エネルギー　133
発色試薬　177
発色反応　177
バリノマイシン　211
半減期　259
反磁性物質　150
反ストークス線　195
半電池　41
半導体検出器　202, 260
半透膜　90
反応速度　15
半波電位　216

ひ

Hückel　25
p-関数　28
PFHS法　74
pH　56
pHジャンプ　57
PM　61
ppb　2
ppm　2
ppt　2
非干渉性散乱　198
非共有電子対　12
ヒドロニウムイオン　27
非破壊分析　52
ビピリジル　178
比放射能　259

100あわせ　175
氷酢酸　11
標準起電力　40
標準水素電極　41
標準電極電位　41
標準物質　4
標準偏差　116
標準溶液　54, 55
標定　55
標的　80
表面電荷密度　14, 83, 100
表面分析法　204
秤量形　72, 75

ふ

Brønsted　10
Vogt　2
Volhardt　69
ファラデー定数　206
ファラデー電流　206
ファラデーの法則　205
フェナントロリン　178
フェノールフタレイン　57
フェノールレッド　184
付加錯体　83
複合化　268
フッ化水素酸分解　108
復極剤　216
物質の磁性　148
フッ素樹脂膜　91
物理干渉　141
物理分析　1
浮選　100
不溶性沈殿　18
フラクションコレクター　87
フラグメンテーション　245
フラグメントイオン　245
プラズマ観測高さ　138
プラズマの生成　137
ブラッグ角　200
ブラッグの式　200
フーリエ変換赤外分光光度計　193

索　引　279

フーリエ変換レーザーラマン分光法　195
プリコンセントレーション　77,98
ブリッジ法　153
フルオレセイン　69
フレーム中の原子分布　134
フレームの温度　135
ブレンステッド塩基　10
ブレンステッド酸　10
フローインジェクション分析法　240
プロトン移動反応　15
プロトン受容体　10
プロトン説　10
分光化学分析　122
分光干渉　141
分光感度特性　173
分光光度分析法　168
分光測光誤差　175
粉砕器　105
分子イオン　245
分子間力　7
分子振動　190
分取クロマトグラフィー　92
分析化学
　——の発展小史　263
　——の分類　265
分析対象の微量化　2
分属試薬　13
分配クロマトグラフィー　237
分配係数　85
分配比　81
分配平衡濃度　222
分離カラム　229
分離分析　123
分離法　77

へ

β 線　258
β 崩壊　258
平均値　116
平衡移動の法則　18
ベクレル　259
ペーパークロマトグラフィー　92

ベールの法則　174
変角振動　191
変動係数　117

ほ

放射化学的中性子放射化分析　261
放射化学分析　259
放射化分析　3
放射性核種　80,258
放射性同位元素　17,79
放射線　258
放射能　258
放射分析　259
方差走査熱量測定　255
飽和溶液　20
保証値　4
補助ガス　138
補色　169
ポテンシオスタット　212
ポテンシオメトリー　207
ポーラログラフィー　214
ポーラログラム　214
ボルタンメトリー　207,214
ボルツマン分布　134

ま

Mason　2
マイケルソン干渉計　193
膜電極　209
膜分離　90,100
マスキング　43,82
マスキング剤　67
マトリックスマッチング　141

み

水　5
　——のイオン積　20,28
　——の両性　11

む

無放射遷移　168

め

Mendeleev　2
メスバウアー効果　259
メスバウアー分光法　259
メチルオレンジ　57
N-メチルアセトアミド　194
メチルレッド　57
面外変角振動　191

も

Mohr 法　68
モズレーの式　200
モル吸光係数　175
モル比法　183

や

軟かい塩基　14
軟かい酸　14

ゆ

有機電解質　90
有機物試料の分解　109
有機溶媒　81
有効数字　115
融　剤　108
誘電率　7
誘導結合プラズマ　136

よ

陽イオン交換樹脂　84
陽イオン交換反応　85
陽イオンの定性分析系　12
溶　解
　　試料の――　71
溶解性
　　水への――　107
溶解度　22
溶解度積　20,22,35,68
溶解度積定数　35
溶解平衡　34
ヨウ素滴定　58,60
ヨウ素-デンプン反応　60
溶媒抽出　43,77,80
溶媒和　16
溶融シリカキャピラリーカラム　229
溶融法　108,109
溶離液　87
容量分析　35,51,54
予備濃縮　77

ら

Lavoisier　1,70
ラジオイムノアッセイ　259
ラマン効果　194
ラマン散乱　195
ラマンスペクトル　196
ラマン分光法　194
ラーモアの歳差運動　150
ランベルトの法則　174
ランベルト・ベールの法則　174

り

両性イオン　90
理論段高　224
理論段数　224
りん光分析　185,187

る

Lewis　11
ルイス塩基　14
ルイス酸　14
ル・シャトリエの法則　33,36
るつぼ　75

索　引　*281*

れ

冷却ガス　*138*
レイリー散乱　*195*
連続X線　*199*
連続変化法　*183*

ろ

Lowry　*10*
沪過捕集法　*103*
6員環　*46*

わ

Washington　*2*

著者の現職

赤岩英夫：群馬大学名誉教授
柘植　新：名古屋大学名誉教授
角田欣一：群馬大学大学院工学研究科教授
原口紘炁：名古屋大学名誉教授

分　析　化　学

　　　　　　　　　平成 3 年 9 月30日　発　　　行
　　　　　　　　　平成25年 9 月10日　第18刷発行

著作者　　赤岩英夫・柘植　新
　　　　　角田欣一・原口紘炁

発行者　　池　田　和　博

発行所　　丸善出版株式会社
　　　　　〒101-0051　東京都千代田区神田神保町二丁目 17 番
　　　　　編集・電話(03)3512-3262／FAX(03)3512-3272
　　　　　営業・電話(03)3512-3256／FAX(03)3512-3270
　　　　　http://pub.maruzen.co.jp/

Ⓒ Hideo Akaiwa, Shin Tsuge, Kinichi Tsunoda,
　Hiroki Haraguchi, 1991

組版印刷・株式会社 精興社／製本・株式会社 星共社

ISBN 978-4-621-08159-4 C3043　　　Printed in Japan

本書の無断複写は著作権法上での例外を除き禁じられています.

元素の周期表

	1 (1A)	2 (2A)	3 (3A)	4 (4A)	5 (5A)	6 (6A)	7 (7A)	8 (8)	9 (8)	10 (8)	11 (1B)	12 (2B)	13 (3B)	14 (4B)	15 (5B)	16 (6B)	17 (7B)	18 (0)
1	1 H 1.008 水素																	2 He 4.003 ヘリウム
2	3 Li 6.941 リチウム	4 Be 9.012 ベリリウム											5 B 10.81 ホウ素	6 C 12.01 炭素	7 N 14.01 窒素	8 O 16.00 酸素	9 F 19.00 フッ素	10 Ne 20.18 ネオン
3	11 Na 22.99 ナトリウム	12 Mg 24.31 マグネシウム											13 Al 26.98 アルミニウム	14 Si 28.09 ケイ素	15 P 30.97 リン	16 S 32.07 硫黄	17 Cl 35.45 塩素	18 Ar 39.95 アルゴン
4	19 K 39.10 カリウム	20 Ca 40.08 カルシウム	21 Sc 44.96 スカンジウム	22 Ti 47.87 チタン	23 V 50.94 バナジウム	24 Cr 52.00 クロム	25 Mn 54.94 マンガン	26 Fe 55.85 鉄	27 Co 58.93 コバルト	28 Ni 58.69 ニッケル	29 Cu 63.55 銅	30 Zn 65.38 亜鉛	31 Ga 69.72 ガリウム	32 Ge 72.64 ゲルマニウム	33 As 74.92 ヒ素	34 Se 78.96 セレン	35 Br 79.90 臭素	36 Kr 83.80 クリプトン
5	37 Rb 85.47 ルビジウム	38 Sr 87.62 ストロンチウム	39 Y 88.91 イットリウム	40 Zr 91.22 ジルコニウム	41 Nb 92.91 ニオブ	42 Mo 95.96 モリブデン	43 Tc* (99) テクネチウム	44 Ru 101.1 ルテニウム	45 Rh 102.9 ロジウム	46 Pd 106.4 パラジウム	47 Ag 107.9 銀	48 Cd 112.4 カドミウム	49 In 114.8 インジウム	50 Sn 118.7 スズ	51 Sb 121.8 アンチモン	52 Te 127.6 テルル	53 I 126.9 ヨウ素	54 Xe 131.3 キセノン
6	55 Cs 132.9 セシウム	56 Ba 137.3 バリウム	57~71 ランタノイド	72 Hf 178.5 ハフニウム	73 Ta 180.9 タンタル	74 W 183.8 タングステン	75 Re 186.2 レニウム	76 Os 190.2 オスミウム	77 Ir 192.2 イリジウム	78 Pt 195.1 白金	79 Au 197.0 金	80 Hg 200.6 水銀	81 Tl 204.4 タリウム	82 Pb 207.2 鉛	83 Bi* 209.0 ビスマス	84 Po* (210) ポロニウム	85 At* (210) アスタチン	86 Rn* (222) ラドン
7	87 Fr* (223) フランシウム	88 Ra* (226) ラジウム	89~103 アクチノイド	104 Rf* (267) ラザホージウム	105 Db* (268) ドブニウム	106 Sg* (271) シーボーギウム	107 Bh* (272) ボーリウム	108 Hs* (277) ハッシウム	109 Mt* (276) マイトネリウム	110 Ds* (281) ダームスタチウム	111 Rg* (280) レントゲニウム	112 Uub* (285) ウンウンビウム	113 Uut* (284) ウンウントリウム	114 Uuq* (289) ウンウンクアジウム	115 Uup* (288) ウンウンペンチウム	116 Uuh* (293) ウンウンヘキシウム		118 Uuo* (294) ウンウンオクチウム

ランタノイド	57 La 138.9 ランタン	58 Ce 140.1 セリウム	59 Pr 140.9 プラセオジム	60 Nd 144.2 ネオジム	61 Pm* (145) プロメチウム	62 Sm 150.4 サマリウム	63 Eu 152.0 ユウロピウム	64 Gd 157.3 ガドリニウム	65 Tb 158.9 テルビウム	66 Dy 162.5 ジスプロシウム	67 Ho 164.9 ホルミウム	68 Er 167.3 エルビウム	69 Tm 168.9 ツリウム	70 Yb 173.1 イッテルビウム	71 Lu 175.0 ルテチウム
アクチノイド	89 Ac* (227) アクチニウム	90 Th* 232.0 トリウム	91 Pa* 231.0 プロトアクチニウム	92 U* 238.0 ウラン	93 Np* (237) ネプツニウム	94 Pu* (239) プルトニウム	95 Am* (243) アメリシウム	96 Cm* (247) キュリウム	97 Bk* (247) バークリウム	98 Cf* (252) カリホルニウム	99 Es* (252) アインスタイニウム	100 Fm* (257) フェルミウム	101 Md* (258) メンデレビウム	102 No* (259) ノーベリウム	103 Lr* (262) ローレンシウム

[注1] 安定同位体が存在しない元素には元素記号の右肩に*を付す。

[注2] 安定同位体が存在しなく、天然で特定の同位体組成を示さない元素については、その元素の放射性同位体の質量数の一例を( )に示す。

備考：アクチノイド以降の元素については、周期表の位置は暫定的である。

原 子 量 表

(元素の原子量は，質量数12の炭素(^{12}C)を12とし，これに対する相対値とする。但し，^{12}Cは核および電子が基底状態にある中性原子である。)

多くの元素の原子量は一定ではなく，物質の起源や処理の仕方に依存する。原子量とその不確かさ*は地球上に起源をもち，天然に存在する物質中の元素に適用される。この表の脚注には，個々の元素に起こりうるもので，原子量に付随する不確かさを越える可能性のある変動の様式が示されている。原子番号112から118までの元素名は暫定的なものである。

元素名	元素記号	原子番号	原子量	脚注	元素名	元素記号	原子番号	原子量	脚注
アインスタイニウム*	Es	99			ツ リ ウ ム	Tm	69	168.93421(2)	
亜 鉛	Zn	30	65.38(2)	r	テクネチウム*	Tc	43		
アクチニウム*	Ac	89			鉄	Fe	26	55.845(2)	
アスタチン*	At	85			テルビウム	Tb	65	158.92535(2)	
アメリシウム*	Am	95			テ ル ル	Te	52	127.60(3)	g
ア ル ゴ ン	Ar	18	39.948(1)	g r	銅	Cu	29	63.546(3)	r
アルミニウム	Al	13	26.9815386(8)		ドブニウム*	Db	105		
アンチモン	Sb	51	121.760(1)		ト リ ウ ム	Th	90	232.03806(2)	g
硫 黄	S	16	32.065(5)	g r	ナトリウム	Na	11	22.98976928(2)	
イッテルビウム	Yb	70	173.054(5)		鉛	Pb	82	207.2(1)	g r
イットリウム	Y	39	88.90585(2)		ニ オ ブ	Nb	41	92.90638(2)	
イリジウム	Ir	77	192.217(3)		ニ ッ ケ ル	Ni	28	58.6934(4)	r
インジウム	In	49	114.818(3)		ネ オ ジ ム	Nd	60	144.242(3)	g
ウ ラ ン	U	92	238.02891(3)	g m	ネ オ ン	Ne	10	20.1797(6)	g m
ウンウンオクチウム*	Uuo	118			ネプツニウム*	Np	93		
ウンウンクアジウム*	Uuq	114			ノーベリウム*	No	102		
ウンウントリウム*	Uut	113			バークリウム*	Bk	97		
ウンウンビウム*	Uub	112			白 金	Pt	78	195.084(9)	
ウンウンヘキシウム*	Uuh	116			ハッシウム*	Hs	108		
ウンウンペンチウム*	Uup	115			バナジウム	V	23	50.9415(1)	
エルビウム	Er	68	167.259(3)	g	ハフニウム	Hf	72	178.49(2)	
塩 素	Cl	17	35.453(2)	g m r	パラジウム	Pd	46	106.42(1)	g
オスミウム	Os	76	190.23(3)	g	バ リ ウ ム	Ba	56	137.327(7)	
カドミウム	Cd	48	112.411(8)	g	ビ ス マ ス	Bi	83	208.98040(1)	
ガドリニウム	Gd	64	157.25(3)	g	ヒ 素	As	33	74.92160(2)	
カ リ ウ ム	K	19	39.0983(1)		フェルミウム*	Fm	100		
ガ リ ウ ム	Ga	31	69.723(1)		フ ッ 素	F	9	18.9984032(5)	
カリホルニウム*	Cf	98			プラセオジム	Pr	59	140.90765(2)	
カルシウム	Ca	20	40.078(4)	g	フランシウム*	Fr	87		
キ セ ノ ン	Xe	54	131.293(6)	g m	プルトニウム*	Pu	94		
キュリウム*	Cm	96			プロトアクチニウム*	Pa	91	231.03588(2)	
金	Au	79	196.966569(4)		プロメチウム*	Pm	61		
銀	Ag	47	107.8682(2)	g	ヘ リ ウ ム	He	2	4.002602(2)	g r
クリプトン	Kr	36	83.798(2)	g m	ベリリウム	Be	4	9.012182(3)	
ク ロ ム	Cr	24	51.9961(6)		ホ ウ 素	B	5	10.811(7)	g m r
ケ イ 素	Si	14	28.0855(3)	r	ボーリウム*	Bh	107		
ゲルマニウム	Ge	32	72.64(1)		ホルミウム	Ho	67	164.93032(2)	
コ バ ル ト	Co	27	58.933195(5)		ポロニウム*	Po	84		
サマリウム	Sm	62	150.36(2)	g	マイトネリウム*	Mt	109		
酸 素	O	8	15.9994(3)	g r	マグネシウム	Mg	12	24.3050(6)	
ジスプロシウム	Dy	66	162.500(1)	g	マ ン ガ ン	Mn	25	54.938045(5)	
シーボーギウム*	Sg	106			メンデレビウム*	Md	101		
臭 素	Br	35	79.904(1)		モリブデン	Mo	42	95.96(2)	g r
ジルコニウム	Zr	40	91.224(2)	g	ユウロピウム	Eu	63	151.964(1)	g
水 銀	Hg	80	200.59(2)		ヨ ウ 素	I	53	126.90447(3)	
水 素	H	1	1.00794(7)	g m r	ラザホージウム*	Rf	104		
スカンジウム	Sc	21	44.955912(6)		ラ ジ ウ ム*	Ra	88		
ス ズ	Sn	50	118.710(7)	g	ラ ド ン*	Rn	86		
ストロンチウム	Sr	38	87.62(1)	g r	ラ ン タ ン	La	57	138.90547(7)	
セ シ ウ ム	Cs	55	132.9054519(2)		リ チ ウ ム	Li	3	[6.941(2)]†	g m r
セ レ ン	Se	34	78.96(3)	r	リ ン	P	15	30.973762(2)	
ダームスタチウム*	Ds	110			ルテチウム	Lu	71	174.9668(1)	g
タ リ ウ ム	Tl	81	204.3833(2)		ルテニウム	Ru	44	101.07(2)	g
タングステン	W	74	183.84(1)		ルビジウム	Rb	37	85.4678(3)	g
炭 素	C	6	12.0107(8)	g r	レニウム	Re	75	186.207(1)	
タ ン タ ル	Ta	73	180.94788(2)		レントゲニウム*	Rg	111		
チ タ ン	Ti	22	47.867(1)		ロ ジ ウ ム	Rh	45	102.90550(2)	
窒 素	N	7	14.0067(2)	g r	ローレンシウム*	Lr	103		

* : 不確かさは( )内の数字であらわされ，有効数字の最後の桁に対応する。例えば，亜鉛の場合の65.38(2)は65.38±0.02を意味する。
• : 安定同位体のない元素。
† : 市販品中のリチウム化合物のリチウムの原子量は6.939から6.996の幅をもつ。これは^{6}Liを抽出した後のリチウムが試薬として出回っているためである (「元素の同位体組成2009」の注†を参照)。より正確な原子量が必要な場合は，個々の物質について測定する必要がある。
g : 当該元素の同位体組成が正常な物質から示す変動幅を越えるような地質学的試料が知られている。そのような試料中では当該元素の原子量とこの表の値との差が，表記の不確かさを越えることがある。
m : 不詳な，あるいは不適切な同位体分別を受けたために同位体組成が変動した物質が市販品に見いだされることがある。そのため，当該元素の原子量が表記の値とかなり異なることがある。
r : 通常の地球上の物質の同位体組成に変動があるために表記の原子量より精度の良い値を与えることができない。表中の原子量は通常の物質すべてに適用されるものとする。

©日本化学会 原子量小委員会